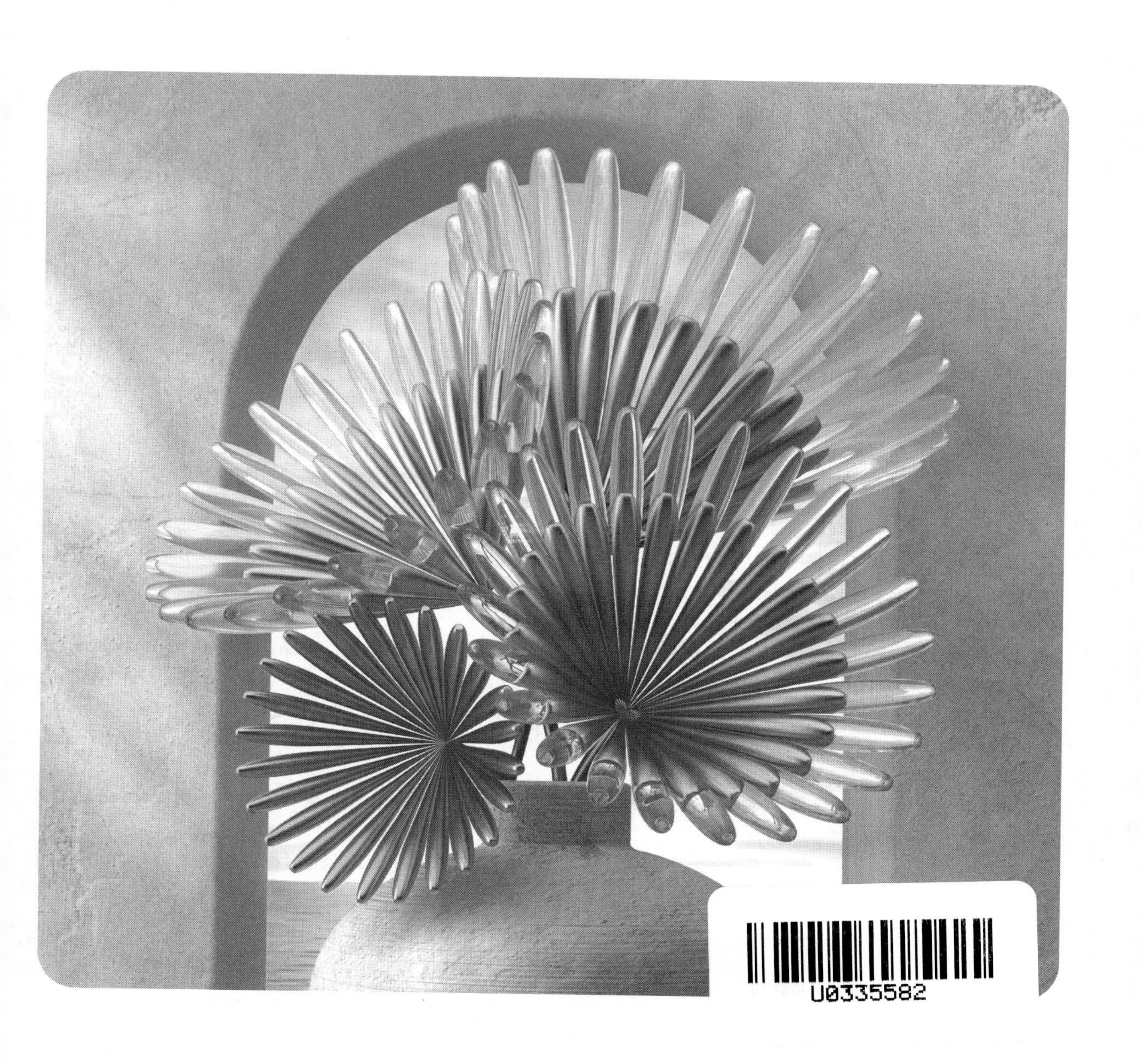

Adobe Dimension 2021 经典教程

[美] 基思 · 吉尔伯特（Keith Gilbert）◎ 著
武传海 ◎ 译

人 民 邮 电 出 版 社
北 京

图书在版编目（CIP）数据

Adobe Dimension 2021经典教程 / (美) 基思·吉尔伯特 (Keith Gilbert) 著 ; 武传海译. -- 北京 : 人民邮电出版社, 2022.4
ISBN 978-7-115-58368-0

Ⅰ. ①A… Ⅱ. ①基… ②武… Ⅲ. ①图形软件－教材
Ⅳ. ①TP391.412

中国版本图书馆CIP数据核字(2021)第265187号

◆ 著　[美] 基思·吉尔伯特（Keith Gilbert）
译　武传海
责任编辑　罗　芬
责任印制　王　郁　胡　南

◆ 人民邮电出版社出版发行　北京市丰台区成寿寺路 11 号
邮编　100164　电子邮件　315@ptpress.com.cn
网址　https://www.ptpress.com.cn
大厂回族自治县聚鑫印刷有限责任公司印刷

◆ 开本：787×1092　1/16
印张：15.5　2022 年 4 月第 1 版
字数：408 千字　2022 年 4 月河北第 1 次印刷
著作权合同登记号　图字：01-2019 -6404 号

定价：79.90 元

读者服务热线：(010) 81055410　印装质量热线：(010) 81055316
反盗版热线：(010) 81055315
广告经营许可证：京东市监广登字 20170147 号

内容提要

本书由 Adobe 的专家编写，是 Adobe Dimension 2021 的学习用书。

本书包括 16 课，涵盖 Adobe Dimension 的基本介绍，设计模式的基础知识，使用相机更改场景视图的方法，渲染方式，3D 模型和材质的相关知识，如何创建基本形状和 3D 文字，如何选择对象和表面，将图形应用到模型上的方法，如何使用 2D 背景和灯光，UV 贴图的应用方法，模型和场景的导出方法，使用 Photoshop 做后期处理等内容。

本书语言通俗易懂，配以大量的图片，特别适合新手阅读，有一定使用经验的用户从中也可学到大量高级功能和 Adobe Dimension 2021 新增的功能。本书也适合作为各类培训班学员及广大自学人员的参考用书。

前言

设计师借助 Adobe Dimension 可以快速地把 3D 元素和 2D 元素组合在一个场景中，并可以自定义模型、指定材质，以及创建真实的光照等。在 Adobe Dimension 中搭建好场景之后，可以使用 Adobe Dimension 中的高级渲染功能把场景输出为一个包含真实纹理、材质、阴影、反光的二维 Photoshop 文件。对于从事广告制作、产品设计、场景可视化、抽象艺术、包装设计、创意探索等工作的人士来说，Adobe Dimension 是一个理想的工具。

关于本书

本书是 Adobe 图形图像与排版软件的官方培训教程之一，在 Adobe 产品专家的支持下编写推出。本书在内容组织上做了精心安排，使得读者可以根据自身情况灵活地学习。如果读者是初次接触 Adobe Dimension，那么将在本书中学到使用 Adobe Dimension 必须掌握的基本概念和功能。如果读者之前用过 Adobe Dimension，那么通过本书，会学到这款软件的许多高级功能，包括 Adobe Dimension 2021 新增的功能，以及使用 3D 模型搭建真实场景的技巧和提示。

书中在讲解示例项目时，都给出了详细的操作步骤。尽管如此，我们还是留出了一些空间，供读者自己去探索与尝试。学习本书时，读者既可以从头一直学到尾，也可以只学习自己感兴趣的部分，请根据自身情况灵活安排。本书每一课的最后都安排有复习题，方便读者对前面学过的内容进行复习、回顾。

学习预备

学习本书之前，读者应该对自己的计算机及其操作系统有一定的了解，会使用鼠标、标准菜单、命令，还应知道如何打开、保存、关闭文件。如果不懂这些操作，请阅读有关如何使用 Apple Mac 与 Windows PC 的说明文档。

安装 Adobe Dimension

学习本书内容之前，请先确保自己的系统安装正确，并且安装了 Adobe Dimension。在学习本书的某些课程时，还会用到 Adobe Photoshop、Adobe Illustrator 这两款软件，请确保已经在自己的系统中安装了它们。

启动 Adobe Dimension

启动 Adobe Dimension 与启动大多数软件没什么不同。

- 在 macOS 系统下启动 Adobe Dimension：在【启动台】或【程序坞】中，单击 Adobe Dimension 图标。
- 在 Windows 系统下启动 Adobe Dimension：在任务栏中，单击【开始】按钮，找到 Adobe Dimension 并单击。

若未找到 Adobe Dimension，可以在【聚焦】（macOS）或【任务栏】（Windows）的搜索框中输入“Dimension”，出现 Adobe Dimension 图标后，选择它，按 Return（macOS）或 Enter（Windows）键。

恢复默认首选项

Adobe Dimension 的首选项文件中保存着各种与命令设置相关的信息。每次退出 Adobe Dimension 时，在【首选项】对话框中所做的选择都会被保存到首选项文件中。

学习每一课之前，建议把首选项恢复成默认设置，这样才能保证在屏幕上看到的软件界面与书中截图一样。当然，读者也可以保留自己的首选项设置，不进行重置，但这样看到的软件界面很可能与书中给出的界面不一样。

可按照如下步骤，把首选项恢复成默认设置。

1. 启动 Adobe Dimension。
2. 选择【Adobe Dimension】>【首选项】（macOS），或者【编辑】>【首选项】（Windows），打开【首选项】对话框。
3. 在【首选项】对话框中，单击【重置首选项】。
4. 单击【确定】按钮。

注意 本书使用的用户界面主题是【浅色】，如果想使用这个主题，请在重置首选项之后，在【主题】区域中选择【浅色】。

资源与支持

本书由“数艺设”出品，“数艺设”社区平台（www.shuyishe.com）为您提供后续服务。

配套资源

扫描下方二维码，关注“数艺设”公众号，回复本书第 51 页左下角的五位数字，即可得到本书配套资源的获取方式。

资源获取请扫码

“数艺设”社区平台，为艺术设计从业者提供专业的教育产品。

与我们联系

我们的联系邮箱是 luofen@ptpress.com.cn。如果您对本书有任何疑问或建议，请您发邮件给我们，并请在邮件标题中注明本书书名，以便我们更高效地做出反馈。

如果您有兴趣出版图书、录制教学课程，或者参与技术审校等工作，可以发邮件给我们；如果学校、培训机构或企业想批量购买本书或“数艺设”出版的其他图书，也可以发邮件联系我们（邮箱：luofen@ptpress.com.cn）。

如果您在网上发现针对“数艺设”出品图书的各种形式的盗版行为，包括对图书全部或部分内容的非授权传播，请您将怀疑有侵权行为的链接通过邮件发给我们。您的这一举动是对作者权益的保护，也是我们持续为您提供有价值的内容的动力之源。

关于“数艺设”

人民邮电出版社有限公司旗下品牌“数艺设”，专注于专业艺术设计类图书出版，为艺术设计从业者提供专业的图书、课程等教育产品。“数艺设”出版领域涉及平面、三维、影视、摄影与后期等数字艺术门类，字体设计、品牌设计、色彩设计等设计理论与应用门类，UI 设计、电商设计、新媒体设计、游戏设计、交互设计、原型设计等互联网设计门类，环艺设计手绘、插画设计手绘、工业设计手绘等设计手绘门类。更多服务请访问“数艺设”社区平台 www.shuyishe.com。我们将提供及时、准确、专业的学习服务。

目 录

第 1 课

认识 Adobe Dimension

课程概览

本课，我们将一起学习 Adobe Dimension 的基础知识，涉及如下内容。

- Adobe Dimension 是什么
- 如何打开 Dimension 文件
- 如何使用工具和面板
- 如何改变场景视图
- 如何对场景做简单编辑

学习本课大约需要 45 分钟

Adobe Dimension 的用户界面时尚、整洁，很方便用户查找所需工具与功能选项。

1.1 Adobe Dimension 简介

Adobe Dimension（以下简称 Dimension）是一款能够在 macOS 和 Windows 系统下运行的桌面程序（也称软件）。借助 Dimension，用户可以使用 3D 资源创建出逼真的图像，并将其应用于品牌推广、产品拍摄、场景可视化和抽象艺术中。

Dimension 易学易用，即使是没用过 3D 软件或者 3D 图像制作经验少的用户，也可以轻松地使用它做 3D 设计、合成、渲染。本书尽力避免使用专业的 3D 建模术语，以便用户更好地理解所讲内容。Dimension 的用户界面与其他 Adobe 设计软件的用户界面类似，如 Adobe XD、Adobe Illustrator、Adobe Photoshop、Adobe InDesign，用过这些软件的用户应该不会对 Dimension 的用户界面感到陌生。

Dimension 是一款订阅产品，它是 Adobe Creative Cloud 系列产品的一部分。在有些订阅计划下，用户只能使用 Dimension（此时，只需为其支付订阅费用）；而在有些订阅计划下，用户可以使用 Adobe Creative Cloud 下的所有产品，包括 Adobe Illustrator、Adobe Photoshop（这两款软件在学习 Dimension 的过程中非常有用）。

3D 模型从何而来

Dimension 不是用来创建 3D 模型的。创建 3D 模型常用的软件有 3ds Max、Cinema 4D、Blender、Inventor、Maya、Rhino、SketchUp、SolidWorks、Strata 3D 等。大部分 3D 建模软件技术性强、操作复杂，需要较长时间的学习才能掌握。

使用 3D 建模软件制作好模型之后，就可以把制作好的模型导入 Dimension 中，然后对模型应用新材质，调整模型间相互的位置，为模型添加真实的光照、反光、阴影，从而把模型自然地融合到 2D 场景中。最终渲染得到的场景有如下几种用途。

- 渲染整个场景，或者将其转换成 2D 图像（PSD 或 PNG 格式），再把它们用在印刷品、网站、APP 或其他数字作品中。
- 在 Dimension 中，把场景导出成 3D 交互版本，然后将其放在网站中与其他人分享。
- 把单个模型或一组模型导出，用在其他 3D 软件或增强现实软件（如 Adobe Aero）中。

使用 Dimension 的大致步骤如下。

❶ 创建场景并导入模型，如图 1-1 所示。

❷ 调整灯光、材质、尺寸、位置等，如图 1-2 所示。

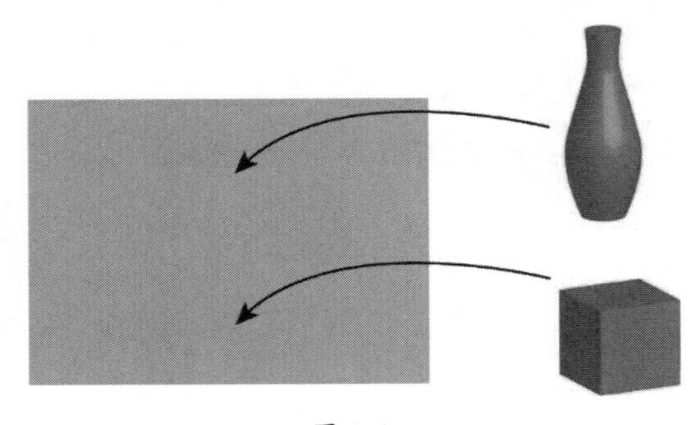

图 1-1

图 1-2

❸ 添加背景，如图 1-3 所示。

❹ 输出。将图像渲染成 PSD、PNG 文件，如图 1-4 所示。然后，将其发布到网页中，或者导出供其他 3D 软件或增强现实软件使用。

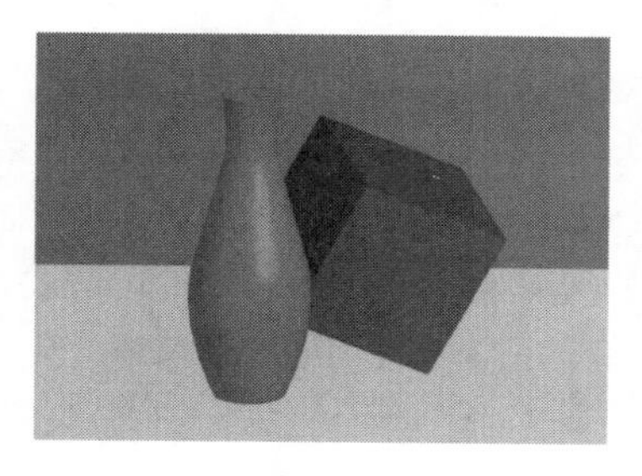

图 1-3

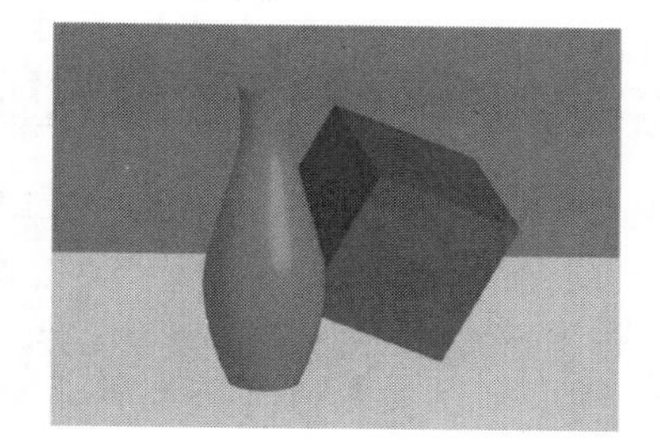

图 1-4

1.2 启动 Dimension 与打开文件

本课将打开一个事先准备好的 Dimension 场景，通过其介绍 Dimension 的用户界面。

❶ 启动 Adobe Dimension。

首先出现的是主页界面。请注意，用户计算机上显示的主页界面可能与图 1-5 所示的主页界面不一样，这很正常。主页界面中包含指向 Dimension 学习教程与资源的链接，还有最近使用过的文件列表。

> **注意** 为确保软件界面与书中截图一致，请在学习之前重置首选项，重置方法请阅读前言中“恢复默认首选项”部分的内容。

❷ 单击【打开】按钮。

图 1-5

❸ 在【打开】对话框中，转到 Lessons > Lesson01 文件夹下，选择 Lesson_01_begin.dn 文件，单击【打开】按钮。

接下来，利用这个简单的 3D 场景来了解 Dimension 的用户界面。

Dimension 的限制：一次只能打开一个文件

3D 文件本身很复杂，在处理时需要占用计算机的大量内存。因此，Dimension 只允许同时打开一个文件。也就是说，在有一个文件处于打开状态的情形下，如果试图新建文件或者打开另外一个文件，当前打开的文件将会自动关闭。

1.3 工具面板

在 Dimension 中，工具面板位于用户界面的最左侧，包含创建、编辑 3D 场景的各种工具。下面详细介绍这些工具。

❶ 在工具面板中，把鼠标指针置于各个工具之上，会弹出蓝底白字的工具提示信息，工具提示信息中会给出相应工具的名称、键盘快捷键和鼠标快速操作方式，如图 1-6 所示。此外，工具提示信息中还包括工具的用途。

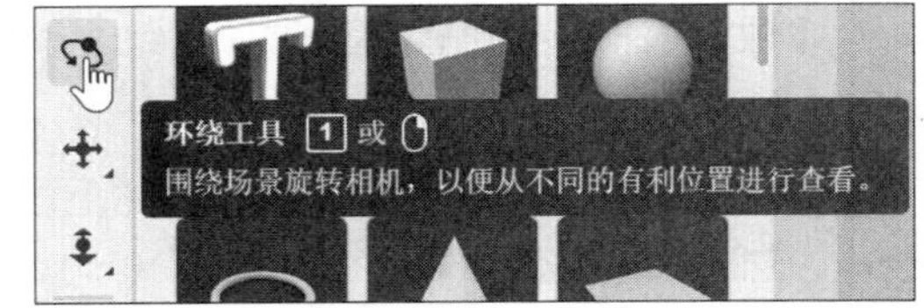

图 1-6

❷ 工具面板中的工具被短横线划分成几个分组，如图 1-7 所示。有的分组只包含一个工具，而有的分组包含多个工具。

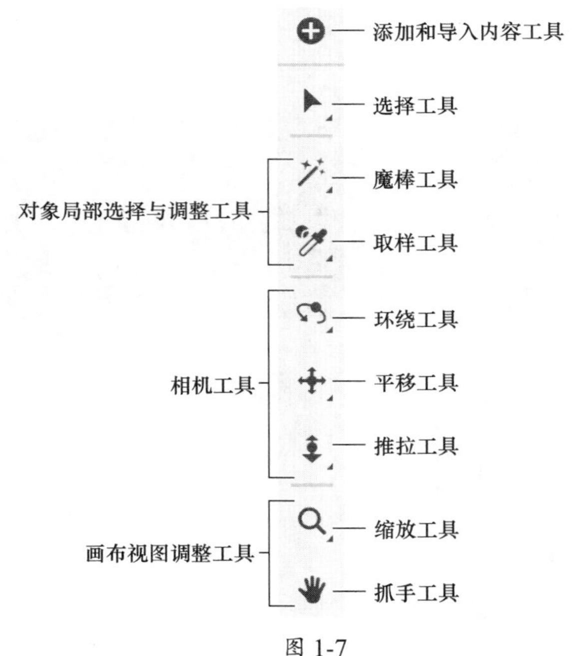

图 1-7

第一个分组位于工具面板的最顶端，只有一个工具——添加和导入内容工具。该工具可用来向场景中添加内容。

第二个分组也只有一个工具——选择工具。该工具常用来选择和变换 3D 模型。

第三个分组中有两个工具，分别是魔棒工具和取样工具。可以综合使用这两个工具选择某个 3D 模型的较小部分（如瓶盖或杯子把手），然后更改其颜色或表面材质。

第四个分组中有 3 个工具，分别是环绕工具、平移工具、推拉工具。这些工具统称为相机工具，用来调整 3D 场景中相机的位置。

第五个分组中有两个工具，分别是缩放工具和抓手工具，用来调整画布或工作区的视图。这两个工具与 Photoshop、Illustrator、InDesign 中的缩放工具、抓手工具类似。

❸ 使用鼠标右键单击选择工具，屏幕上会出现与该工具相关的一些选项。

在工具面板中，有些工具的右下角有一个黑色小三角，这表示该工具下包含更多工具或控制选项，如图 1-8 所示。在这样的工具图标上双击、单击鼠标右键，或者按住鼠标左键，会出现一个面板，其中包含其他工具或控制选项。

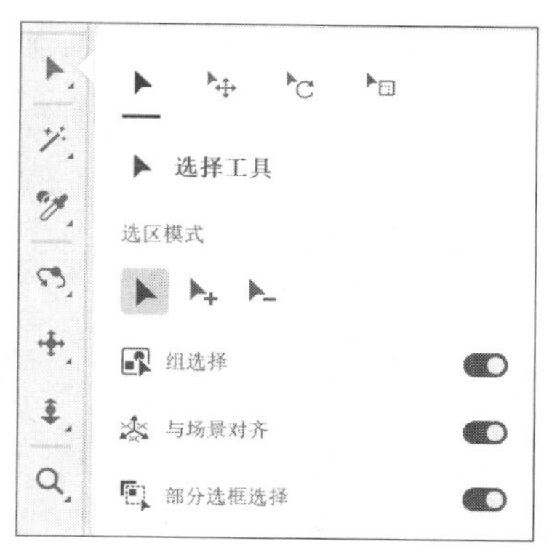

图 1-8

1.4 右侧面板

与其他 Adobe 设计软件一样，Dimension 用户界面右侧有多个面板，显示着用户在工作区中所选对象的属性。借助这些面板，用户可以轻松地编辑对象的各个属性。下面将详细介绍这些面板。

❶ 在工具面板中，单击选择工具（键盘快捷键：V）。

❷ 选择场景中的红色椅子。此时，椅子上出现蓝色高亮线，表示其被选中。与此同时，椅子底部出现红色、绿色、蓝色的选择工具控件，如图 1-9 所示。

图 1-9

1.4.1 场景面板

场景面板中列出了整个场景的所有组件。

❶ 场景面板位于用户界面的右上方。示例场景中包含 5 个对象，分别是环境、相机、Table、Green chair、Red chair，如图 1-10 所示。

❷ 在工具面板中，使用鼠标右键单击选择工具，在弹出的面板中确保【组选择】处于打开状态，如图 1-11 所示。此时，当单击一个组合对象时，整个组合对象都会被选中，这有点类似于 Photoshop、Illustrator、InDesign 中选择工具的功能。

图 1-10

图 1-11

❸ 单击画布中的绿色椅子，将其选中。此时在场景面板中，【Green chair】模型处于高亮状态。

❹ 在场景面板中，把鼠标指针置于【Green chair】上。此时，其右侧出现一个眼睛图标（ ）。单击该图标，可把绿色椅子隐藏起来，使其在画布中不可见。

❺ 再次单击眼睛图标，可把绿色椅子重新在画布中显示出来。

❻ 在场景面板中，单击【Table】。此时，画布中的桌子处于选中状态。相比于在画布中点选模型，有时在场景面板中选择模型会更容易、更准确。

1.4.2 操作面板

操作面板中显示的是可对所选对象执行的各种操作。所选对象不同，操作面板中显示的内容也不同。

❶ 在桌子处于选中的状态下，操作面板中显示的操作图标从左到右依次是删除、重复、分组和移动到地面，如图 1-12 所示。

图 1-12

❷ 把鼠标指针移动到各个操作图标上，可显示各个操作的名称及键盘快捷键。

1.4.3 属性面板

属性面板用来显示所选对象的各种属性。场景中选择的对象不同，属性面板中显示的内容也不同。

❶ 在桌子处于选中的状态下，属性面板中从上到下依次显示的是中心点、位置、旋转、缩放、大小等属性，而且其中每个属性的值都可以修改。

注意 与 Adobe 其他软件不同，在 Dimension 中，场景面板、操作面板、属性面板的位置不可调整，即它们在用户界面右侧的位置是固定不变的。不过，单击面板名称左侧的箭头，可把面板展开或折起。

❷ 在【位置】下，把 X 值设置为 4 厘米（见图 1-13），按 Return（macOS）或 Enter（Windows）键确认。此时，桌子会沿着 X 轴的正方向移动 4 厘米。

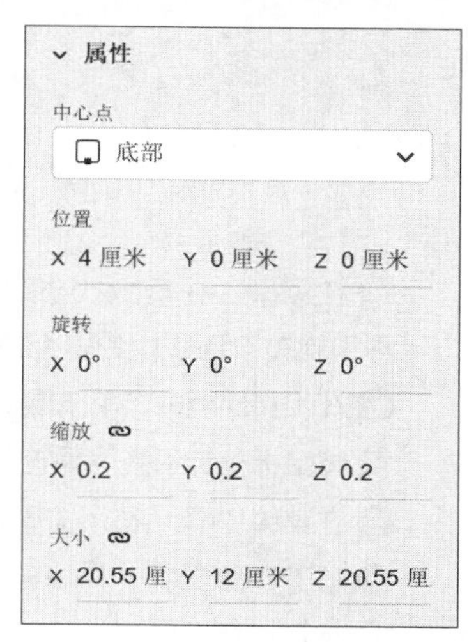

图 1-13

❸ 在场景面板中，选择【环境】。环境是 3D 模型周围的区域，会对光照、反光、地面属性产生影响。

❹ 场景面板中的【环境】下有【环境光照】和【阳光】。选择【环境光照】，如图 1-14 所示。

❺ 在属性面板中，把【强度】滑块拖动到 75% 左右，减少整个场景中的光照量，如图 1-15 所示。

❻ 在场景面板中，选择【环境】>【阳光】。

❼ 在属性面板中，把【强度】滑块拖动到 175% 左右，增加整个场景中的阳光强度。

图 1-14

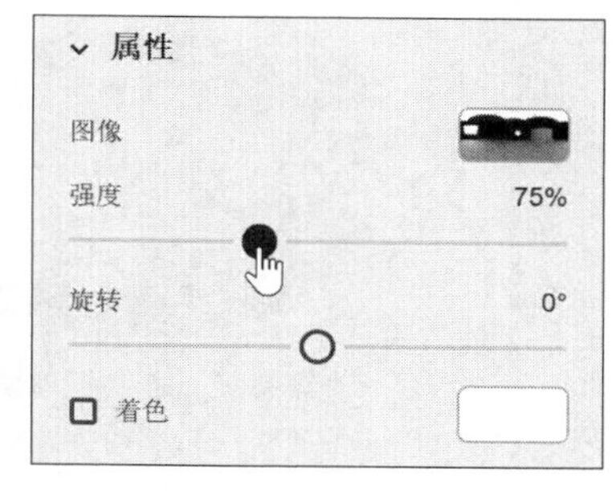

图 1-15

1.5 相机

每个 Dimension 场景中都有一个相机。用户可以使用环绕工具、平移工具、推拉工具等相机工具操纵相机，以从不同角度、距离、视角观看 3D 场景。

❶ 在工具面板中，单击选择工具（键盘快捷键：V）。

❷ 在画布中选择红色椅子，或者在场景面板中选择【Red chair】。

❸ 在属性面板中，把【旋转】下的 Y 值修改为 40°，按 Return 或 Enter 键确认。此时，红色椅子绕着 Y 轴（纵轴）旋转到图 1-16 所示的位置。

❹ 在菜单栏中，依次选择【编辑】>【还原编辑场景】，撤销旋转。

图 1-16

❺ 在菜单栏中，依次选择【编辑】>【重做编辑场景】，重做旋转。

刚刚旋转了场景中的一个模型（红色椅子）。此时，它相对于场景中的其他对象朝向发生了变化。

❻ 在工具面板中，单击推拉工具（键盘快捷键：3）。

❼ 将鼠标指针沿着屏幕向下拖动，使相机远离模型。

❽ 在菜单栏中，依次选择【相机】>【相机还原】，返回到模型的原始视图。

❾ 在工具面板中，单击环绕工具（键盘快捷键：1）。

❿ 使用环绕工具在场景中随意拖曳，更改场景视图，如图 1-17 所示。通过相机镜头从不同角度观察模型，感觉就像自己在场景中自由移动一样。

图 1-17

使用环绕工具旋转场景视图时，场景中对象之间的相对位置并不会发生变化，变化的只是观看模型的角度和距离。

注意 Dimension 中有两个撤销命令：【编辑】>【还原编辑场景】用来撤销对场景中所选对象的最后一次编辑；【相机】>【相机还原】用来撤销相机的最后一次运动。

⓫ 在菜单栏中多次选择【相机】>【相机还原】，把场景恢复到最初视图。

1.6 画布

目前为止，我们在 3D 场景中的所有操作都是在一个大矩形中进行的，这个大矩形占据了大部分屏幕工作区（见图 1-18），这个大矩形被称为“画布”，也可以把它想象成一个“页面”。画布尺寸就是由 3D 对象创建的 2D 图像的实际尺寸。大多数时候，我们都不会改动画布尺寸，而是使其在屏幕上保持原样，然后使用相机工具在画布范围内更改场景视图。如果使用过其他相关软件，将画布看成 3D 场景的“视口”也挺合适的。

图 1-18

> 提示 环绕工具、平移工具、推拉工具等相机工具用来操纵画布中场景的视图；缩放工具和抓手工具则用来操纵画布本身的视图。

> 提示 与大多数 Adobe 设计软件一样，可以使用“Command+ +/–”（macOS）或“Ctrl+ +/–”（Windows）键盘快捷键来放大或缩小画布，使用“Command+ 1”（macOS）或“Ctrl+ 1”（Windows）键盘快捷键使画布全尺寸（100%）显示，使用“Command+ 0”（macOS）或“Ctrl+ 0”（Windows）键盘快捷键使画布适合窗口显示。

1. 在工具面板中，单击缩放工具（键盘快捷键：Z），单击画布，或者拖拉画布，将画布放大。
2. 在工具面板中，单击抓手工具（键盘快捷键：H），拖动场景，在屏幕中移动画布。
3. 在工具面板中，单击缩放工具（键盘快捷键：Z）。
4. 按住 Option（macOS）或 Alt（Windows）键，单击画布几次，将其缩小。
5. 在菜单栏中，依次选择【视图】>【缩放以适合画布大小】，使画布适合窗口显示。

1.7 地平面

屏幕上的正方形网格代表 3D 场景中的地平面。3D 场景中的对象一般都是基于地平面摆放的，这些对象可以在地平面之上，也可以在地平面之下。

❶ 在菜单栏中，依次选择【相机】>【切换到主视图】，确保相机视角恢复到最初视图。

❷ 在工具面板中，单击选择工具（键盘快捷键：V）。

❸ 在场景面板中，选择【Green chair】模型。

❹ 在属性面板中，把【旋转】下的 Z 轴值更改为 90°，按 Return 或 Enter 键确认。此时，绿色椅子绕着 Z 轴旋转 90°，一半椅子处于地平面之下，如图 1-19 所示。

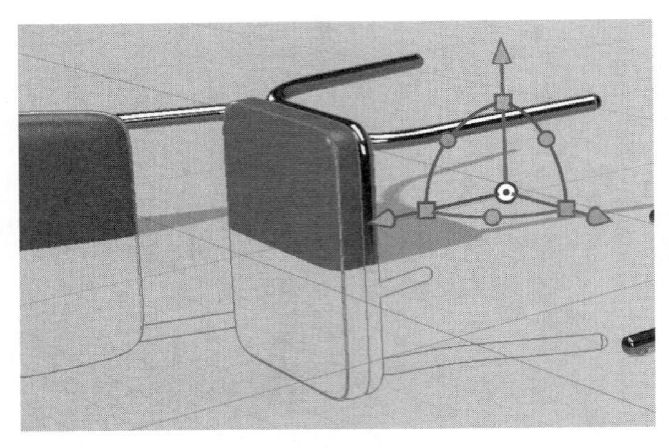

图 1-19

❺ 在菜单栏中，依次选择【选择】>【取消全选】。

❻ 在工具面板中，单击环绕工具（键盘快捷键：1）。

❼ 使用环绕工具，在画布中向下拖动，更改场景视图，改成从上往下俯视。

地平面上的网格线是深灰色的，地平面是不透明的。也就是说，我们无法透过地平面看到地平面之下的对象，如图 1-20 所示。

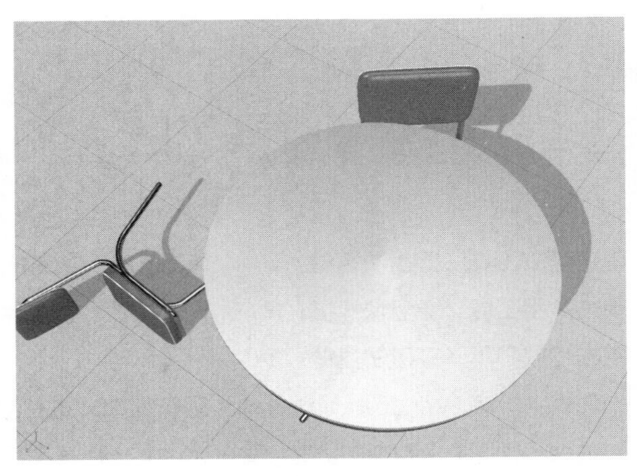

图 1-20

提示 在菜单栏中，依次选择【视图】>【切换网格】，可以随时显示或隐藏地平面上的网格。在场景面板中选择【环境】，然后在属性面板中单击【地面】右侧的开关按钮，可以显示或隐藏地平面。

❽ 使用环绕工具，沿屏幕向上拖动，直到看到整把绿色椅子。此时的视角是从地平面下方观看场景，向上能看到桌子底部。

这时，可以看到整把绿色椅子，包括地平面之上和地平面之下的部分，如图 1-21 所示。从地平面下方观看场景时，整个地平面是透明的，因此，我们可以看到地平面之上的对象。

图 1-21

提示 从地平面下方观看场景时，网格线是红灰色的。观看一个场景时，如果分不清当前是在地平面之上还是之下，可以通过网格线的颜色进行分辨。

❾ 在工具面板中，单击推拉工具（键盘快捷键：3），沿着屏幕向下拖动，使相机远离对象。地平面无限大，相机可以移动到离对象很远的位置上。

❿ 在菜单栏中，依次选择【相机】>【切换到主视图】，将相机视角恢复到初始视图。

1.8 渲染预览

在 Dimension 中，只有渲染场景，才能准确得到有关对象表面、颜色、光照、阴影、反光的真实效果。渲染是一项 CPU 占用率极高且耗时的任务。渲染过程中，计算机会分析场景中对象之间，对象与背景、灯光的交互方式，然后准确地计算出对象的阴影、高光、表面细节和反光。

即便计算机性能很高，一般也无法做到在编辑复杂场景的同时渲染场景（实时渲染）。因此，通常在项目的最后阶段才进行渲染。不过，在 Dimension 中，当处理一个场景时，可以使用渲染预览功能来较为快速、准确地预览最终渲染的效果，其与实时渲染结果差别不大。

❶ 画布的右上角有一个【渲染预览】图标（），单击它。

稍等片刻（等待时间的长短取决于计算机的性能），即可在屏幕上看到一个非常真实的场景。其中，灯光、阴影、反光尤其真实。

❷ 在工具面板中，单击选择工具（键盘快捷键：V）。

❸ 在场景面板中，选择【Green chair】模型。

❹ 向左拖动绿色椅子。拖动时，会发现渲染预览功能被暂时禁用。

❺ 在菜单栏中，依次选择【编辑】>【还原变换】，把椅子移回原位。

❻ 在属性面板中，把【旋转】下的 Z 轴值更改为 0°，按 Return 或 Enter 键，使修改生效。稍等片刻，可在屏幕中看到场景的渲染效果，如图 1-22 所示。

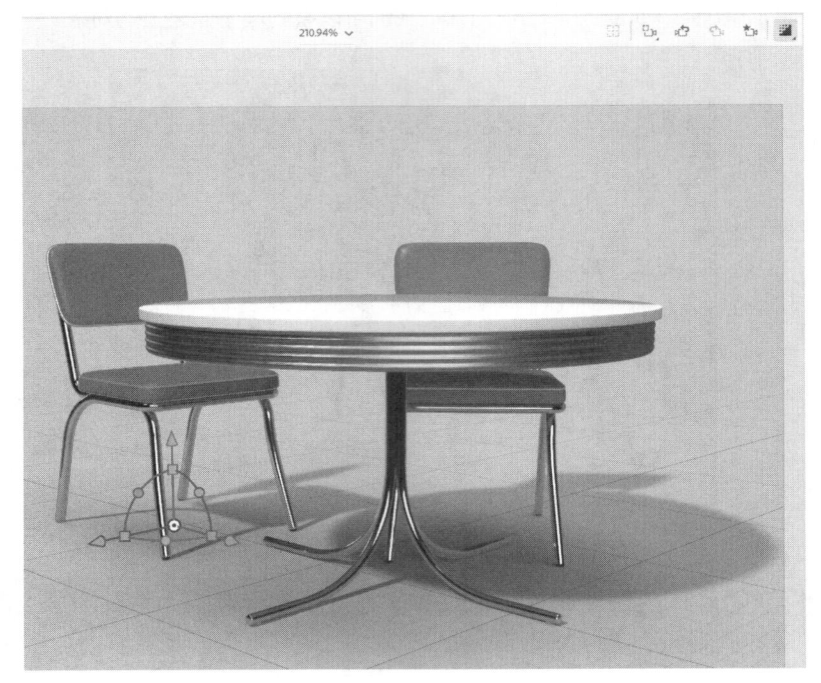

图 1-22

1.9 两种界面模式

Dimension 界面有两种模式：设计模式和渲染模式。在设计模式下，用户可以花大量时间集中精力创建和编辑 3D 场景。在渲染模式下，用户可以把做好的场景进行高质量输出（像素级别）。本书会详细讲解这两种模式。

❶ 在屏幕的左上角，可看到【设计】下有一条深色短横线，这表示当前处于设计模式，如图 1-23 所示。当打开或新建一个 Dimension 文件时，Dimension 默认在设计模式下显示文件。

图 1-23

❷ 单击【渲染】，切换到渲染模式。此时，3D 内容会从视图中消失，界面中所有面板都用来控制渲染设置。

有关渲染的更多细节会在后续课程中讲解，这里只把本课中的示例文件渲染输出。

❸ 在 Photoshop 中打开 Lesson_01_final_render.psd 文件，查看最终渲染效果，如图 1-24 所示，并将其与渲染预览的结果进行对比。

图 1-24

❹ 返回 Dimension 中，单击【设计】，切换到设计模式，再次显示出 3D 内容。

1.10 获取帮助

屏幕的右上角有一个问号图标（⑦），单击它，打开一个面板，面板里面包含【应用程序内学习】和【Web 上的资源】两部分内容。通过相关内容链接，用户可以访问 Dimension 的在线帮助内容，包括教程、学习视频、键盘快捷键、精彩作品展示等。

1.11 复习题

❶ 在 Dimension 中，可以同时打开几个文件？

❷ 相机工具有什么用？

❸ 渲染模式有什么用？

❹ 3D 对象所在的“地面”叫什么？

❺ 调整画布视图的工具有哪些？

1.12 答案

❶ 在 Dimension 中，只能打开一个文件。在一个文件处于打开的状态下，如果打开另一个文件，第一个文件就会自动关闭。

❷ 环绕工具、平移工具、推拉工具等相机工具用来改变场景视图。借助这些工具，用户可以从不同角度与距离观看场景。

❸ 渲染模式用来创建最终场景，使场景拥有真实而准确的光照、阴影、反光、材质、表面等效果。当编辑复杂场景时，计算机无法做到实时渲染，所以需要做完场景后在渲染模式下进行渲染。

❹ 3D 场景中的假想“地面”叫“地平面”。

❺ 缩放工具与抓手工具可用来操纵画布视图，而相机工具可用来操纵画布中场景视图。

第 2 课

设计模式

课程概览

本课，我们将从零开始创建一个简单的 3D 场景，涉及如下内容。

- 新建项目，以及指定画布大小
- 更改背景颜色
- 导入初始资源
- 变换 3D 对象
- 向模型应用材质
- 调整光照
- 渲染场景并生成可在其他程序中使用的文件

学习本课大约需要 45 分钟

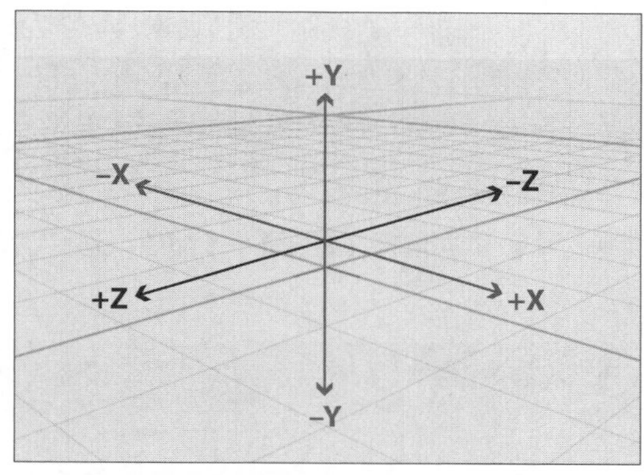

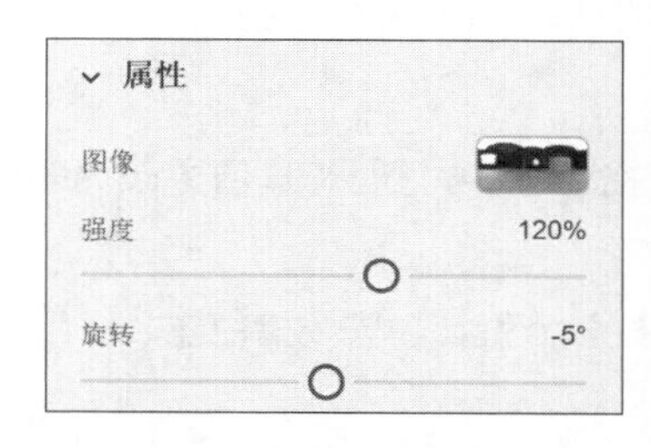

在 Dimension 中，大部分时间我们都是在设计模式下工作的。在设计模式下，我们可以自由地定位、缩放、旋转模型，对模型表面应用材质，以及调整模型的光照和反光等。

2.1 新建项目

在 Dimension 中新建一个项目很简单，只需要在菜单栏中依次选择【文件】>【新建】即可。

注意 为确保用户看到的软件界面与书中截图一致，请在学习之前重置首选项，重置方法请阅读前言中“恢复默认首选项”部分的内容。

❶ 在菜单栏中，依次选择【文件】>【新建】，新建一个文档。若当前有文件处于打开状态，则 Dimension 会将其关闭。若该打开的文件尚未保存，Dimension 会弹出提示信息，提示先保存再关闭。

新建文档时，我们可以指定画布大小等参数。

❷ 在工具面板中，单击选择工具（键盘快捷键：V）。

❸ 单击显示在画布左上角的“1024px×768px”字样。此时，画布处于选中状态，在界面右侧的属性面板中，可以更改画布大小。

❹ 在属性面板中，把画布大小更改为 3000 像素（宽度）×2000 像素（高度），如图 2-1 所示。

图 2-1

注意 画布的宽度与高度具体设置成多少，取决于最终渲染图的用途。如果最终渲染图只是用在网页中，那最后使用较低的分辨率进行输出即可，例如 600 像素 ×600 像素可能就足够了。如果最终渲染图要印成杂志封面，那就需要把画布大小设置为 4000 像素 ×4000 像素或者更高。如果用户想得到有关画布大小的更多信息，可以咨询网页开发人员或合作印厂，他们知道准确的尺寸。

❺ 在菜单栏中，依次选择【视图】>【缩放以适合画布大小】，使整个画布在当前窗口中完全显示出来。

提示 画布大小会对渲染时间产生显著影响。应根据实际需要设置画布大小，切勿随意设置。

2.2 更改背景颜色

默认情况下，场景背景颜色是白色的，用户可以把背景颜色改成其他任意颜色。

❶ 在场景面板中，选择【环境】。

❷ 在属性面板中，单击【背景】右侧的颜色框，在拾色器中，把 RGB 值更改为 135、165、161，把背景颜色更改为绿色，如图 2-2 所示。

❸ 更改完成后，在拾色器之外的任意地方单击（或者按 Esc 键），关闭拾色器。

注意 Dimension 文件的扩展名是 .dn，能不能看见这个扩展名，取决于用户计算机的设置。

❹ 在菜单栏中，依次选择【文件】>【存储】，输入文件名，选择一个位置保存，方便以后使用。

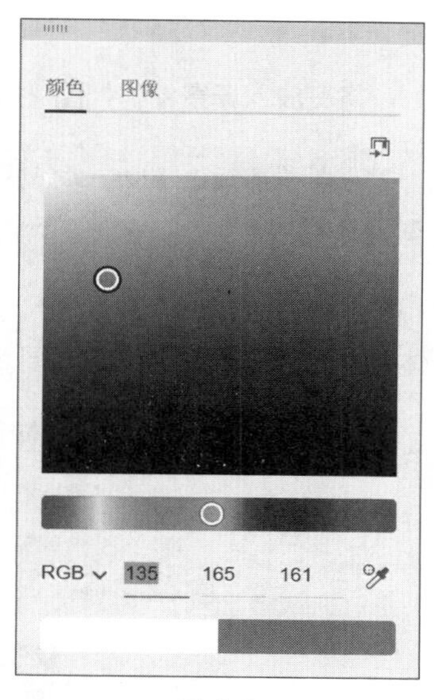

图 2-2

2.3 使用初始资源

Dimension 自带许多初始资源，包括各种 3D 模型、材质、灯光、背景图像等，可以在创建 3D 场景时使用它们。此外，还可以使用来自 Adobe Stock、Adobe Creative Cloud 库的内容。当然，合成场景时，也可以使用自己导入的 3D 模型和 2D 图像。本节，我们学习如何使用 Dimension 自带的初始资源。

❶ 单击屏幕左下角的【内容】按钮（▭），在屏幕左侧打开内容面板。再次单击【内容】按钮可把内容面板隐藏起来。

内容面板列出了一些可以在场景中使用的初始资源，包括 3D 模型、材质、灯光、背景图像等。

❷ 若初始资源未在内容面板顶部显示出来，请在面板顶部的菜单中选择【初始资源】，如图 2-3 所示。

图 2-3

❸ 单击【更多】图标（···），单击【切换列表 / 网格视图】，可切换面板的显示视图，有列表与网格两种视图。这里，我们切换到列表视图。

❹ 单击面板顶部的【模型】图标（⬢），使面板仅显示模型。

❺ 在搜索框中，输入“平面”。面板中显示出名称中包含“平面”的资源。

❻ 在【基本形状】中单击【平面】，将其放入场景中，如图 2-4 所示。

图 2-4

⑦ 在搜索框中，输入“管道”。

⑧ 在【模型】中单击【半管道】，将其放入场景中，如图 2-5 所示。

> 注意 在初始资源中，单击一个基本形状或模型后，Dimension 总是会把这个基本形状或模型放到场景中心的“零点”上。然后，可以根据需要把模型移动到场景中的任意位置。

⑨ 在搜索框中，输入“球体”。

⑩ 在【基本形状】中单击【球体】，将其放入场景中，如图 2-6 所示。

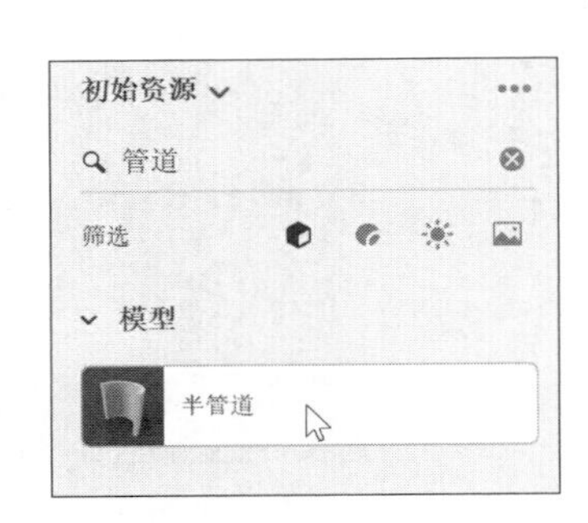

图 2-5

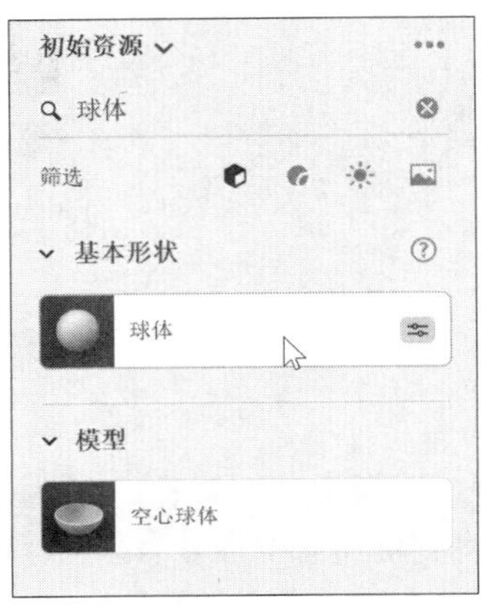

图 2-6

此时，场景中有 3 个对象，它们在同一个位置上，重叠在一起，如图 2-7 所示。

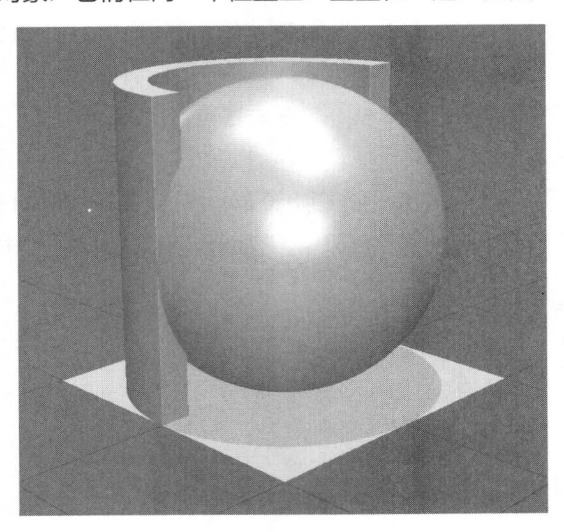

图 2-7

2.4 选择与变换对象

在场景面板中，我们可以很容易地了解一个场景是由哪些模型组成的，而且还可以很容易地选中这些模型。选中一个模型后，我们可以使用选择工具和属性面板轻松地移动、缩放、旋转模型。下面我们整理一下场景中的模型。

2.4.1 缩放对象

选择工具不仅可以用来选取对象，还可以用来移动、旋转、缩放场景中的对象。

❶ 在工具面板中，双击选择工具。

❷ 若【与场景对齐】选项处于开启状态，则单击将其关闭。有关该选项的更多内容，稍后讲解。

❸ 按 Esc 键，关闭选择工具选项面板。

❹ 在场景面板中，选择【平面】。此时，在画布中，平面模型周围出现蓝色框线，表示当前该模型处于选中状态。此时选择工具控件也出现在模型上。

请注意，在场景面板中，【平面】与【球体】模型左侧有一个图标，而【半管道】模型左侧的图标是。这是因为【平面】与【球体】模型都是“基本形状”，而【半管道】模型是一个“模型”。“基本形状”是一种特殊的模型，带有一些可编辑的属性。相关内容后面会讲解。

3D 坐标轴

许多 2D 设计软件中都有 X 轴和 Y 轴，相信我们都很熟悉这两个坐标轴。在 2D 空间中，对象沿着 X 轴左右移动，沿着 Y 轴上下移动。而在 3D 空间中，除了 X 轴与 Y 轴之外，还有第三个坐标轴——Z 轴，对象沿着 Z 轴前后移动。

这很容易理解和想象，但是在 Dimension 中有一点需要特别注意，那就是在默认视图下，X 轴和 Y 轴都偏离中心，也就是说，我们总是在特定角度上观察对象。当一个对象沿着 Z 轴正向移动时，这个对象本身同时也沿着屏幕从右向左移动。

图 2-8 是 3D 坐标轴在 Dimension 默认视图下的样子。图中，坐标轴稍稍偏离中心，这样当对象沿 Z 轴移动时，会更容易看出移动原理，但是刚开始时，可能会有点不习惯。

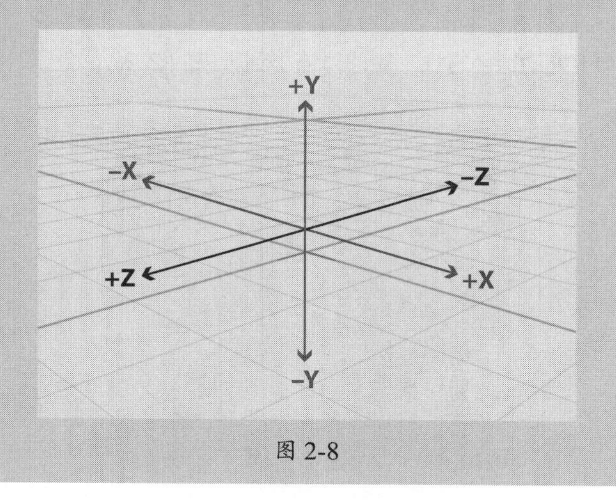

图 2-8

注意 在 Dimension 中，我们不太关注测量尺寸的准确度和选用的测量单位，我们主要关注的是场景中模型之间的相对尺寸。但是，在以特定尺寸导入与导出模型时，测量尺寸就变得很重要。尤其是在根据实物确定模型大小时，必须确保测量尺寸的准确度。

❺ 在平面面板的【宽度】中输入“100 厘米”，在【长度】中输入“200 厘米”，增大平面模型尺寸，如图 2-9 所示。

❻ 在场景面板中，把鼠标指针置于【平面】上，单击右侧的锁形图标（🔒），将其锁定，如图 2-10 所示。这样，在选择场景中的其他模型时，就不会误选到平面模型了。

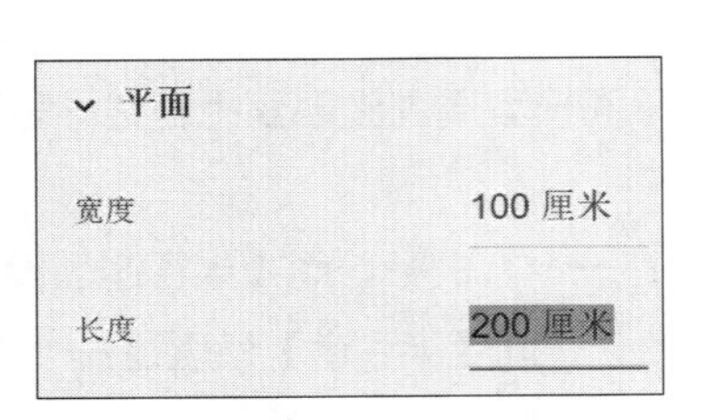

图 2-9

图 2-10

注意 选择选择工具后，若【与场景对齐】选项处于开启状态，则使用选择工具控件只能等比例缩放对象。若【与场景对齐】选项处于关闭状态，则使用选择工具控件缩放对象时按住 Shift 键，可实现等比例缩放对象。

❼ 在场景面板中，选择【球体】模型。此时，画布中的球体模型周围出现蓝色框线，表示当前其处于选中状态。同时，所选球体上出现选择工具控件。

❽ 在选择工具控件上，向下拖动绿色方块，沿着 Y 轴方向把球体略微压扁。

❾ 在菜单栏中，依次选择【编辑】>【还原变换】，撤销刚才的操作。

注意 与大多数 Adobe 设计软件一样，在 Dimension 中，撤销的键盘快捷键也是“Command+Z”(macOS) 或“Ctrl+Z”(Windows)。

❿ 按住 Shift 键，向下拖动绿色方块，使球体缩小到原来的 20%，如图 2-11 所示。按住 Shift 键能确保缩放是等比例缩放。

图 2-11

2.4.2 旋转对象

选择工具不仅可以用来缩放对象，还可以用来旋转对象。

❶ 单击画布中的半管道模型，将其选中。

注意 在工具面板中，双击选择工具，在弹出的面板中，还有另外 3 个工具可选，分别是移动工具、旋转工具、缩放工具。虽然我们可以只使用选择工具来移动、缩放、旋转模型，但是使用移动工具、旋转工具、缩放工具分别做移动、缩放、旋转操作时，会有更多的功能，这些功能在某些情况下非常有用。例如，使用移动工具时，可以使对象同时沿着两个坐标轴移动。

❷ 按住 Shift 键，沿顺时针方向拖动选择工具控件上的蓝色圆，直到画布中显示“Z:-90°”，或者属性面板中【旋转】下的 Z 轴值变为 -90° 时停止拖动，如图 2-12 所示。按住 Shift 键拖动选择工具控件旋转对象时，每次旋转 15°。

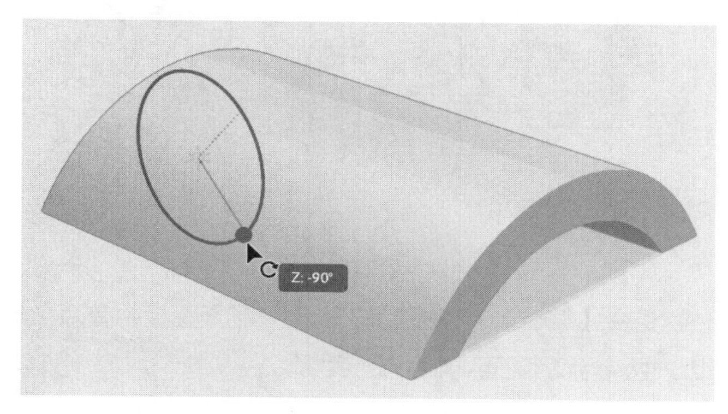

图 2-12

❸ 在菜单栏中，依次选择【对象】>【移动到地面】，使旋转后的对象底部位于地平面上，如图 2-13 所示。

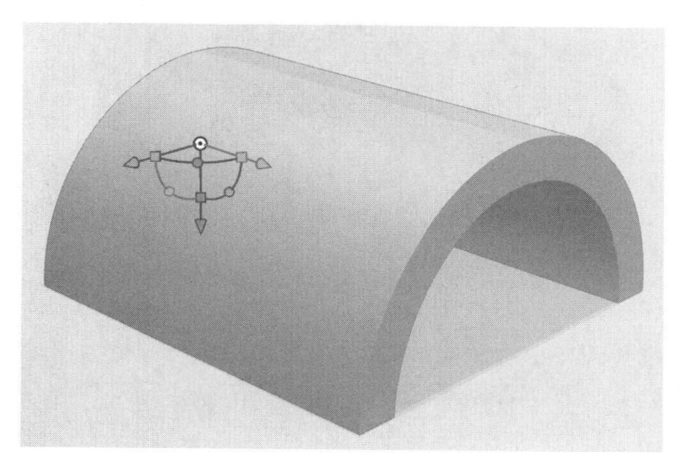

图 2-13

2.4.3 移动对象

默认情况下，旋转对象时，选择工具控件会与对象一起旋转。这样有时方便，有时又不方便。因为此时选择工具控件上的红色、绿色、蓝色不再与 X 轴、Y 轴、Z 轴的颜色相对应。

❶ 为了解决这个问题，先在工具面板中双击选择工具。

> **提示** 在某个对象处于选中的状态下，按 Q 键，可使选择工具控件在【与场景对齐】与【与模型对齐】之间切换。

❷ 开启【与场景对齐】选项。此时，模型上的选择工具控件发生变化，它与场景中的 X 轴、Y 轴、Z 轴方向对齐，如图 2-14 所示。

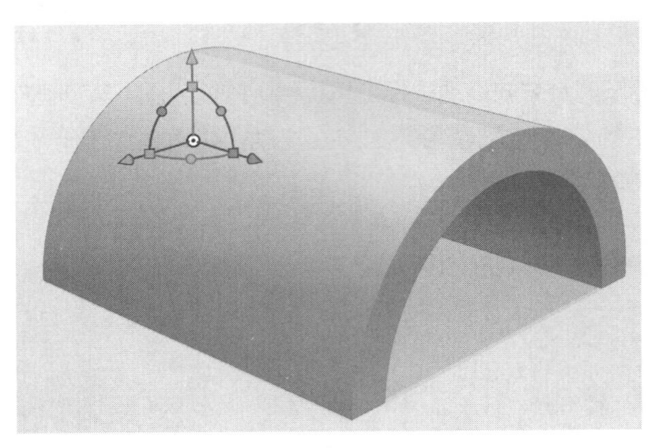

图 2-14

❸ 在菜单栏中，依次选择【编辑】>【重复】。此时，场景面板中有两个半管道模型，但在画布中只能看见一个，这是因为两个半管道模型重合在一起了。

❹ 向右拖动蓝色箭头，使两个半管道模型并排，且略微重叠，如图 2-15 所示。

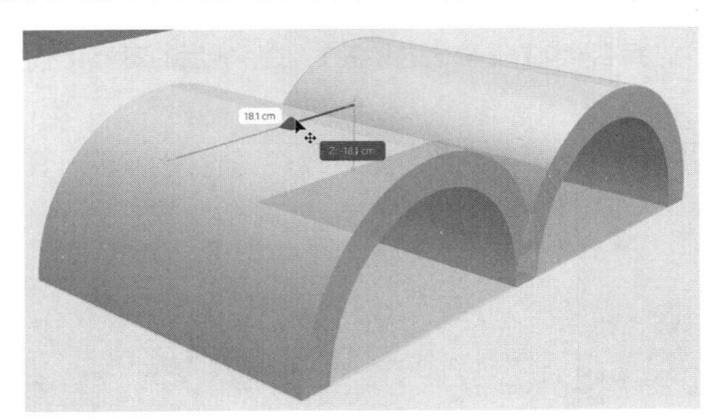

图 2-15

> **提示** 拖动每个箭头时只允许在单个方向（X 轴、Y 轴、Z 轴）上移动对象。有时，我们想同时在 X 轴和 Z 轴两个方向上移动对象。换句话说，我们希望自由地移动对象，同时不允许它上下移动。为此，我们可以抓住对象表面而非箭头来移动对象。这样，在移动对象时，就可以同时沿着 X 轴和 Z 轴方向移动对象。

❺ 在场景面板中，选择【相机】。

❻ 有关改变相机视角的内容，将在后面详细讲解。这里，我们只在属性面板中输入一些值，实现从不同角度观看模型。在属性面板的【位置】下，把 X 值、Y 值、Z 值分别设置为 70 厘米、25 厘米、-9

厘米，如图 2-16 所示。

这会改变画布的位置，使得用户只能看见平面模型。

❼ 在属性面板的【旋转】下，把 X 值、Y 值、Z 值分别设置为 0°、90°、13°，如图 2-17 所示。旋转后，可以直接看到半管道模型。

图 2-16

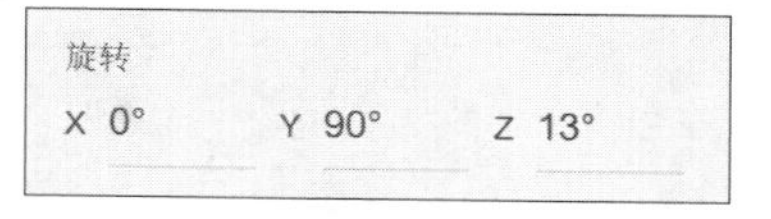

图 2-17

❽ 单击画布中的球体模型，或者在场景面板中选择【球体】模型，将其选中。

❾ 向上拖动绿色箭头，使球体模型位于半管道模型之上，如图 2-18 所示。

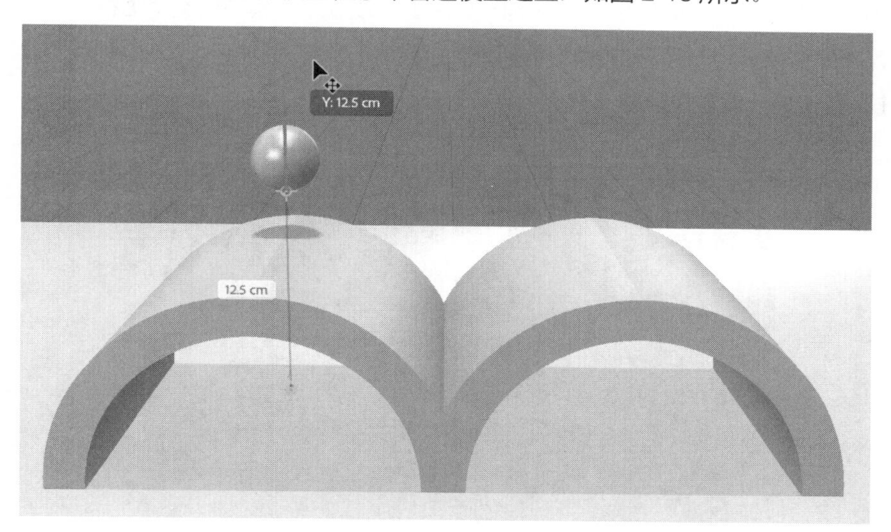

图 2-18

❿ 向下拖动坐标原点（即选择工具控件上的黑白圆，它位于球体模型底部），使其位于半管道模型表面，如图 2-19 所示。当我们把坐标原点拖向半管道模型表面时，坐标原点始终贴着半管道表面移动。这个功能在我们需要把一个模型准确移动到另一个模型的表面时非常有用。

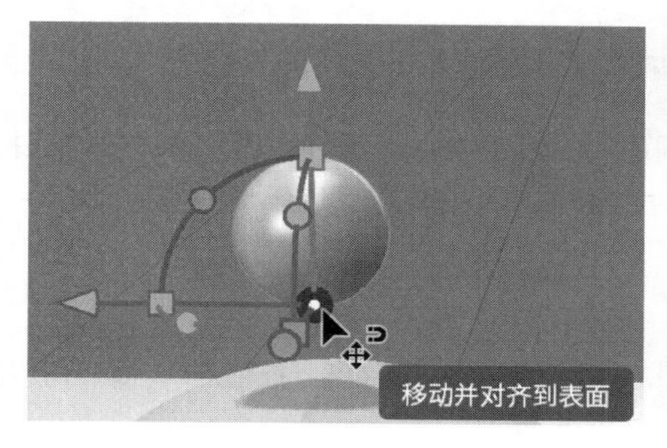

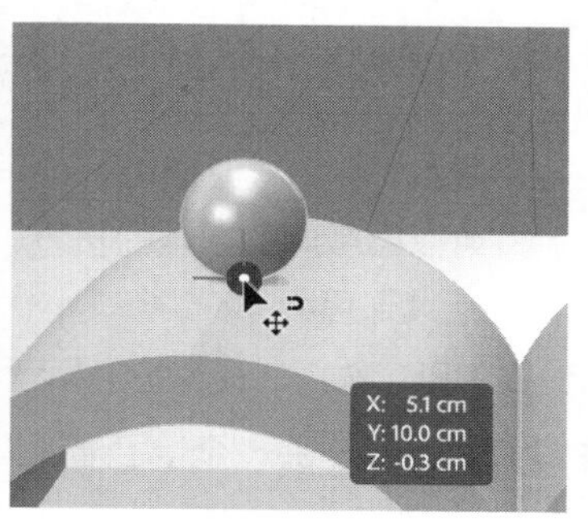

图 2-19

⓫ 按住鼠标左键，拖出一个矩形框，把球体模型与两个半管道模型全部包含进去，这样可以同时选中 3 个模型，如图 2-20 所示。

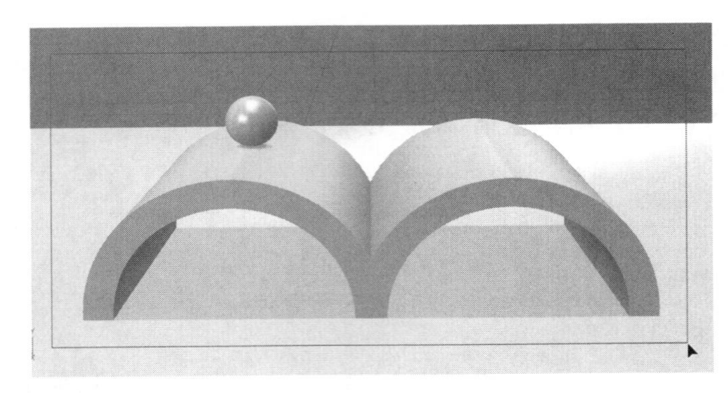

图 2-20

⑫ 在菜单栏中，依次选择【相机】>【构建选区】，让 3 个模型充满整个画布。

⑬ 在菜单栏中，依次选择【选择】>【取消全选】。

⑭ 单击环绕工具（键盘快捷键：1）。

⑮ 在画布中稍微向右下方拖动，使相机角度略微发生偏移，如图 2-21 所示。

图 2-21

2.5 向模型应用材质

当向场景中导入一个 3D 模型时，会同时导入创建该模型时所应用的材质。在把模型导入 Dimension 中后，可以继续调整模型的材质，或者为模型指定其他材质。本节简单介绍一下材质，更多相关内容，将在后续课程中详细讲解。

❶ 单击选择工具，选中一个半管道模型。

❷ 按住 Shift 键，单击另一个半管道模型，将其也选中。请注意，按住 Shift 键，可以同时选中多个模型。

❸ 在屏幕左侧的内容面板中，单击搜索框右侧的 ⊗ 图标，清空之前输入的搜索关键词。

❹ 单击【材质】图标（ ），使面板仅显示材质，如图 2-22 所示。

❺ 在列表中尝试选择不同的材质，把它们应用到半管道模型的表面。

❻ 在搜索框中输入“混凝土”，单击【开裂混凝土】，将其应用到半管道模型的表面，如图 2-23 所示。

图 2-22

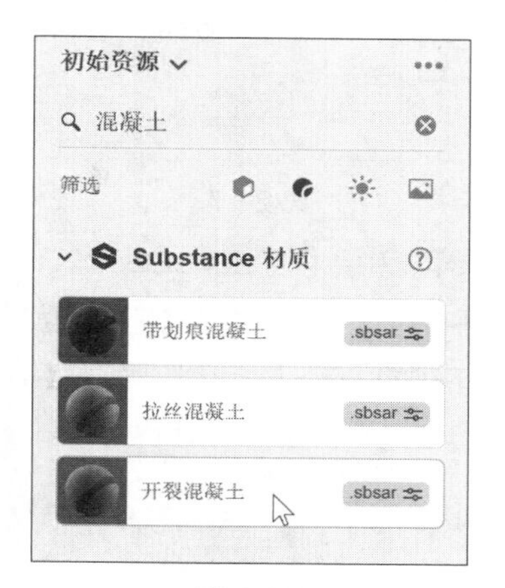

图 2-23

❼ 选中球体模型。

❽ 在搜索框中输入“金属”，单击【金属】，将其应用到球体模型的表面，如图 2-24 所示。

❾ 在菜单栏中，依次选择【选择】>【取消全选】。

❿ 在场景面板中，单击【平面】右侧的锁形图标（🔒），解除平面模型的锁定状态。

⓫ 在场景面板中，选择【平面】，如图 2-25 所示。

图 2-24

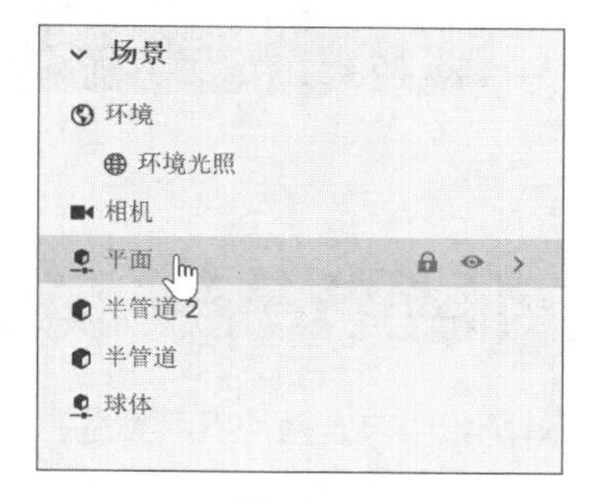

图 2-25

提示 请记得随时保存当前的项目。在操作步骤中，我们不会专门提醒大家保存当前项目，大家要时刻记得保存，越频繁越好。

⓬ 在搜索框中输入“拼贴”，单击【瓷砖拼贴】，将其应用到平面模型的表面，如图 2-26 所示。

⓭ 在属性面板中，把【位移】下的【旋转】设置为 90°；把【重复】下的 X 轴与 Y 轴值都设为 2，如图 2-27 所示。

⓮ 在属性面板中，把【拼贴数量】修改为 50，如图 2-28 所示。

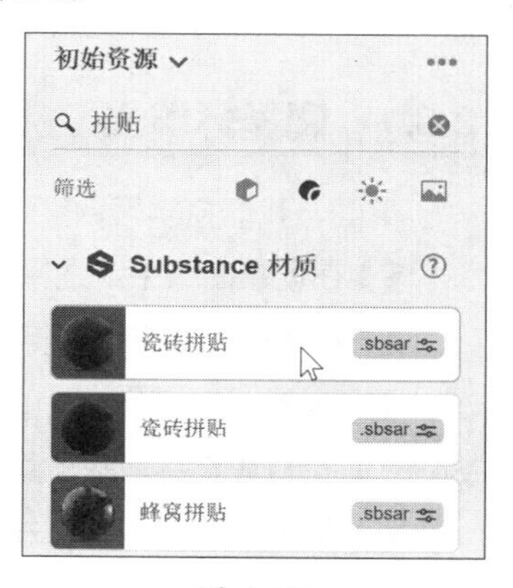

图 2-26

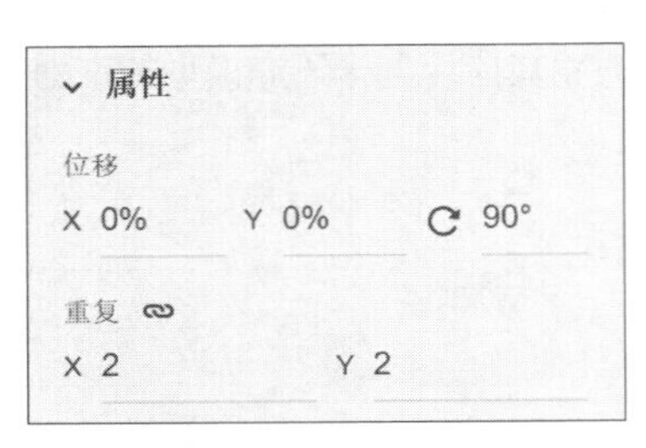

图 2-27

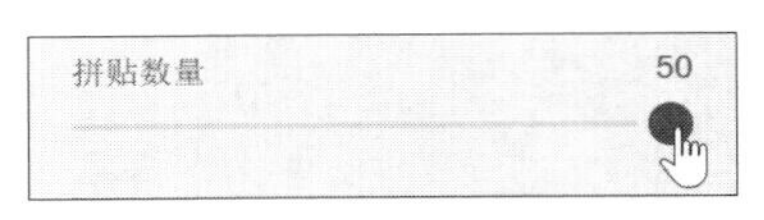

图 2-28

⑮ 在菜单栏中，依次选择【选择】>【取消全选】，取消选中平面模型。

⑯ 在画布的右上角，单击【渲染预览】图标（ ），查看场景的最终渲染效果，如图 2-29 所示。学习本课接下来的内容时，可以一直让【渲染预览】处于打开状态。

图 2-29

2.6 调整光照

Dimension 场景中包含两种不同类型的灯光：环境光与定向光。环境光是指场景周围的环境光线。定向光可以添加到环境光中，也可以代替环境光，能够产生很强的阴影和反光。在 Dimension 中，我们可以使用多种方法来定制这两种灯光。

2.6.1 调整环境光

下面，我们将学习调整环境光位置和颜色的方法。

❶ 在场景面板中，选择【环境】。

❷ 在【环境】下，选择【环境光照】。

❸ 在属性面板中，把【强度】设置为 120%，【旋转】设置为 -5°，让灯光更亮一些，并且向右移动一点，如图 2-30 所示。

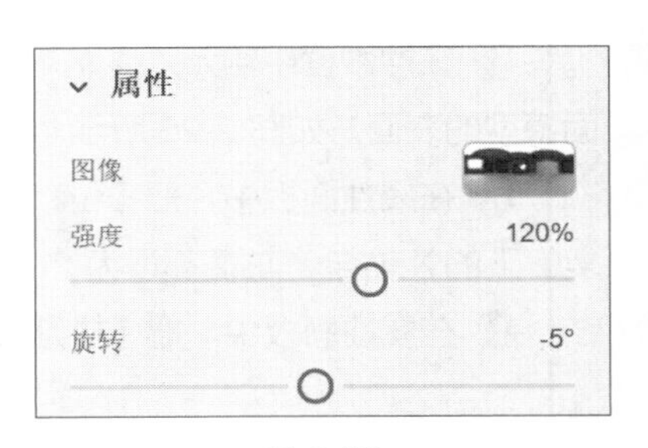

图 2-30

❹ 在属性面板中，勾选【着色】。

❺ 默认情况下，【着色】被设置为白色。单击其右侧的颜色框，

输入 RGB 值 255、255、232，选择淡黄色，将其应用到环境光中，如图 2-31 所示。选好颜色后，在拾色器之外单击，将其关闭。

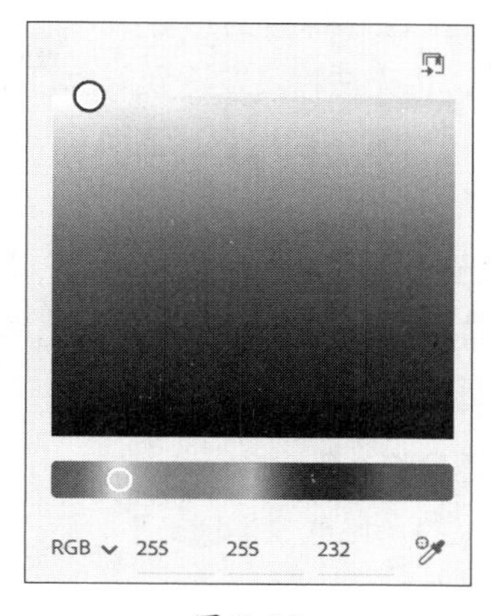

图 2-31

2.6.2 添加阳光

下面，我们将向场景添加一个定向光来模拟阳光效果。有关光照的更多内容，将在另一课中详细讲解。

❶ 在屏幕左侧的内容面板中，单击搜索框右侧的⊗图标，清空之前输入的搜索关键词。

❷ 单击【光照】图标（☀），使面板仅显示光照。

❸ 单击【阳光】，将其添加到场景中，模拟阳光，如图 2-32 所示。

❹ 在属性面板中，把【旋转】设置为 -33°、【高度】设置为 14°、【混浊度】设置为 30%，如图 2-33 所示。

图 2-32

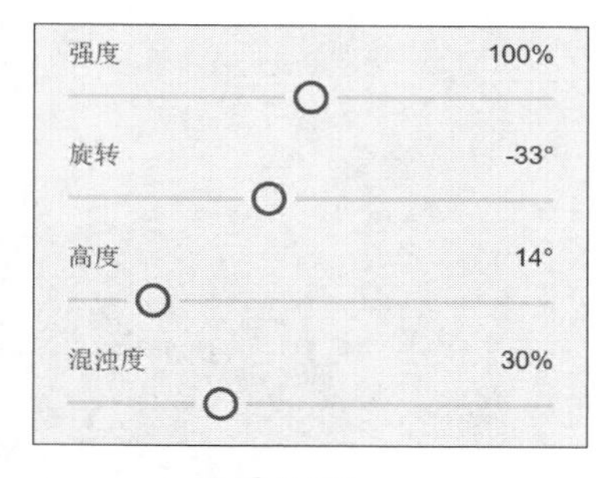

图 2-33

❺ 在菜单栏中，依次选择【文件】>【存储】，保存项目文件。

2.7 渲染场景

我们在 Dimension 中做的所有处理都会被保存到一个 Dimension 文件中。我们无法在 Photoshop、InDesign、Illustrator 中打开这个文件，也无法将其发送到彩色打印机打印。我们必须渲染场景，并将项目存储成通用格式，这样才能在不同情形下使用它。下面简单地介绍一下场景渲染。有关渲染的更多内容，将在后续课程中讲解。

❶ 单击屏幕左上角的【渲染】选项卡，如图 2-34 所示。

图 2-34

❷ 在【渲染设置】下，有各种渲染设置。

❸ 在【导出文件名】下输入文件名。

❹ 在【质量】下，选择【低（速度快）】。

❺ 在【导出格式】下，勾选【PSD（16 位 / 通道）】。

❻ 在【存储至】下，单击蓝色路径名，选择一个导出位置。

❼ 单击【渲染】按钮，如图 2-35 所示。

图 2-35

❽ 耐心等待渲染完成。渲染时长取决于计算机的配置。渲染是一项耗时的工作，请保持足够的耐心。

渲染期间，我们无法在 Dimension 中做其他事情，但是可以正常使用其他软件。

❾ 渲染完成后，在 Photoshop 中打开并查看渲染好的 PSD 文件。

❿ 在 Photoshop 中，依次选择【图像】>【图像大小】，可以看到渲染好的 PSD 图像的尺寸为 3000 像素 ×2000 像素，这是我们在项目开始时指定好的画布大小。

⓫ 在 Photoshop 中，放大图像，可以看到图像中包含许多噪点，阴影区域尤其明显，如图 2-36 所示。这是因为我们在【渲染设置】的【质量】下选择了【低（速度快）】。如果选择【高（速度慢）】，渲染质量更高，但耗时更长。

图 2-36

2.8 复习题

❶ Dimension 文件的扩展名是什么？

❷ 在 Dimension 中，在何时、何处指定画布大小？

❸ 添加初始资源之后，该资源位于场景中的哪个位置？

❹ 在 Dimension 的默认相机视图下，沿着 Z 轴移动对象时，对象会向哪个方向移动？

❺ 旋转 3D 模型的方法有哪两种？

❻ Dimension 中有哪两种灯光？

2.9 答案

❶ Dimension 文件的扩展名是 .dn。

❷ 创建好项目文件之后，可以在属性面板中指定画布大小。

❸ 向场景中添加初始资源后，该初始资源将出现在场景中心位置（X=0，Y=0，Z=0）上。

❹ 在 Dimension 的默认相机视角下，沿 Z 轴移动对象时，该对象将靠近或远离相机。

❺ 使用选择工具选择模型，然后在属性面板中输入旋转值，或者拖动选择工具控件上的圆。

❻ 环境光与定向光。

第 3 课

使用相机更改场景视图

课程概览

本课，我们将学习如何操纵现有 3D 场景的视图，涉及如下内容。

- 如何使用环绕工具、平移工具、推拉工具、水平线工具
- 何时以及为何使用相机工具
- 如何使用相机书签保存相机视角
- 在场景中如何模拟相机景深效果

学习本课大约需要 45 分钟

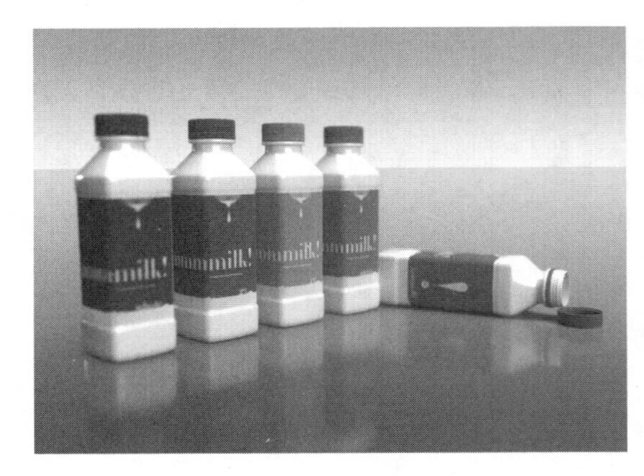

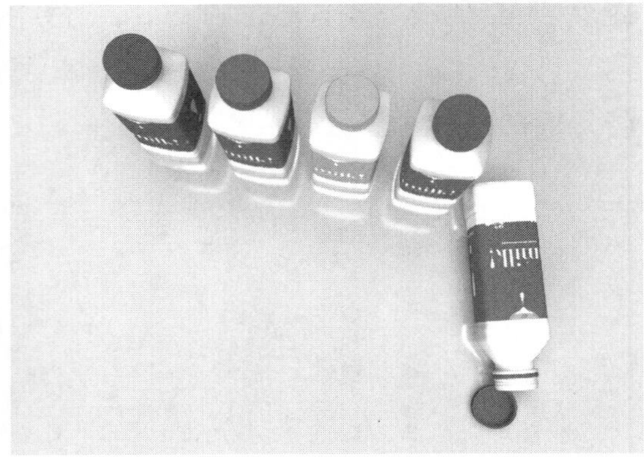

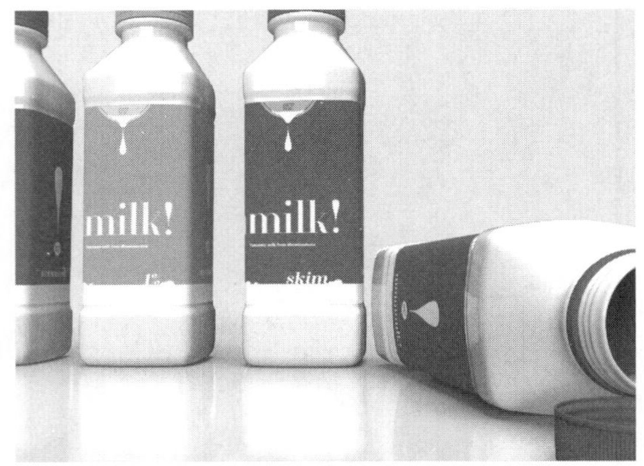

在 Dimension 中，我们可以使用相机工具自由地变换场景视图，以便从不同角度和透视点观看场景。

3.1 相机是什么

合成一个 3D 场景时，我们经常需要从不同角度来检查场景。例如，在把一个花瓶放到桌面上时，可能需要让视平线与桌面在同一高度上，这样才能看到花瓶何时恰好贴在桌面上。若从桌面上方往下看，会很难判断花瓶是“漂浮”在桌面上，还是实实在在地放在了桌面上。

Dimension 中有一个虚拟相机，我们观看任何一个场景都是通过这个相机进行的。相机在场景中的位置、行为由 8 种相机工具控制。本课主要介绍环绕工具、平移工具、推拉工具、水平线工具，还会简单介绍三脚架工具、旋转相机工具、推拉缩放工具、视角工具。

3.2 保存相机书签

相机书签用于保存场景的一个特定视图，这样当使用相机工具改变视图之后，可以借助相机书签轻松快速地返回到之前的视图。下面我们打开一个文件，用相机书签保存场景的初始视图。

> 注意 为确保用户看到的软件界面与书中截图一致，请在学习之前重置首选项，重置方法请阅读前言中“恢复默认首选项”部分的内容。

❶ 启动 Adobe Dimension。

❷ 单击【打开】按钮，或者在菜单栏中依次选择【文件】>【打开】，打开【打开】对话框。

❸ 在【打开】对话框中，转到 Lessons > Lesson03 文件夹下，选择 Lesson_03_begin.dn 文件，单击【打开】按钮。

❹ 单击画布右上角的【相机书签】图标（）。

❺ 单击加号图标（+），新建一个书签。

❻ 输入新名称“Starting view”，按 Return 或 Enter 键确认，如图 3-1 所示。

图 3-1

3.3 使用相机视角预设

Dimension 提供了 10 种相机视角预设，每种预设都有相应的键盘快捷键。借助这些预设，我们可以快速地让相机移动到场景的顶部、左侧、右侧、底部等。

❶ 在菜单栏中，依次选择【相机】>【相机视角】>【顶部】，Dimension 会把相机移动到场景上方，此时我们可以通过相机自上而下地观看场景。

❷ 由于 Dimension 不知道把相机对准到场景的哪一部分，因此我们要在菜单栏中依次选择【相机】>【全部构建】，从顶部往下观看整个场景。在选择某个相机视角预设之后，经常还需要在菜单栏中选择【相机】>【全部构建】，以便观看到整个场景，如图 3-2 所示。

提示 每个相机视角预设都有对应的键盘快捷键。在 macOS 下，这些快捷键是"Option+1"（顶部）、"Option+2"（前）、"Option+3"（左）……"Option+9"（左后）、"Option+0"（右后）；在 Windows 系统下，把 Option 键换成 Alt 键即可。

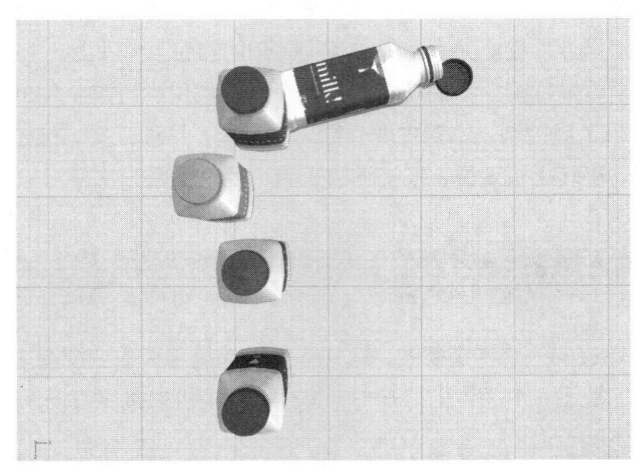

图 3-2

❸ 在菜单栏中，依次选择【相机】>【相机视角】>【前】。在前视角下看到的场景如图 3-3 所示。

图 3-3

由于 Dimension 不认识牛奶瓶上的标签，也没内置识别场景前面（前视图）的功能，因此它把沿着 Z 轴由近（靠近相机）及远（远离相机）的方向看作前面，如图 3-4 所示。

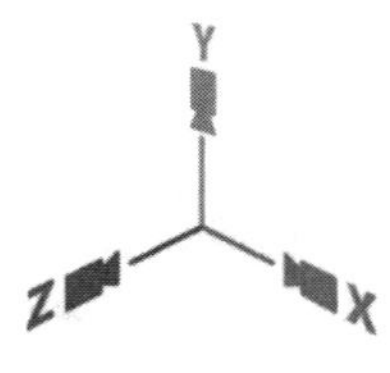

图 3-4

本示例中，所有牛奶瓶正面正对着 X 轴方向，当从 Z 轴看过去时，我们看到的是牛奶瓶的左侧。

❹ 在菜单栏中，依次选择【相机】>【相机视角】>【右】，视图如图 3-5 所示。因为

Dimension 把红色牛奶瓶左侧看作前面，所以在右视图（沿 X 轴由近及远）中看到的就是牛奶瓶的正面。

图 3-5

❺ 在菜单栏中，依次选择【相机】>【相机视角】>【右前】，视图如图 3-6 所示。这个视图与新建文档时的默认视图类似，Z 轴从屏幕的左下角向右上角延伸而去。画布左下角有个小小的坐标轴指示图标，通过这个图标，我们可以知道模型当前相对于 X 轴、Y 轴、Z 轴的朝向，以及坐标轴相对于相机的朝向。

图 3-6

3.4 使用环绕工具

使用环绕工具可以环绕查看整个场景，也就是可以从任意角度查看场景。在 Dimension 中，可以朝上、朝下，或者沿顺时针方向、逆时针方向查看场景；还可以把相机移动到地平面之下，自下而上观看场景。可以把地平面想象成湖中的冰面，借助环绕工具，用户可以潜入湖中，把相机朝上对准冰面，透过透明的冰面来观看整个场景。

❶ 在工具面板中，单击环绕工具（键盘快捷键：1）。

❷ 在屏幕中从左向右拖动，沿逆时针方向观看场景。

❸ 在菜单栏中，依次选择【相机】>【相机还原】，回到初始视图。

提示 不管当前使用的是什么工具，按下鼠标右键，即可将其临时切换成环绕工具，当然前提是使用的鼠标支持左右键。

❹ 在屏幕中从右向左拖动，沿顺时针方向观看场景。

❺ 在屏幕中自下而上拖动，从地平面之下往上观看场景。

可以根据网格线的颜色来判断当前是在地平面之上还是之下。如果看到的网格线是红灰色的，则表明当前正从地平面之下往上看；若看到的网格线是深灰色的，则表明正从地平面之上往下看。

❻ 单击画布右上角的【相机书签】图标（）。单击“Starting view”，使场景返回到初始视图。

使用环绕工具查看场景

精确对齐对象时，我们往往需要使用环绕工具来改变场景视图，以便检查对象是否真的对齐。

❶ 使用环绕工具改变场景视图，使几个牛奶瓶模型正对我们，如图 3-7 所示。

图 3-7

❷ 在菜单栏中，依次选择【相机】>【构建选区】。该菜单命令会自动操纵相机，使场景中的所有模型处于屏幕中，并填满整个屏幕。

❸ 单击【相机书签】图标（）。

❹ 单击加号图标（+），新建一个书签。

❺ 输入“Front view”，按 Return 或 Enter 键确认，如图 3-8 所示。

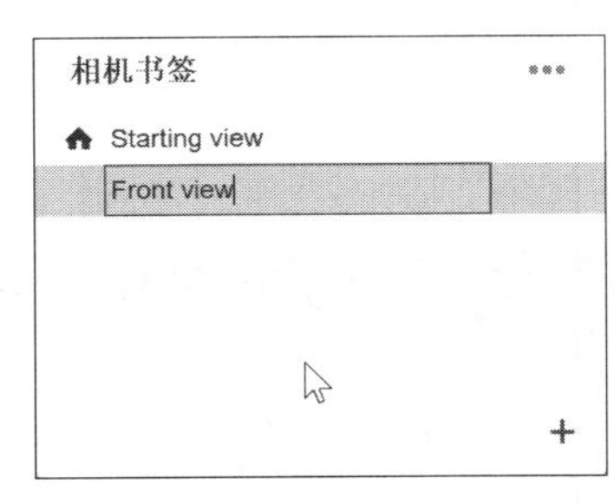

图 3-8

注意 虽然相机视角预设很有用，但它们不包含任何场景构建信息。相机书签不仅保存着相机视角，还包含着场景构建信息。所以，对于经常用到的场景视图，建议大家使用相机书签将其保存下来。

在正面视图下，我们可以清晰地看到，红色和蓝色两个牛奶瓶之间的距离要比其余牛奶瓶之间的距离大得多。接下来，我们一起解决这个问题。

❻ 单击选择工具（键盘快捷键：V）。

❼ 在场景面板中，选择【Whole milk – red】，选中场景中的红色牛奶瓶。在场景面板中选择红色牛奶瓶，可以确保选中的是整个瓶子，而非只选中了瓶身或瓶盖。

❽ 向右拖动蓝色箭头，调整红色牛奶瓶与蓝色牛奶瓶之间的距离，使其与其他瓶子之间的距离大致相同，如图 3-9 所示。如果蓝色箭头与 Z 轴方向不一致，请在菜单栏中依次选择【对象】>【与场景对齐】。不断重复这个过程，直到蓝色箭头与 Z 轴方向一致。

图 3-9

❾ 单击环绕工具（键盘快捷键：1）。

> **提示** 使用环绕工具改变场景视图时，按住 Shift 键，可以确保环绕运动沿垂直方向或水平方向进行。

❿ 使用环绕工具从左向右拖动，并向下拖动一点点，从而可以从左侧观看到模型，如图 3-10 所示。

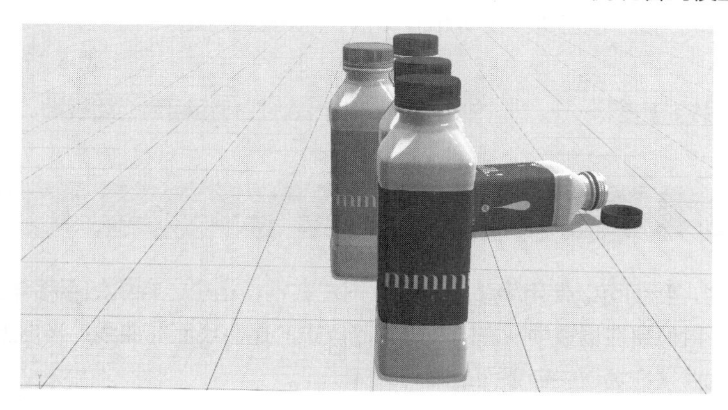

图 3-10

⓫ 单击【相机书签】图标（）。

⓬ 单击加号图标（+），新建一个书签。

⓭ 输入“Left end view”，按 Return 或 Enter 键确认。

在左视图下，可以看到有一个直立的瓶子没有与其他几个直立的瓶子在一条直线上。接下来，我们一起解决这个问题。

⑭ 单击选择工具（键盘快捷键：V）。

⑮ 在场景面板中，选择【1 percent – yellow】模型，将黄色牛奶瓶选中。

⑯ 向右拖动红色箭头，使黄色瓶子与其他直立的瓶子对齐，如图 3-11 所示。

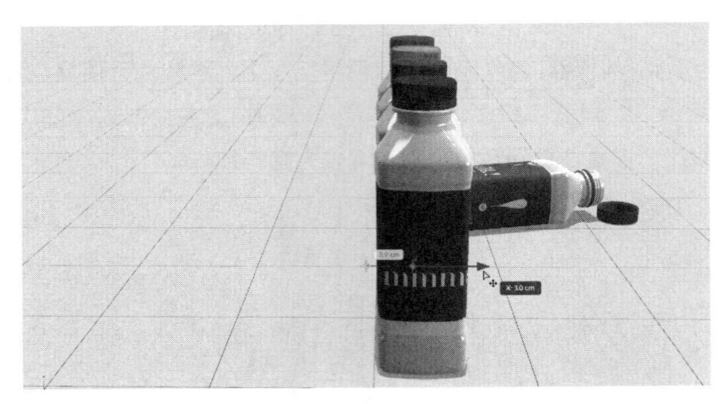

图 3-11

⑰ 单击【相机书签】图标（）。

⑱ 单击“Starting view”，使场景视图返回到初始视图。

⑲ 在工具面板中双击环绕工具，打开控制选项面板，如图 3-12 所示。

图 3-12

三脚架工具模拟的是把相机放到固定高度的三脚架上，然后旋转相机，从三脚架上环顾场景。使用水平线工具，可以调整场景与地平线之间的关系，后面课程中我们会用到这个工具。使用旋转相机工具，可以使相机向一边倾斜。

⑳ 花几分钟时间，试一试三脚架工具和旋转相机工具。

㉑ 单击【相机书签】图标（），单击“Starting view”，返回到初始视图。

3.5 使用平移工具

在 Dimension 中，我们可以使用平移工具来上下左右平移相机。相机的平移与环绕不一样：当从右向左平移相机时，就像是在场景中从左向右走，而且走的是直线而非曲线；当自上而下平移相机时，地平线保持不动，就像是在场景中自下而上爬一架梯子。

❶ 单击平移工具（键盘快捷键：2）。

❷ 从右向左拖动，使场景从右向左水平平移。

提示 使用三键鼠标（有些鼠标的中键是个滚轮，而且可以像按键一样被按下）时，按住鼠标中键，可将当前工具临时切换成平移工具，拖动鼠标即可平移相机。

❸ 单击【相机还原】图标（），返回到初始视图。

❹ 自下而上拖动，沿垂直方向平移场景。请注意，做垂直平移时，虚拟地平线在屏幕上的位置始终保持不变。

❺ 单击【相机书签】图标（）。

❻ 单击“Front view”，使场景返回到正面视图。

❼ 单击选择工具（键盘快捷键：V）。

❽ 在场景面板中，选择【Whole milk – red】模型，将红色牛奶瓶选中。

❾ 在菜单栏中，依次选择【相机】>【构建选区】。此时，Dimension 会自动调整相机位置，使红色牛奶瓶居于屏幕正中位置。

❿ 单击平移工具（键盘快捷键：2）。

⓫ 自右向左拖动，从右向左平移场景，使绿色牛奶瓶和倒在地面上的蓝色牛奶瓶同时出现在屏幕上，如图 3-13 所示。

在这个视图下，可以看到两个牛奶瓶有交叉。下面我们一起解决这个问题。

⓬ 单击选择工具（键盘快捷键：V）。

⓭ 在场景面板中，选择【Milk bottle on its side】模型。

⓮ 向右拖动蓝色箭头，分开两个牛奶瓶，使它们不再交叉，如图 3-14 所示。

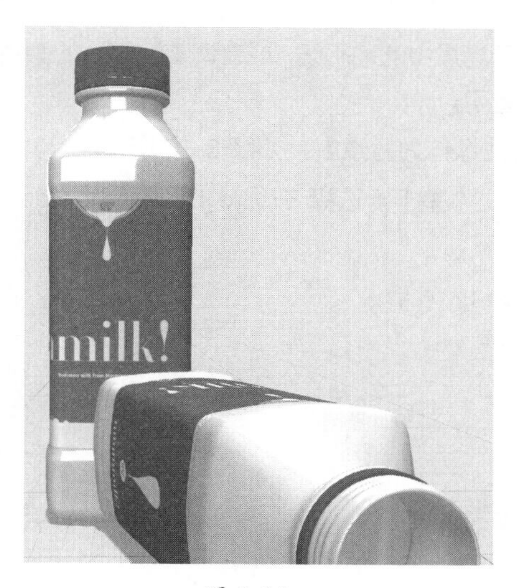

图 3-13

图 3-14

3.6 使用推拉工具

在 Dimension 中，我们可以使用推拉工具把相机移近或移远。这个工具的名称来自于制作电影或电视节目时使用的“移动式摄影车”。

> **注意** 使用推拉工具时，推拉方向可能与这里介绍的恰好相反，这取决于计算机系统中鼠标的配置情况。

❶ 单击推拉工具（键盘快捷键：3）。

❷ 自下而上拖动，使相机靠近场景，场景中的模型看起来变大了。

❸ 自上而下拖动，使相机远离场景，场景中的模型看起来变小了。

提示 不管当前使用的是什么工具，都可以通过鼠标中键来切换到推拉工具。

❹ 在工具面板中双击推拉工具，显示控制选项面板，如图 3-15 所示。

推拉缩放工具和视角工具的功能与推拉工具的功能不同，在某些特殊情况下非常有用。在控制选项面板中，最有用的两个控制选项是【反转推拉滚动方向】和【反转推拉拖动方向】。在这两个选项的帮助下，当滚动鼠标滚轮或用工具在屏幕上拖动时会感觉非常自然。

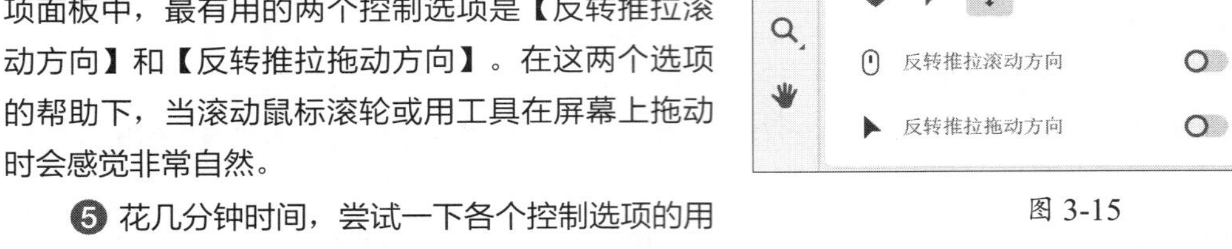

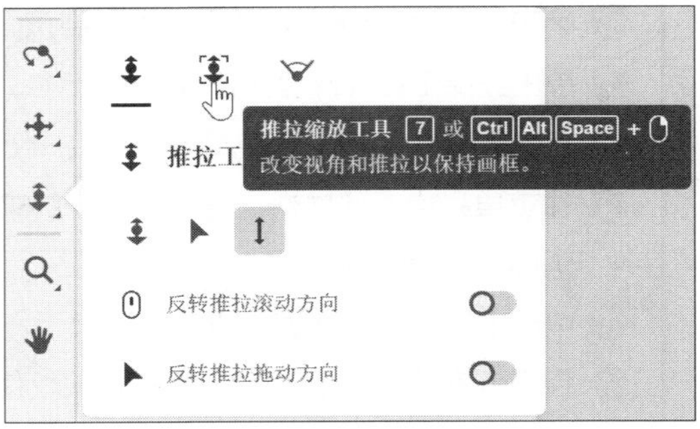

图 3-15

❺ 花几分钟时间，尝试一下各个控制选项的用法。然后，单击【相机书签】图标（），单击“Starting view”，使场景返回到初始视图。

3.7 使用水平线工具

在 Dimension 中，我们可以使用水平线工具上下移动场景中的地平线，或者调整地平线的倾斜程度。在把一个 3D 模型放入 2D 图像中时，水平线工具尤其有用。

❶ 在菜单栏中，依次选择【文件】>【导入】>【图像作为背景】，如图 3-16 所示。

❷ 在打开的对话框中，转到 Lessons > Lesson03 文件夹下，选择 Simple_background.psd 文件，单击【打开】按钮。

❸ 在操作面板中，单击【匹配图像】按钮，如图 3-17 所示。

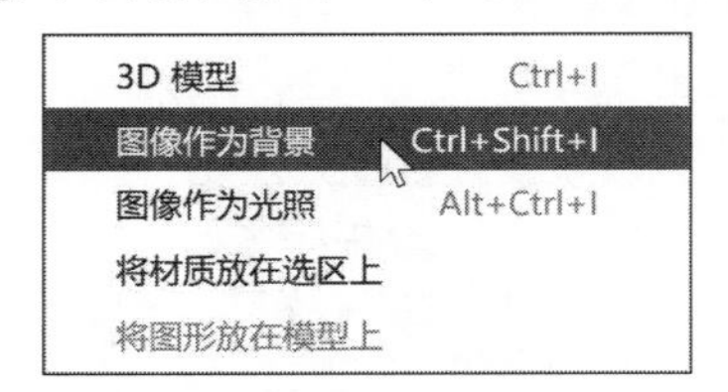

图 3-16

图 3-17

❹ 勾选【将画布大小调整为】，取消勾选【创建光线】，如图 3-18 所示。

此时，【匹配相机透视】处于不可用状态。这是因为导入的背景图像中不包含透视线，Dimension 无法判断消失点在哪。

❺ 单击【确定】按钮。由于导入的背景图像中不包含透视线，Dimension 无法判断消失点和地平线的位置，因此我们必须手动设置地平线。

图 3-18

❻ 在工具面板中双击环绕工具，单击水平线工具（键盘快捷键：N）。同时，确保【交互模式】下最左侧的图标处于选中状态，如图 3-19 所示。

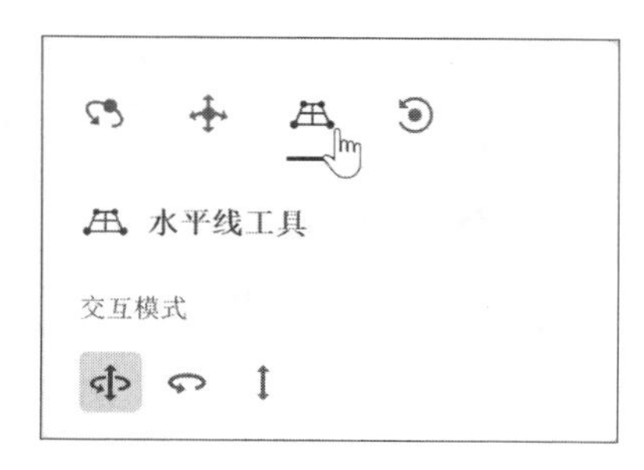

图 3-19

在屏幕的左上角和右上角，即画布上方，会看到两个小圆点，这表示当前地平线位于画布上方，如图 3-20 所示。

图 3-20

❼ 向下拖动左上角的小圆点，使小圆点恰好位于背景图像中的分界线上，如图 3-21 所示。

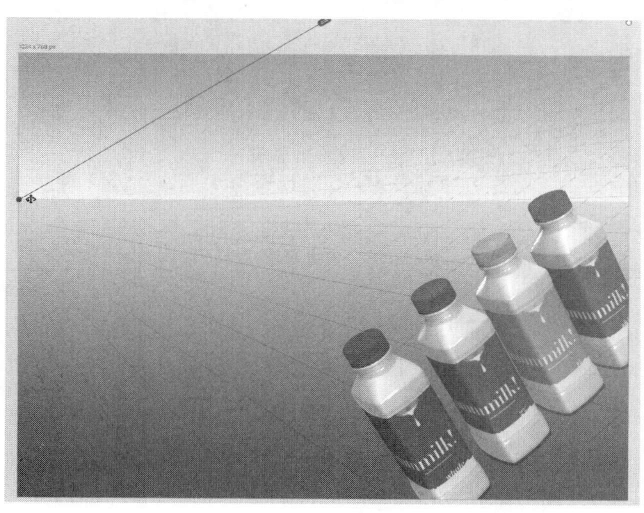
图 3-21

❽ 同样，向下拖动右上角的小圆点，使地平线恰好位于背景图像中的分界线上，如图 3-22 所示。

图 3-22

此时，牛奶瓶在场景中的位置太低，有些牛奶瓶甚至看不见。我们可以使用水平线工具解决这个问题。

❾ 把鼠标指针放到任意一个牛奶瓶上，向上拖动，降低相机高度，使立着的瓶子顶部位于地平线之上，如图 3-23 所示。请注意，这样做的时候，地平线仍然保持在原地不动。

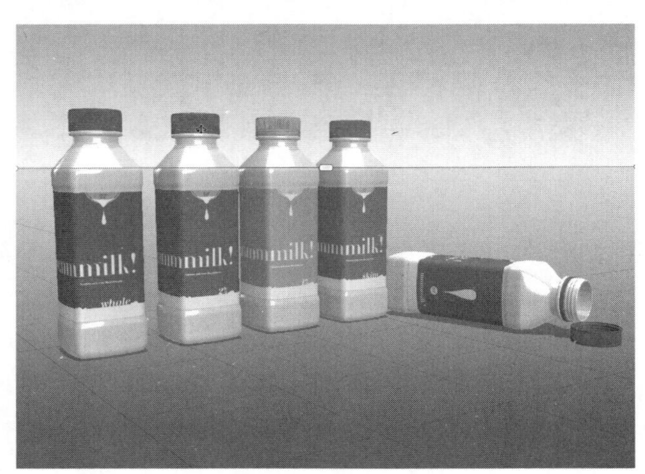

图 3-23

❿ 单击【相机书签】图标（）。

⓫ 单击加号图标（+），新建一个书签。

⓬ 输入“Final view”，按 Return 或 Enter 键确认，如图 3-24 所示。

图 3-24

⓭ 单击环绕工具（键盘快捷键：1）。

⓮ 向右上方拖动一点，略微旋转一下视图。

⓯ 单击水平线工具（键盘快捷键：N）。当前地平线已经离开

原来的位置，不再与背景图像中的分界线重合，如图 3-25 所示。这是因为使用环绕工具只调整了场景中 3D 模型的视图，并未调整背景图像。

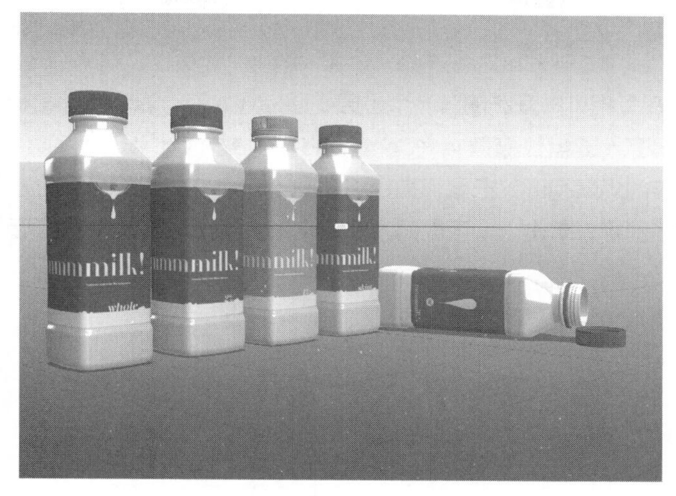

图 3-25

⑯ 单击水平线工具，拖动地平线中间的白色控件，重新调整地平线的位置，使其与背景图像中的分界线重合，如图 3-26 所示。在移动了地平线之后，可能还需要使用水平线工具向下拖动瓶子，以抬高相机，获得更好的视图。

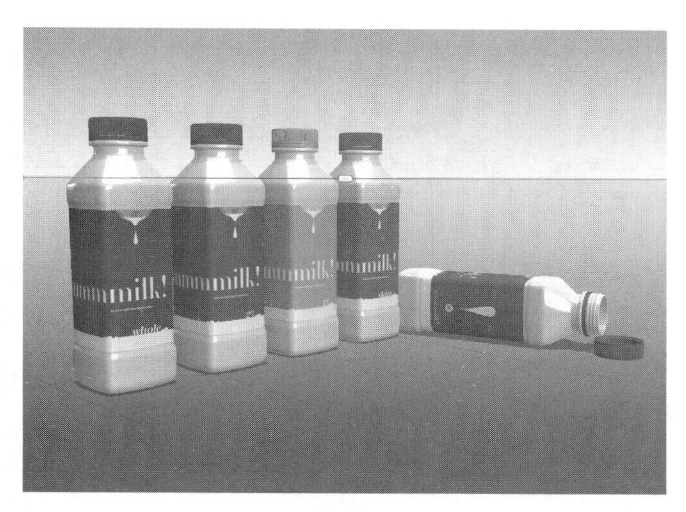

图 3-26

3.8 使用相机书签

如前所述，相机书签是一种保存场景视图的快捷方法。借助相机书签，我们可以快速返回到相机书签所保存的场景视图。相机书签还有一些细节内容需要讲一讲。

❶ 前面我们创建过一个名为“Final view”的相机书签。但是在保存了相机书签之后，我们又对相机视角和透视关系做了一些调整。为了更新相机书签，单击【相机书签】图标（ ）。

❷ 把鼠标指针移动到“Final view”相机书签之上，然后单击【更新到当前视图】图标（），系统会根据当前相机视角和透视关系更新相机书签，如图 3-27 所示。

> 注意 在一个 Dimension 文件中，可以保存多个相机书签，其数量不受限制。

❸ “Starting view”相机书签左侧有一个小房子图标（），表示它是主视图书签。当选择【相机】>【切换到主视图】（键盘快捷键：“Command+B”或“Ctrl+B”）时，就会切换到“Starting view”相机书签所保存的场景视图。把鼠标指针移动到“Final view”相机书签左侧的空白区域中，会出现一个灰色的小房子图标，单击它，可以把该视图设为主视图，如图 3-28 所示。

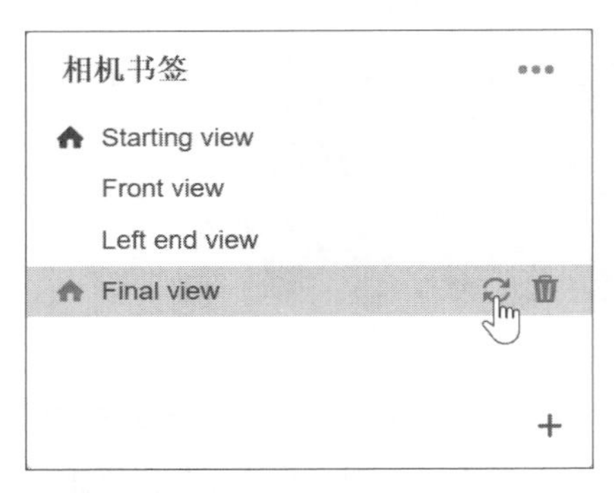

图 3-27

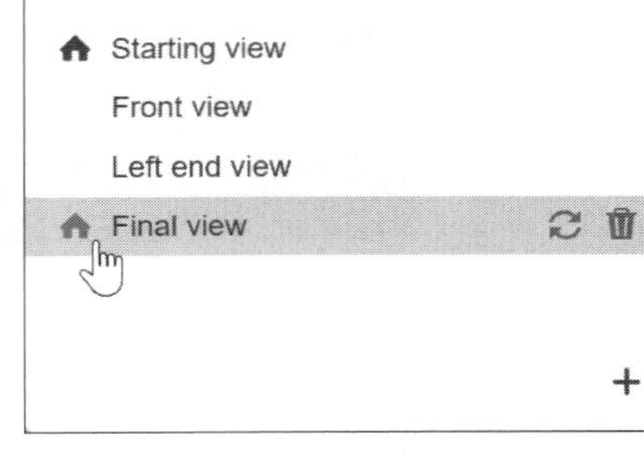

图 3-28

> 提示 打开相机书签面板，按键盘上的 Page Up 与 Page Down 键，可以在不同视图之间切换。

> 提示 保存相机书签的另一个好处是：渲染场景时，可以要求 Dimension 渲染指定的相机视角。同一个场景，可以保存多个不同视图，然后同时渲染多个视图。

3.9 模拟景深

景深是一个摄影术语，是指按下相机快门后被拍摄的场景中有多大范围是清晰的。使用不同的镜头和光照，得到的景深效果完全不一样，有时景深很深（如无限远，场景中的所有物体都是清晰的），有时景深很浅（只有焦点附近是清晰的，此外其他区域都是模糊的）。在 Dimension 中，我们可以使用【聚焦】控件来模拟真实相机的景深效果。

❶ 单击【渲染预览】图标（），以便观察场景的渲染效果。

❷ 在场景面板中，选择【相机】，如图 3-29 所示。

❸ 在属性面板中，单击【聚焦】右侧的开关，开启聚焦控件，如图 3-30 所示。

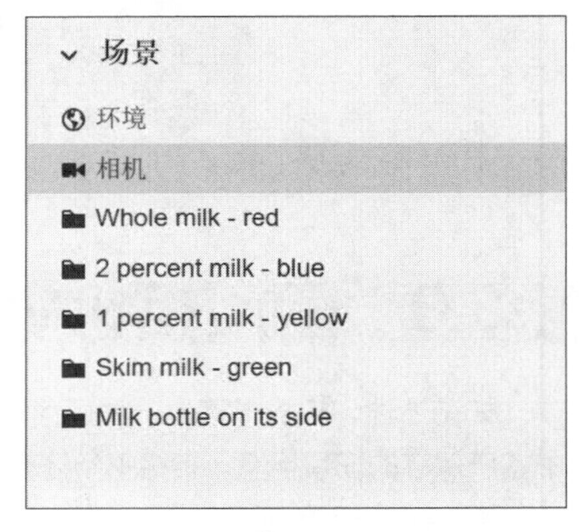

图 3-29

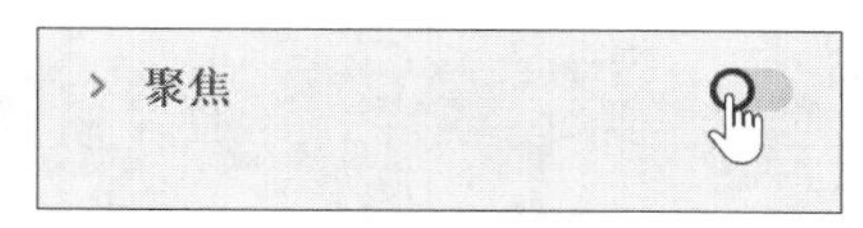

图 3-30

❹ 单击【设置焦点】按钮，然后单击黄色牛奶瓶上的标签。此时，黄色牛奶瓶标签上出现一个焦点图标（⛶），表示整个场景的焦点在黄色牛奶瓶的标签上。

注意 设置好焦点后，在目标位置就会出现一个焦点图标，我们无法移动这个焦点图标。如果想改变焦点的位置，需要再次单击【设置焦点】按钮，然后单击新位置以设置焦点。

❺ 在【聚焦】下，把【模糊量】设置为 10，如图 3-31 所示。

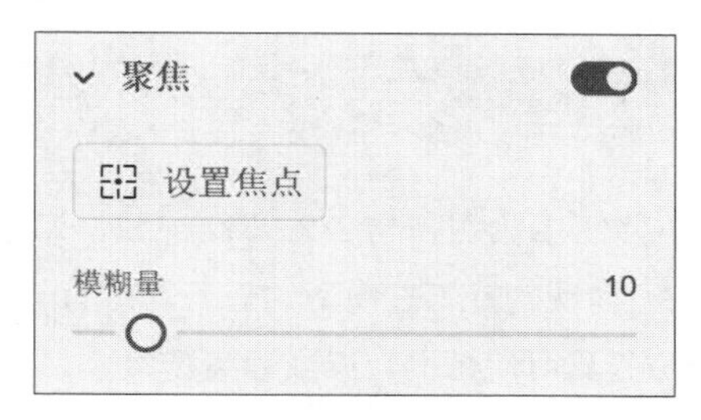

图 3-31

❻ 渲染完成后，会发现整个场景中只有焦点附近是清晰的，其他部分都是模糊的，如图 3-32 所示。

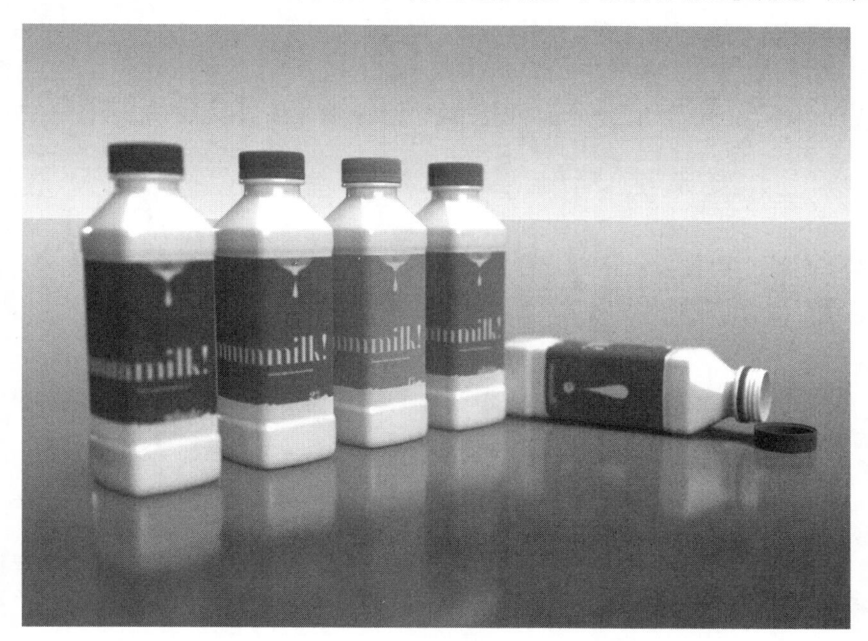

图 3-32

3.10 复习题

1. 在相机视角预设中，为什么有时前视角不是场景的前面（正面）？
2. 使用什么工具可使相机靠近或远离场景？
3. 平移工具有什么用？
4. 为什么要保存相机书签？
5. 相机书签的个数有限制吗？
6. 在 Dimension 中，如何模拟相机景深效果？

3.11 答案

1. 在相机视角预设中，前视角会使相机朝向与 Z 轴方向一致。如果模型的前面（正面）朝向与 X 轴方向一致，则此时前视角所呈现的就不是模型的前面（正面）。
2. 在 Dimension 中，使用推拉工具可使相机靠近或远离场景。
3. 平移工具用来上下左右平移相机，在这个过程中地平线保持在原地不动。
4. 在 Dimension 中，借助相机书签，我们可以随时让场景快速返回到某个特定的视图。此外，还可以把场景的某个特定视图保存为相机书签，供日后渲染使用。
5. 没有。一个项目文件中相机书签个数是没有限制的。
6. 在 Dimension 中，我们可以使用属性面板中的聚焦控件来模拟相机的景深效果。

第 4 课

渲染方式

课程概览

本课，我们将学习渲染 3D 场景的方法，涉及如下内容。

- Dimension 中的 3 种渲染方式，以及它们之间的区别
- 如何在渲染速度和渲染质量之间做权衡
- 如何快速获得一个“足够好”的渲染效果
- 如何获得高质量的渲染图像

学习本课大约需要 45 分钟

在 Dimension 中，我们可以通过渲染轻松地把一个 3D 场景转换成 2D 图像，同时把 3D 场景中的光线、阴影、材质和反射保留下来。

4.1 什么是渲染

“渲染”是指把一些由 3D 模型组成的场景转换成逼真 2D 图像的过程。

Dimension 使用一种名叫“光线跟踪”的渲染技术。做光线跟踪时，计算机会计算场景中每个像素到相机的路径，并根据环境光照、定向光、表面材质和其他物体的反射，计算每个像素的颜色。这需要耗费计算机大量计算资源，目前常用的计算机还做不到在编辑某个场景的同时准确地进行实时渲染。

为此，Dimension 提供了 3 种级别的渲染方式：实时渲染（在编辑 3D 场景的同时进行渲染）、混合渲染预览（编辑 3D 场景时，Dimension 会自动在高品质光线跟踪渲染和实时渲染之间切换）、渲染模式。

4.2 实时渲染

当在设计模式下放置 3D 模型时，Dimension 会在画布上显示最终场景的简单预览效果。对场景进行准确渲染是十分耗时的，所以这里说的“实时渲染”实际是一种粗略渲染，它呈现的是最终场景的大致样子。在这种渲染方式下，有些部分看上去会特别粗糙，包括：

- 3D 模型在地面上的投影；
- 应用在 3D 模型表面上的玻璃等半透明材质；
- 景深。

画布预览中根本不显示的部分有：

- 模型之间的反光；
- 模型在地面上的反光。

注意 为确保用户看到的软件界面与书中截图一致，请在学习之前重置首选项，重置方法请阅读前言中“恢复默认首选项”部分的内容。

本课，我们将实时渲染一个场景，验证上面说的几点。

1 启动 Adobe Dimension。

2 单击【打开】按钮，或者在菜单栏中依次选择【文件】>【打开】。

3 在【打开】对话框中，转到 Lessons > Lesson04 文件夹下，选择 Lesson_04_begin.dn 文件，单击【打开】按钮。

4 若画布右上角的【渲染预览】图标（）处于选中状态，则单击将其取消选中。

5 注意观察实时渲染这个场景时的一些问题，如 3D 模型的投影边缘非常生硬、死板，如图 4-1 所示。

又如，管道模型的银色表面应该倒映着木棱柱的部分形体，但这里看不到，如图 4-2 所示。

图 4-1

6 在场景面板中，选择【环境】。

7 若【地面】控制选项未在属性面板中显示出来，则单击【地面】左侧的箭头图标（›），把控制选项显示出来，如图 4-3 所示。

图 4-2

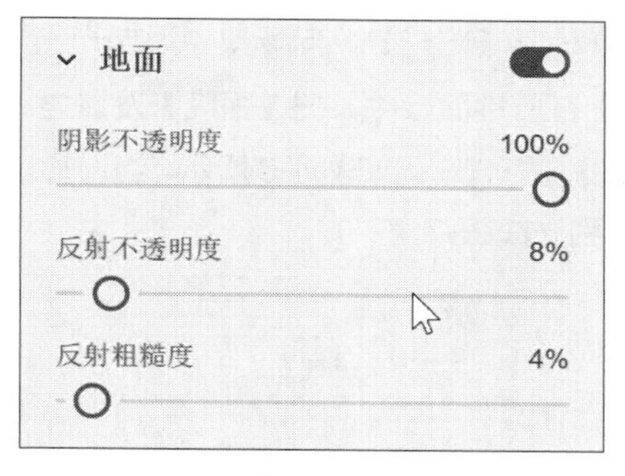

图 4-3

在【地面】下，【反射不透明度】为 8%，所以应该能够看到地面上有 3D 模型的投影，但这在实时预览中是看不到的。

实时预览的用处在于，用户可以通过它判断场景中 3D 模型的位置、大小和布局情况。如果想准确查看材质、表面、光照，必须使用混合渲染预览方式。

4.3 混合渲染预览

编辑场景时，在混合渲染预览方式下，Dimension 会根据需要自动在光线跟踪渲染（精确）和实时渲染（快速、不太精确）之间切换。

❶ 单击画布右上角的【渲染预览】图标（▦）。

❷ 等待渲染预览更新。在渲染预览下，阴影中出现粗糙噪点。随着渲染的进行，噪点会越来越少，同时预览效果会变得更准确。

❸ 使用选择工具选择杯子，向右拖动蓝色箭头（位于选择工具控件上），把杯子向右移动一点，如图 4-4 所示。在这个过程中，会看到光线跟踪渲染关闭，同时实时渲染打开。一旦放开杯子，光线跟踪渲染就又打开了。

图 4-4

此时，在渲染预览下，可以清晰地看到木棱柱在管道模型表面上的倒影。

❹ 在内容面板中，单击【光照】图标（☀），使面板仅显示光照。

❺ 单击【阳光】，向场景中添加光照，模拟阳光效果，如图 4-5 所示。

❻ 在属性面板中，把【强度】设置为 145%，【旋转】设置为 100°，【高度】设置为 55°，【混浊度】设置为 35%，如图 4-6 所示。当设置这些值时，会看到 Dimension 切换回实时渲染，设置完毕后，又切换到光线跟踪渲染。

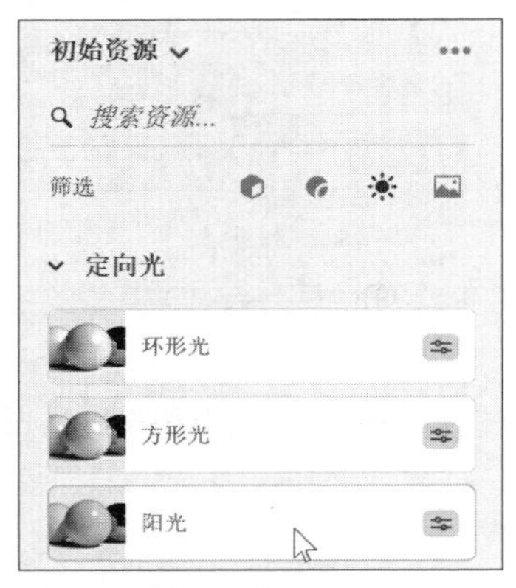

图 4-5

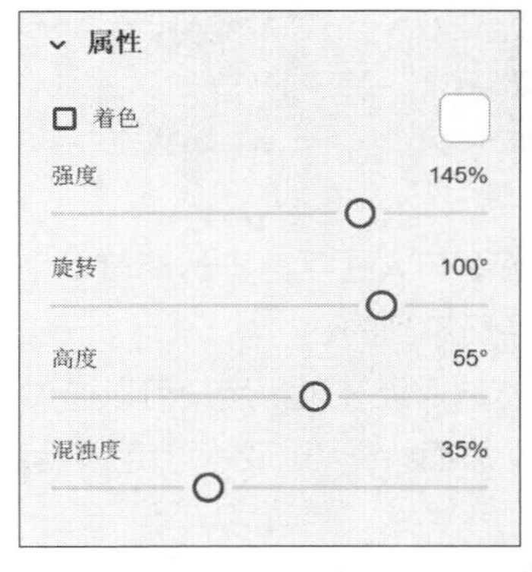

图 4-6

用户需要根据计算机性能、场景的复杂度和尺寸确定开关混合渲染预览方式的时机，以便更好地满足自己的需求。

使用鼠标右键单击【渲染预览】图标（![]），在弹出的面板中可以调整混合渲染预览方式的性能。在【分辨率】下，可以为渲染预览选择【完整】【1/2】【1/4】分辨率，或者取消勾选【减少预览中的杂色】，如图 4-7 所示。降低分辨率与取消勾选【减少预览中的杂色】都能极大地提高光线跟踪渲染的速度，但是预览效果的准确度会有明显下降。

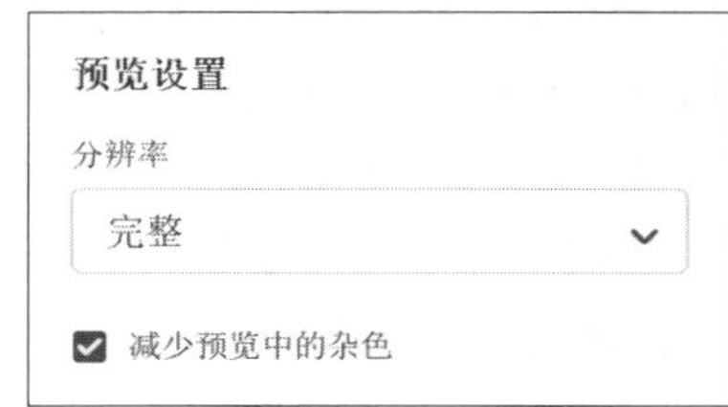

图 4-7

使用渲染预览快照

在 Dimension 中，可以随时为光线跟踪渲染预览做快照。在进行渲染预览的某个时刻，当预览图满足了输出要求时，可以将其存为快照，以便进行输出。

❶ 单击屏幕右上角的【共享 3D 场景】按钮（⇧）。

❷ 单击【拍摄 PNG 快照】图标（💾），或者单击【复制到剪贴板】图标（📋），把图像复制到 macOS 或 Windows 剪贴板中，如图 4-8 所示。

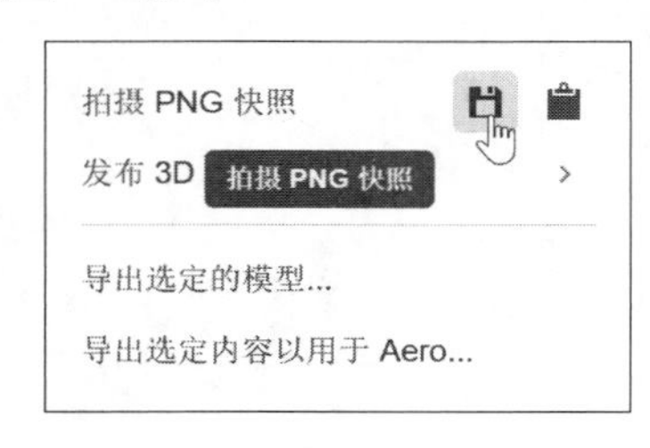

图 4-8

❸ 在打开的对话框中，选择保存位置，输入文件名，单击【保存】按钮。

4.4 渲染模式

如果想得到准确的场景渲染效果，那就必须在渲染模式下进行渲染。

❶ 进入渲染模式前，先单击画布右上角的【相机书签】图标（）。

在相机书签列表中，可以看到当前项目文件中已经保存了 5 个相机书签，如图 4-9 所示。

❷ 依次单击每个相机书签，观察每个视图的样子。

❸ 单击“Front view”相机书签，进入该视图。

❹ 单击左上角的【渲染】选项卡，进入渲染模式，如图 4-10 所示。

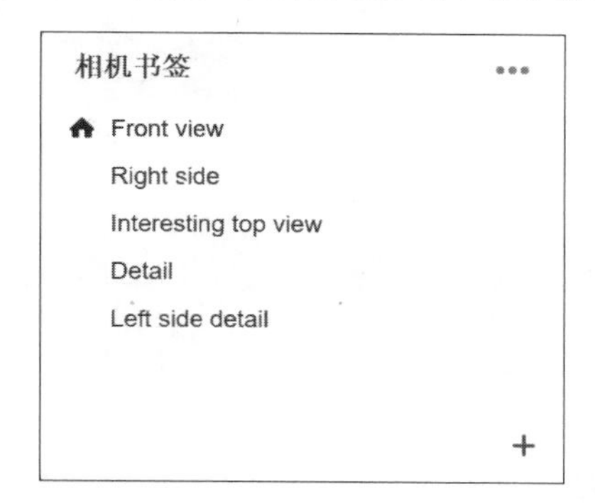

图 4-9

图 4-10

❺ 右侧出现渲染设置面板。

❻ 渲染设置面板中显示着 5 个相机书签。可以选择多个相机书签，同时渲染一个场景的多个相机视角。渲染是个非常耗时的过程。在 Dimension 中，可以把同一个场景的多个渲染任务放入一个队列中，让 Dimension 在用户不使用计算机的时候依次执行它们。

目前，【当前视图】处于选中状态，如图 4-11 所示。

❼ 在【导出文件名】中，输入“My_Lesson_04_end LOW”，如图 4-12 所示。Dimension 会自动在文件名之后添加上视图名，所以最终导出文件的名称为“My_Lesson_04_end LOW-Current View”。

图 4-11

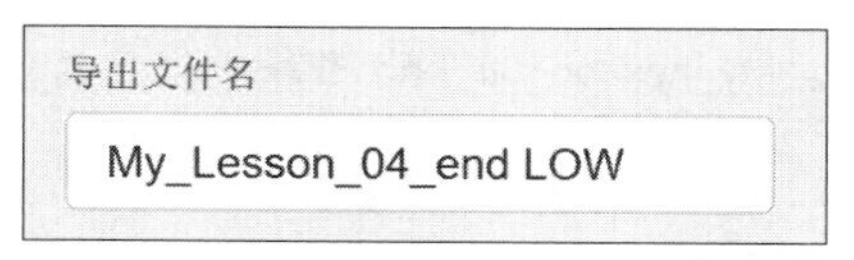

图 4-12

❽ 在【质量】中，选择【低（速度快）】，如图 4-13 所示。

❾ 在【导出格式】下，取消勾选【PSD（16 位 / 通道）】，勾选【PNG】，如图 4-14 所示。

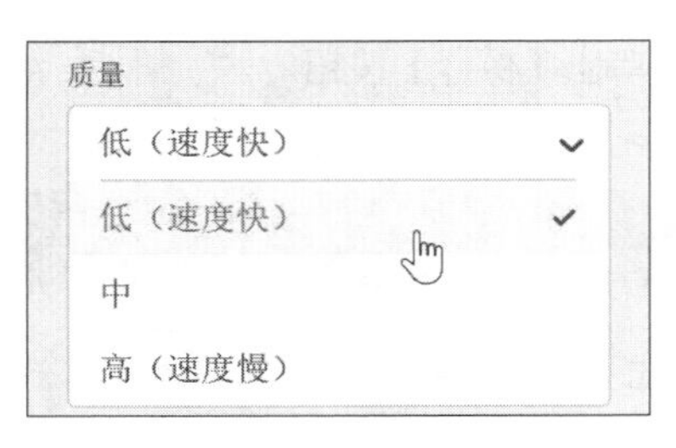

图 4-13

图 4-14

⑩ 若想更改导出位置，单击【存储至】下的蓝色路径，然后在打开的对话框中选择目标存储位置即可，如图 4-15 所示。

⑪ 单击【渲染】按钮，开始渲染，如图 4-16 所示。

图 4-15

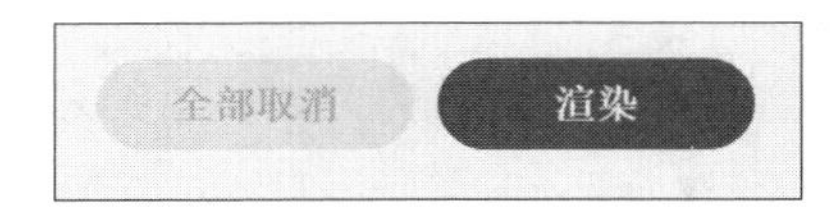

图 4-16

注意 在 Dimension 渲染期间，我们无法在 Dimension 中做其他工作，但可以正常使用计算机中的其他应用程序。如果打开了操作系统中的通知功能，那么渲染完成后，会收到一个通知信息。

⑫ 等待渲染完成。

如果不想花时间渲染，可以在课程文件中找到已经渲染好的文件（Lesson_04_end LOW-Current View.png）。

⑬ 在【质量】下，选择【高（速度慢）】，如图 4-17 所示。

⑭ 更改文件名称为“My_Lesson_04_end HIGH”。

⑮ 单击【渲染】按钮。

提示 渲染过程中，可以随时单击快照图标（📷），把当前渲染状态保存为一个 PNG 或 PSD 文件。渲染时，渲染引擎会多次渲染整个场景，并且渲染精度会逐步提高。当某次渲染精度满足要求时，就可以单击快照图标，将其保存下来，并停止渲染，从而节省大量计算机计算资源。

如果不想花时间渲染，可以在课程文件中找到已经渲染好的文件（Lesson_04_end HIGH-Current View.png）。

在整个渲染过程中，【渲染状态】下会显示一个进度条，如图 4-18 所示。通过这个进度条，可以大致了解当前已经完成的工作量。

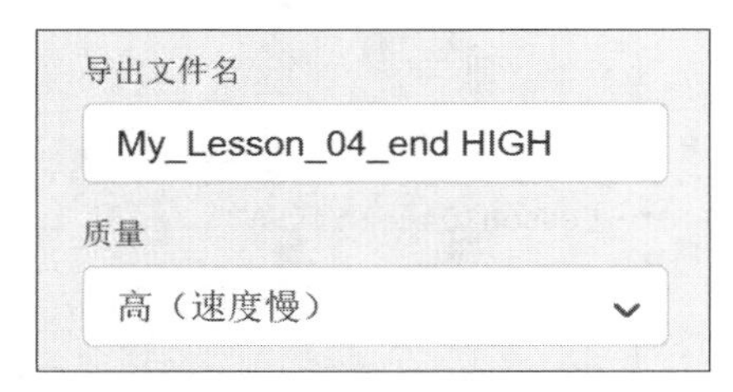

图 4-17

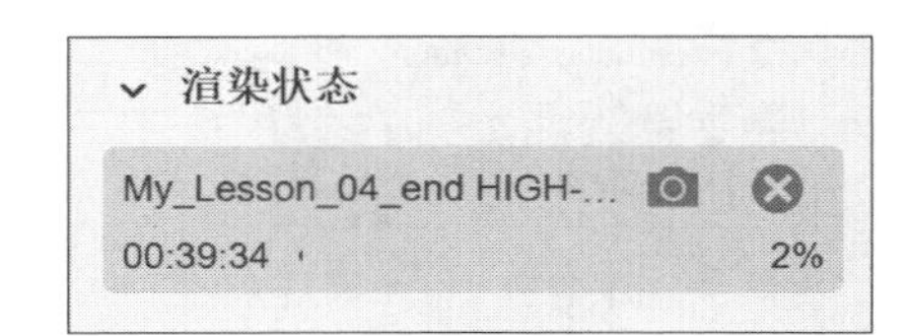

图 4-18

影响渲染速度的因素

在 Dimension 中，渲染一个场景所需要的时间会根据文件的不同而有很大不同，而且还受到其他多种因素的影响。这些因素按照影响程度从大到小排列如下。

- 硬件

计算机 CPU（中央处理单元）的运行速度对渲染速度有很大的影响。一般来说，CPU 运行速度越快，渲染速度越快。现在的 CPU 都有多个核心，核心数越多，运行速度越快，渲染速度也越快。如果使用的是 Windows 系统，并且配备了相应的显卡，Dimension 会启用 GPU（图形处理单元）进一步提升渲染速度。

- 材质

相比于其他因素，场景中使用多种材质会使整个场景的渲染时间显著增加。一般来说，玻璃、液体、凝胶等半透明材质的渲染速度要比其他材质的渲染速度慢得多。

- 反射

光滑表面的反射会增加渲染时间。这包括物体在周围其他物体光滑表面上的倒影，以及模型在地面（反射不透明度大于 0）上的倒影。

- 聚焦

应用聚焦功能（模拟景深效果）后，场景中的一些对象变模糊（虚化），另外一些对象变清晰，这会大大增加整个场景的渲染时间。

- 画布大小

画布的总像素会影响渲染速度。像素越高，渲染速度越慢，花费的时间越长。

- 模型个数与复杂度

场景中模型的个数与复杂度会对渲染速度产生一定影响，但称不上巨大。

- 内存

计算机的内存大小会对渲染速度产生一定影响，但影响不大。

渲染速度与质量

在渲染模式下，有 3 种渲染质量可供选择：低（速度快）、中、高（速度慢）。在具体渲染时，我们应该如何选择呢？

❶ 在 Photoshop 中打开前面渲染好的两个图像文件。当然，也可以使用课程文件中渲染好的文件（Lesson_04_end HIGH-Current View.png 与 Lesson_04_end LOW-Current View.png）。

❷ 仔细观察两个文件，可发现低质量渲染图像中包含大量噪点，而且阴影区域中的噪点最明显，如图 4-19（a）所示；而高质量渲染图像中包含的噪点较少，并且阴影区域更加平滑，如图 4-19（b）所示。

实际工作中，我们要根据自身需求选择合适的渲染质量。渲染非常耗时，这里我们选了相对简单的文件来做渲染示例，文件越大、越复杂，渲染时间越长。

图 4-19（a）

图 4-19（b）

4.5 渲染导出格式

前面我们把 3D 场景渲染成了 PNG 图像文件。事实上，我们可以在【导出格式】下勾选【PSD】，把 3D 场景渲染成 PSD 图像文件。那么渲染成 PSD 图像文件有什么好处呢？

单从图像质量看，无论是 PNG 格式，还是 PSD 格式，渲染后的图像质量都没什么差别。相比 PNG 图像文件，PSD 图像文件还包含图层和蒙版，这使得在 Photoshop 中编辑它们变得很轻松。有关这方面的内容，将在后续课程中详细讲解。这里，我们在课程文件中找到 Lesson_04_end HIGH-Current View.psd 文件，将其在 Photoshop 中打开，借助图层面板，查看其包含的图层，如图 4-20 所示。

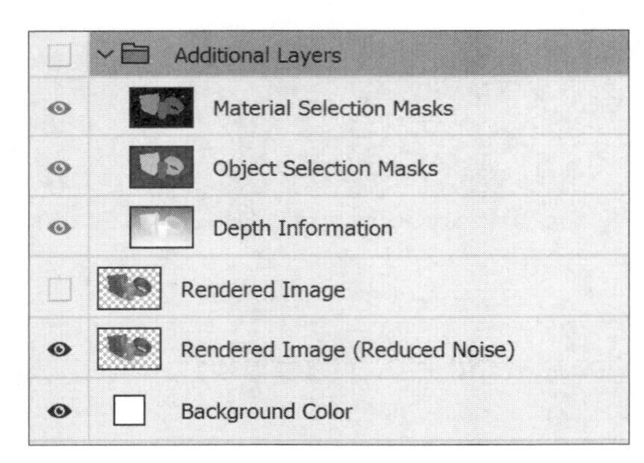

图 4-20

4.6 复习题

❶ 什么是光线跟踪？

❷ 在 Dimension 中，把一个 3D 场景渲染成 2D 图像有哪 3 种方式？

❸ 实时渲染预览中有反射投影吗？

❹ 在光线跟踪渲染预览中，最大的问题是什么？

4.7 答案

❶ 光线跟踪是 Dimension 渲染引擎用来做渲染的一种方法。做光线跟踪时，软件会做复杂的数学计算，并据此确定场景中每个像素的颜色。

❷ Dimension 提供了 3 种渲染方式，分别是实时渲染、混合渲染预览、渲染模式。

❸ 没有。在实时渲染预览中，物体在地面或其他对象上不会有反射倒影。

❹ 光线跟踪渲染速度极快，但渲染预览中有大量噪点，尤其是阴影区域。

第 5 课

查找与使用 3D 模型

课程概览

本课，我们将学习从各种渠道导入模型的方法，涉及如下内容。

- Dimension 内置的初始资源是学习 Dimension 的好起点
- 如何在 Adobe Stock 上查找 3D 模型
- 如何在 Adobe Stock 上下载模型，并在场景中使用
- 如何把其他标准格式的 3D 模型导入 Dimension 中
- 如何把模型融入真实的场景中

学习本课大约需要 45 分钟

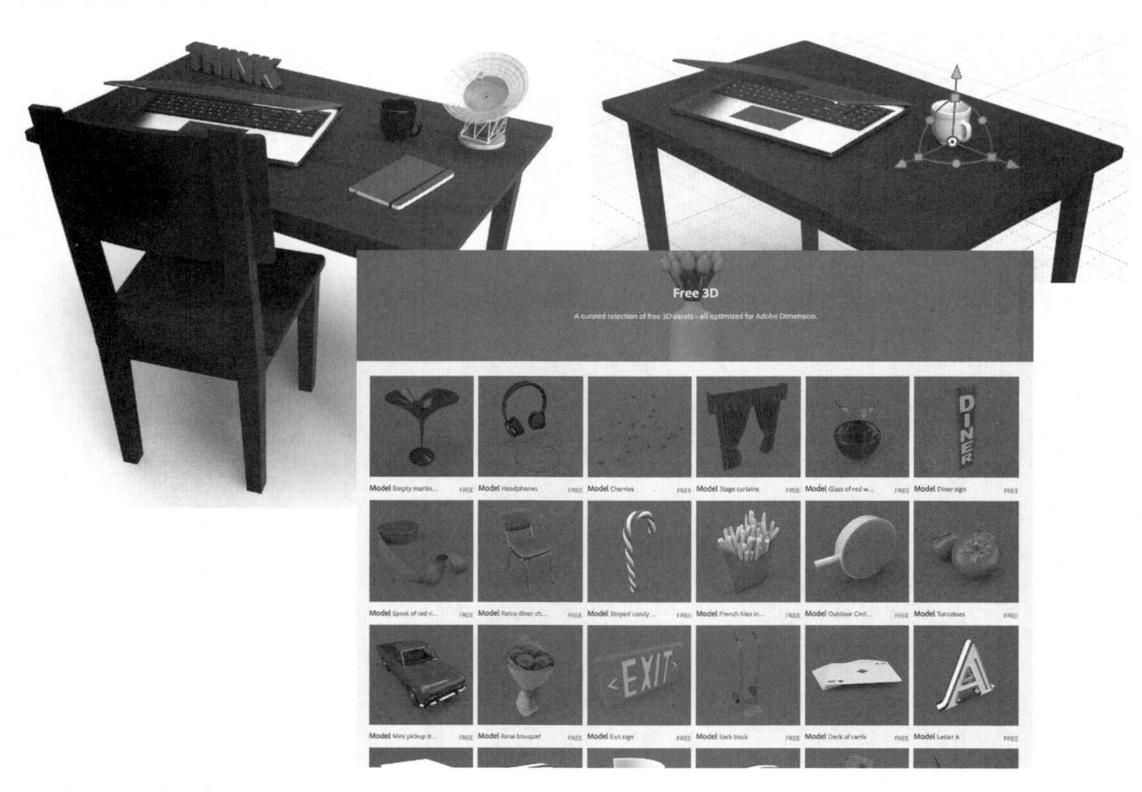

获取 3D 模型的渠道有很多，如 Adobe Stock，用户可以从这些渠道下载所需要的模型，然后导入自己的场景中。

5.1 关于初始资源

前面提到，Dimension 内置了大量 3D 模型、材质、灯光、背景图像，在创建 3D 场景时，可以使用这些资源。Dimension 内置的 3D 模型是创建 3D 场景很棒的初始资源。这些 3D 模型一般都是经过调整优化的，非常适合在 Dimension 中使用，可以把它们以指定的尺寸导入场景中，使其与周围的环境完美地融合在一起，而且这些 3D 模型的表面和材质都有明确的名称，用起来相当方便。

相比于 Dimension 内置的 3D 模型，可以发现从其他地方找的 3D 模型质量参差不齐，有些 3D 模型包含的多边形数量较少，曲面由一系列直线组成；有些 3D 模型整个只有一个组成单元，如有的瓶子模型中的瓶盖不是独立的对象，它和瓶身是一体的。不同的 3D 模型创建者使用的技术、方法、手段各不相同，这使得 3D 模型难以在 Dimension 或其他软件程序中使用。

即便是精心设计的高质量 3D 模型，也可能会因为保存方式导致 3D 模型在导入 Dimension 时，出现上下颠倒、旋转异常、大小失当等一些不可预测的问题。

基于以上原因，在熟练掌握 Dimension 之前，强烈建议先从使用初始资源开始创建场景，初始资源用起来最简单，也最安全。

5.1.1 使用初始资源

有些初始资源是由单个模型组成的简单对象；有些初始资源是由多个模型精心组合在一起的，每个部分都有明确的名称，用起来非常方便。下面我们从初始资源中选择一个模型，将其添加到场景中，看看它是如何组成的。

❶ 在菜单栏中依次选择【文件】>【新建】，新建一个文档。若当前有文档处于打开状态，则 Dimension 会先将其关闭，再新建一个文档。在文档处于未保存的状态下，当尝试关闭文档时，Dimension 会提示先进行保存。

> **注意** 为确保用户看到的软件界面与书中截图一致，请在学习之前重置首选项，重置方法请阅读前言中“恢复默认首选项”部分的内容。

❷ 单击工具面板顶部的【添加和导入内容】图标（⊕），选择【初始资源】。此时，屏幕左侧会显示出内容面板，其中显示着初始资源。

❸【筛选】中包含一些图标，若有图标处于选中状态，单击它，取消其选中状态，确保无任何图标处于选中状态。

❹ 在内容面板顶部的搜索框中，输入“笔记本电脑”。

❺ 单击【16:10 笔记本电脑】模型，将其置入场景中，如图 5-1 所示。此时，笔记本电脑处于场景中央。

图 5-1

> **提示** 【相机】>【构建选区】命令对应的键盘快捷键是 F。若当前未选中任何对象，则 F 键等同于【相机】>【全部构建】命令，它会更改相机视角，显示场景中的所有模型。

❻ 在菜单栏中依次选择【相机】>【构建选区】，使笔记本电脑模型完整地显示在屏幕中。

❼ 观察场景面板，可以看到笔记本电脑模型由 8 个子模型组成，每个子模型都有明确的名称，

如图 5-2 所示。

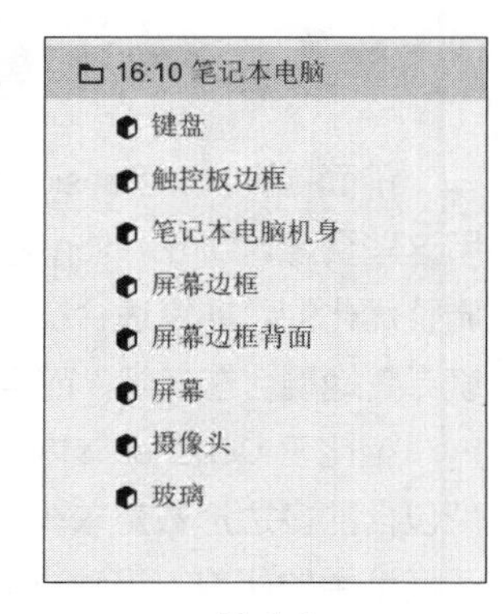

图 5-2

在场景面板中，空心文件夹图标（）代表当前编组处于展开状态，实心文件夹图标（）代表当前编组处于折叠状态。可以单击文件夹图标，使其在展开与折叠两种状态之间切换。

❽ 在场景面板中，把鼠标指针移动到【笔记本电脑机身】模型上，单击最右侧的右箭头图标（ > ）。此时，场景面板会出现一个新的视图，把应用到【笔记本电脑机身】模型上的材质显示出来。

❾ 在【框架材质】处于选中的状态下，查看属性面板，如图 5-3 所示。

❿ 在场景面板中，单击回退箭头（←），返回到模型视图。

⓫ 在场景面板中，把鼠标指针移动到【玻璃】模型上，单击最右侧的右箭头图标（ > ），把应用在【玻璃】模型上的材质显示出来。

⓬ 观察属性面板，可以看到玻璃材质设置了【半透明度】属性（单击【半透明度】左侧的箭头，才能展开其控制选项），如图 5-4 所示。

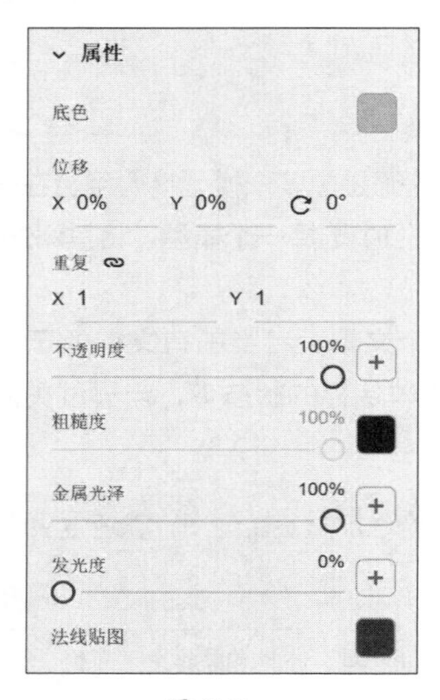

图 5-3

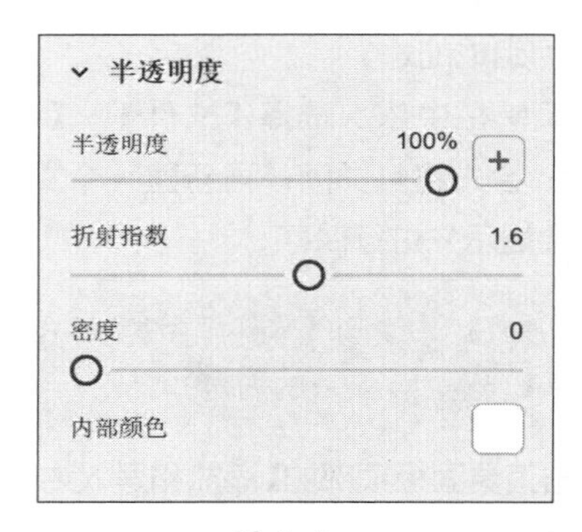

图 5-4

提示 在场景面板中观看材质时，可以按 Esc 键，返回到模型视图。

⓭ 在场景面板中，单击回退箭头（←），返回到模型视图。

初始资源的编组、模型、预置材质容易辨识，且有明确的名称，用起来非常方便。

5.1.2 修改初始资源

由一组有明确名称的子模型组成的模型有一个很大的优点，那就是可以像变换编组一样变换子模型。例如，可以轻松地旋转笔记本电脑模型的屏幕，从而把笔记本电脑打开或合上。

❶ 在场景面板中，单击【键盘】模型。

❷ 按住 Shift 键，单击【笔记本电脑机身】模型，同时选中【键盘】【触控板边框】【笔记本电脑机身】3 个模型，如图 5-5 所示。

❸ 在菜单栏中依次选择【对象】>【分组】，把 3 个模型编入一个分组中。

图 5-5

提示 与大多数 Adobe 设计软件一样，在 Dimension 中，可以直接使用“Command+G”（macOS）或“Ctrl+G”（Windows）快捷键执行分组操作；使用“Shift+Command+G”（macOS）或“Shfit+Ctrl+G”（Windows）快捷键执行取消分组操作。

❹ 双击分组名称，将其更改为“Body”，如图 5-6 所示。

❺ 在场景面板中，单击【屏幕边框】模型。

❻ 按住 Shift 键，单击【玻璃】模型，同时选中【屏幕边框】【屏幕边框背面】【屏幕】【摄像头】【玻璃】模型，如图 5-7 所示。

❼ 在菜单栏中依次选择【对象】>【分组】，把选中的 5 个模型编入一个分组中。

❽ 双击分组名称，将其修改为“Screen”，如图 5-8 所示。

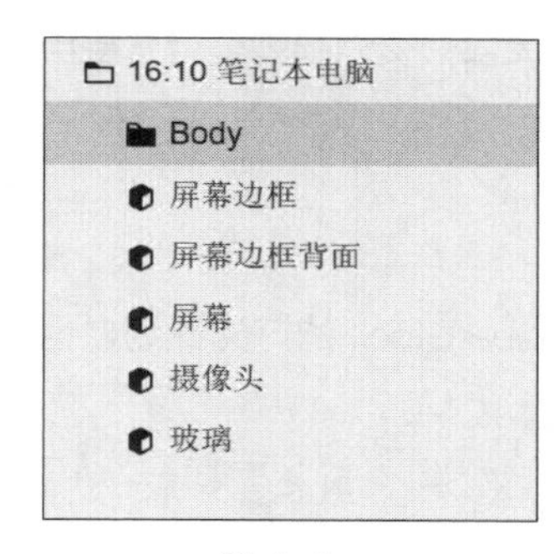

图 5-6

图 5-7

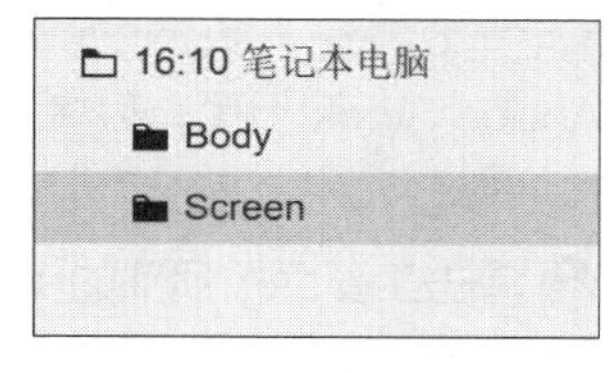

图 5-8

❾ 单击选择工具（键盘快捷键：V）。

❿ 在场景面板中，单击“Screen”分组，选中组成笔记本电脑屏幕的所有模型。

⓫ 在属性面板的【中心点】下，选择【底部】，如图 5-9 所示。

注意 有些 3D 建模软件允许用户创建可操控的模型。这些模型包含着各个组成部分的装配信息。例如，在一个可操控的笔记本电脑模型中，用户可沿着铰链打开或折起笔记本电脑屏幕，但不可以将其从笔记本电脑基座上分离出去，也不可以向前或向后滑动。请注意，在导入这类模型时，Dimension 会忽略这些模型的装配信息。

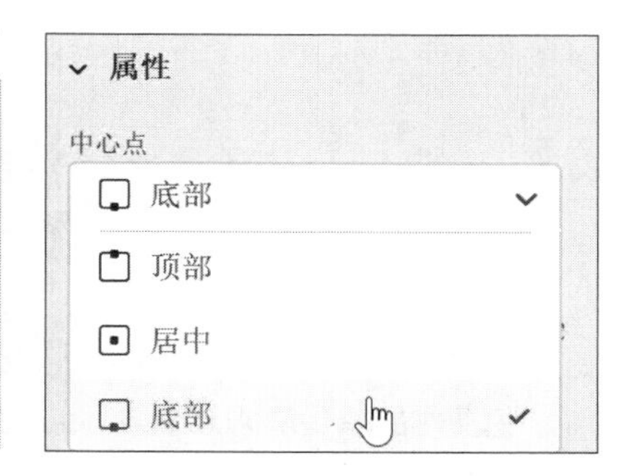

图 5-9

⓬ 在画布中，拖动选择工具控件上的红色圆圈，使 X 轴上的旋转角度为 70°，如图 5-10 所示。

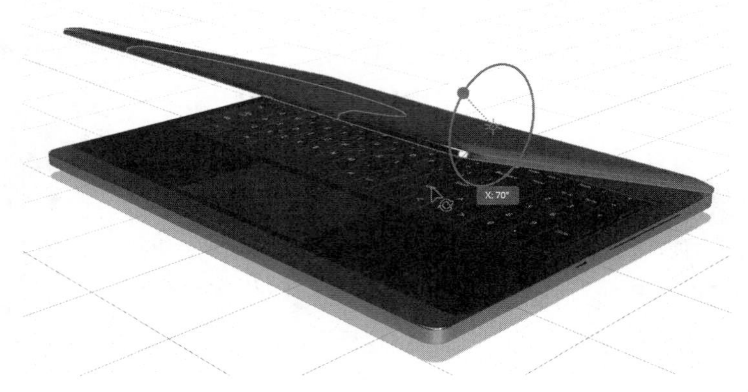

图 5-10

5.2 使用 Adobe Stock 中的资源

Adobe Stock 网站中提供了海量免版税的图像、视频、插画、模板、3D 资源（含模型、材质、灯光）。有两种方式可以访问这些资源：其一是在 Web 浏览器中输入其官网地址；其二是直接在 Creative Cloud 程序中进行搜索访问。请注意，Adobe Stock 网站中的大部分资源是需要付费使用的，用户可以根据自身情况购买合适的订阅计划来使用网站中的资源。

5.2.1 在 Adobe Stock 中查找模型

Adobe Stock 上也有很多 3D 模型是免费的，即使用户未加入 Adobe Stock 的订阅计划，也可以使用这些模型。

❶ 单击工具面板顶部的【添加和导入内容】图标（⊕）。

❷ 选择【Adobe Stock】。

❸ 选择【免费作品集】，如图 5-11 所示。

图 5-11

此时，Dimension 会启动默认浏览器，并打开 Adobe Stock 官网页面。

免费作品集是从 Adobe Stock 上数百个免费的 3D 模型中精心挑选组成的，如图 5-12 所示。如果在免费作品集中找不到需要的模型，可以利用关键词在 Adobe Stock 中进行搜索，搜索到的模型仍然有可能是免费的。

❹ 选择一个免费的模型，可以看到该模型的详细信息，如图 5-13 所示。

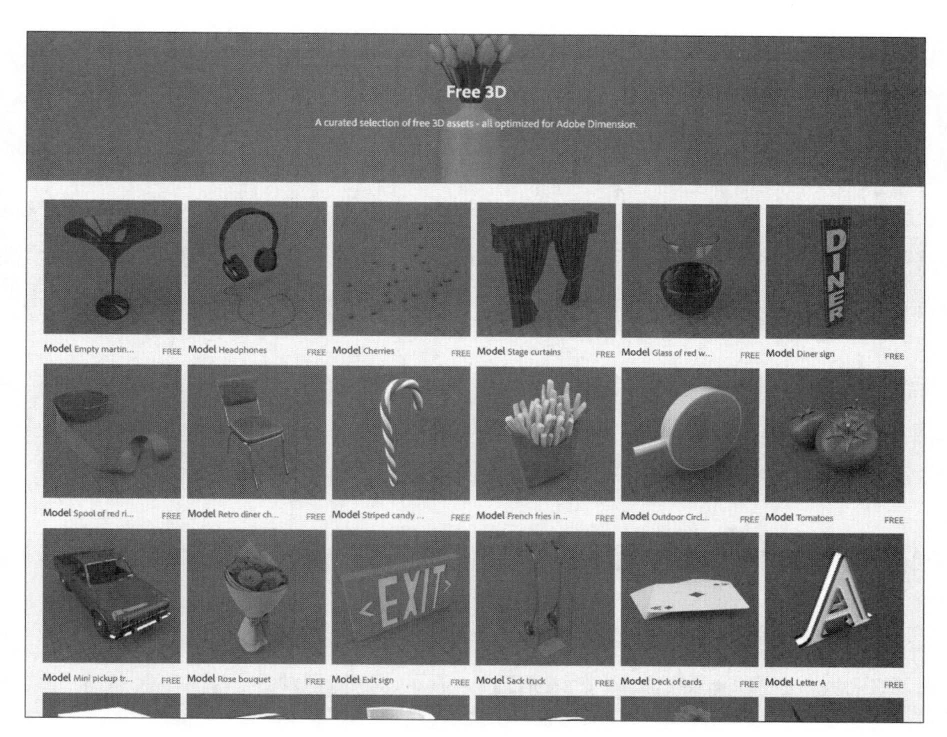

图 5-12

图 5-13

❺ 单击【License For Free】按钮。若尚未使用 Adobe ID 登录 Adobe Stock 网站，则 Adobe Stock 网站会要求用户先输入 Adobe ID 和密码进行登录。登录完成后，就可以把模型下载到本地使用了。

5.2.2　导入下载好的 Adobe Stock 资源

从 Adobe Stock 把模型下载到本地后，我们就可以把它们导入 Dimension 场景中了。

❶ 在 Dimension 菜单栏中，依次选择【文件】>【导入】>【3D 模型】。

提示 使用键盘左上角的波浪线按键，可以快速地显示或隐藏内容面板。把内容面板隐藏起来，能为画布留出更多的屏幕空间。

❷ 在浏览器默认的下载目录中，能够看到一个名为“AdobeStock_XXX”（其中 XXX 是所选资源的文件编号）的文件夹（在有些操作系统和浏览器设置下，可能需要先进行解压缩才能看到这个文件夹）。打开该文件夹，选择文件夹中的 .obj 文件，单击【打开】按钮。此时，Dimension 会把模型放到场景中央。

❸ 模型出现在场景中央后，可能会被笔记本电脑模型挡住。在场景面板中，把鼠标指针放到【16:10 笔记本电脑】模型上，单击眼睛图标（ ），将其隐藏起来。

❹ 检查从 Adobe Stock 导入的模型。然后，使用选择工具选择该模型，按 Delete 键，将其从场景中删除。

❺ 在场景面板中，把鼠标指针放到【16:10 笔记本电脑】模型上，再次单击眼睛图标（ ），将其显示出来。

5.3 导入其他格式的 3D 模型

除了可以使用初始资源和 Adobe Stock 中的模型之外，还可以把如下格式的 3D 模型导入 Dimension 中。

- FBX（Filmbox）。
- glTF（GL Transmission Format）。
- GLB（Single-fle binary version of the glTF format）。
- OBJ（Wavefront）。
- USD（Universal Scene Description）。
- SKP（SketchUp）。
- STL（Stereolithography）。

不同人的建模水平不同，软件的使用方式不同，最终得到的 3D 模型的尺寸和复杂度也各不相同（或大或小、或简单或复杂）。此外，不同 3D 建模软件在把 3D 对象保存成这些标准格式时所采用的方式也不相同。能否成功导入这些格式的模型，以及最终模型的可用性取决于下面这些因素。

- 建模质量。例如，创建酒瓶模型时，建模者是把酒瓶的软木塞作为一个单独的对象创建（这样方便单独向软木塞应用材质），还是将其与瓶身作为一个整体创建。又如，模型包含的多边形数目是否合适，应在确保瓶身平滑的同时不至于过多，以免导致模型过于复杂。
- 模型的几何结构。Dimension 只支持多边形几何结构，它不支持使用 NURBs 或曲线等多边形创建的模型，也不允许导入这样的模型。
- 相对于计算机的处理能力和内存大小，模型的复杂度如何。为了获得最好的结果，模型应该尽量少地使用多边形。当然，前提是模型的外观合乎要求。一个模型包含的多边形数目越多，准确度会越高，但使用这样的模型会导致计算机运行速度变慢。如果模型太过复杂，还有可能导致 Dimension 软件失去响应。

- 把上述文件格式转换成 Dimension 文件格式的转换程序的质量。
- 建模软件把数据写入指定文件格式的准确性、一致性和可靠性。

一个模型是否能够成功导入 Dimension 几乎无法提前预知，只有试了才知道。如果遇到一个 Dimension 所支持的格式模型无法正常导入 Dimension，可以把问题反馈给 Adobe 公司。

5.3.1 导入 OBJ 模型

课程文件中包含一个 OBJ 格式的桌子模型，下面我们把这个模型导入场景中。

❶ 在菜单栏中，依次选择【文件】>【导入】>【3D 模型】。

❷ 转到 Lessons > Lesson05 文件夹下，在 Desk_model 子文件夹中找到名为 Desk.obj 的文件，选中它，然后单击【打开】按钮。

❸ 在菜单栏中，依次选择【相机】>【构建选区】。

❹ 单击画布右上角的【渲染预览】图标（ ），打开渲染预览功能，这样可以观看到更准确的材质与反射效果，如图 5-14 所示。学习过程中，可以根据需要随时打开或关闭渲染预览功能。

❺ 单击画布右上角的【相机书签】图标（ ）。

❻ 单击加号图标（+），新建一个书签。

❼ 把书签重命名为“Starting view”，按 Return 或 Enter 键确认，如图 5-15 所示。

图 5-14

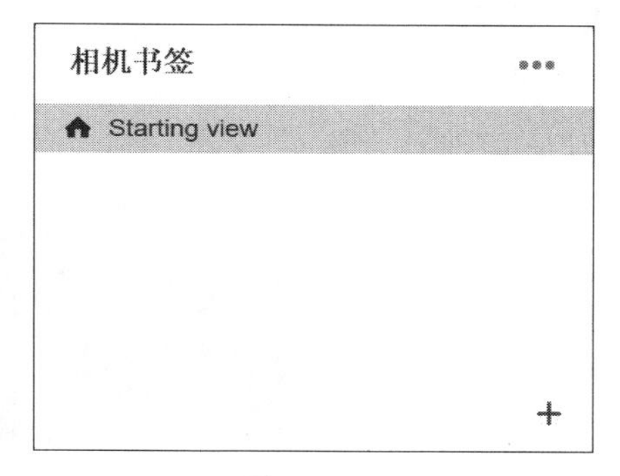

图 5-15

5.3.2 修改场景

与笔记本电脑一样，桌子也出现在场景中央，而且恰好位于地平面上。但在导入模型时，运气并不总是这么好。我们经常需要重新调整模型在场景中的位置与大小。但 Adobe Stock 中的模型是个例外，它们都针对 Dimension 做了调整优化，导入这些模型时并不需要做太多调整。

❶ 单击选择工具（键盘快捷键：V）。

❷ 在场景面板中，单击【16:10 笔记本电脑】模型，在场景中选中笔记本电脑模型。

❸ 向上拖动绿色箭头，使笔记本电脑模型在桌面之上。

❹ 单击环绕工具（键盘快捷键：1），略微向下拖动场景视图，以便看到更多的桌面。

❺ 在菜单栏中，依次选择【相机】>【全部构建】，调整相机，以便同时看到桌子与笔记本电脑模型。

💡注意 如果选择工具控件太小，不太容易找到各个控制点和控制手柄，可以在菜单栏中多次选择【视图】>【增加 Gizmo 大小】，把选择工具控件的尺寸调大一些。

❻ 使用选择工具向下拖动笔记本电脑模型上的选择工具控件的中心点（黑白圆圈）。当鼠标指针旁出现磁铁图标（⊃）时，表示已经把鼠标指针放到了中心点上。拖动时，Dimension 会自动把笔记本电脑模型贴附到另外一个模型的表面。沿着桌面拖动笔记本电脑模型，将其放在桌面上靠左的位置，如图 5-16 所示。

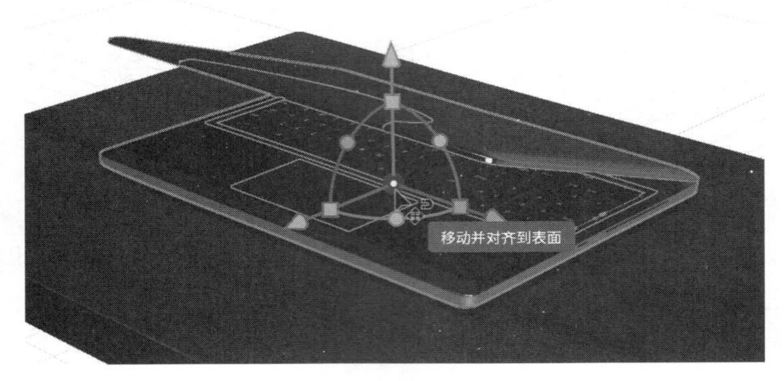

图 5-16

❼ 把选择工具控件上的绿色圆圈向右拖动一点，使笔记本电脑模型在桌面上略微向右转，如图 5-17 所示。

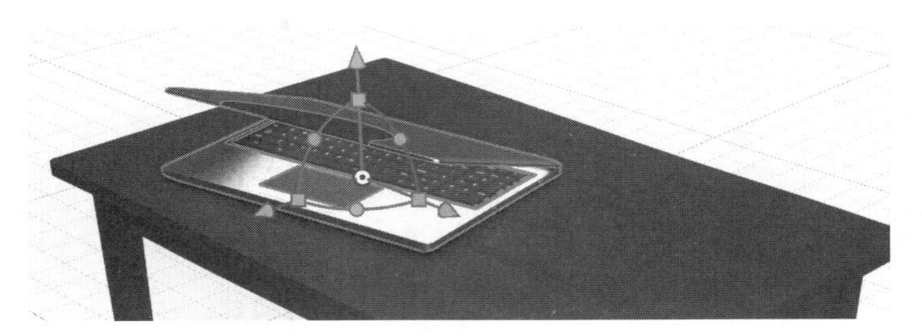

图 5-17

5.3.3 向场景中添加更多模型

接下来，再向场景中添加 3 个 OBJ 模型。

❶ 在菜单栏中，依次选择【文件】>【导入】>【3D 模型】。

❷ 在打开的对话框中转到 Lessons > Lesson05 文件夹下，在 Coffee_cup_model 子文件夹中找到名为 Coffee_cup.obj 的文件，选中它，然后单击【打开】按钮。

此时，Dimension 会把咖啡杯模型添加到场景中央，并使其位于地平面上。

❸ 使用选择工具向上拖动咖啡杯模型上的选择工具控件的中心点（黑白圆圈），把咖啡杯模型放置在桌面上，其在桌面上的具体位置由读者自己决定，如图 5-18 所示。

💡提示 向一个大场景中添加小模型时，有两个相机命令很有用，分别是【相机】>【构建选区】与【相机】>【全部构建】。前一个命令用来使选中的对象充满屏幕，后一个命令用来使场景中的所有对象充满屏幕。

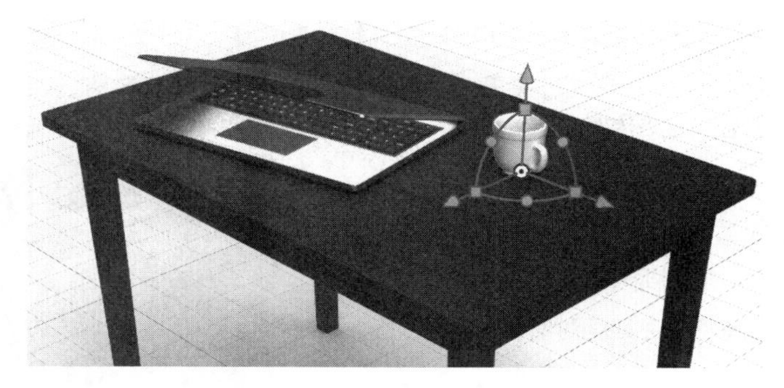

图 5-18

❹ 使用选择工具，在画布中双击咖啡杯模型，进入咖啡杯模型的属性面板。

❺ 在属性面板中，单击【底色】右侧的拾色器，如图 5-19 所示。

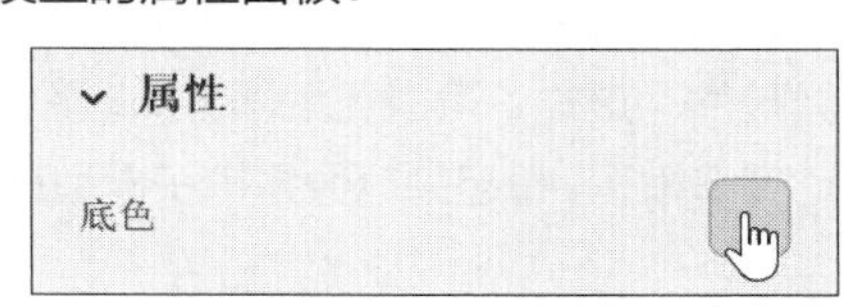

图 5-19

❻ 为咖啡杯模型选择一种蓝颜色，然后按 Esc 键，关闭拾色器，如图 5-20 所示。

图 5-20

提示 用户还可以直接把模型从 Finder（macOS）或文件浏览器（Windows）中拖入自己的场景中。

❼ 在菜单栏中，依次选择【文件】>【导入】>【3D 模型】。

❽ 转到 Lessons > Lesson05 文件夹下，在 Notebook_model 子文件夹中找到名为 Notebook.obj 的文件，选中它，然后单击【打开】按钮。

此时，Dimension 会把笔记本模型添加到场景中央，并使其位于地平面上。

❾ 使用选择工具向上拖动笔记本模型选择工具控件的中心点（黑白圆圈），把笔记本模型放置在桌面上，其在桌面上的具体位置由读者自己决定，如图 5-21 所示。

图 5-21

⑩ 在菜单栏中，依次选择【文件】>【导入】>【3D 模型】。

⑪ 转到 Lessons > Lesson05 文件夹下，在 Chair_model 子文件夹中找到名为 Chair.obj 的文件，选中它，然后单击【打开】按钮。

此时，Dimension 会把椅子模型添加到场景中央，并使其位于地平面上。

⑫ 沿顺时针方向，拖动椅子模型选择工具控件上的绿色圆圈，旋转椅子，使其正对着桌子模型。

⑬ 使用选择工具把椅子模型拖动到合适的位置上，如图 5-22 所示。注意，拖动椅子模型时，请直接拖动模型本身，不要拖动椅子模型的选择工具控件。这样，可以在地面上同时沿着两个方向移动椅子模型，看起来就像是椅子模型在地面上滑动。

图 5-22

5.3.4 导入 GLB 模型

大多数人都喜欢在自己的办公桌上放一些私人物品、小摆件等。接下来，我们在桌面上放一个雷达模型摆件。

❶ 在 Dimension 菜单栏中，依次选择【文件】>【导入】>【3D 模型】。

提示 【文件】>【导入】>【3D 模型】命令的键盘快捷键是“Command+I”（macOS）或“Ctrl+I”（Windows）。

❷ 转到 Lessons > Lesson05 文件夹下，选择 DSN_34M_BWG.glb 文件，单击【打开】按钮。

❸ 把雷达模型导入场景中，如图 5-23 所示。接下来，我们要调整一下雷达模型的尺寸。首先，在菜单栏中依次选择【相机】>【构建选区】，显示出整个雷达模型。

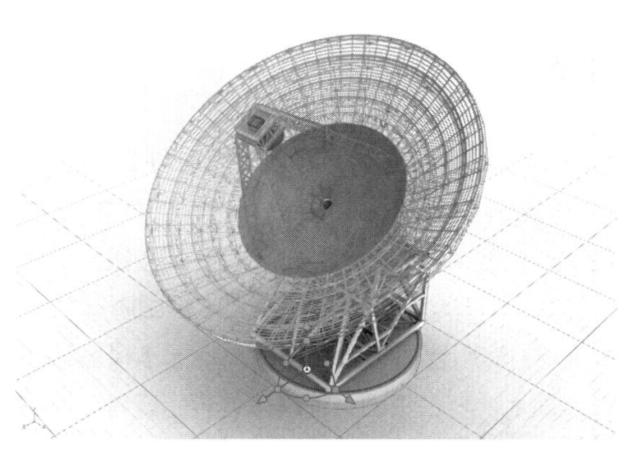

图 5-23

❹ 下面我们通过设置属性面板中的【大小】属性来减小模型尺寸。若【大小】属性右侧的【约束比例】图标处于未锁定状态（），请单击【约束比例】图标，把 X、Y、Z 同时锁定，这样可以按比例更改模型尺寸。

❺ 在 X 字段中，输入“20 厘米”，按 Return 或 Enter 键确认，如图 5-24 所示。

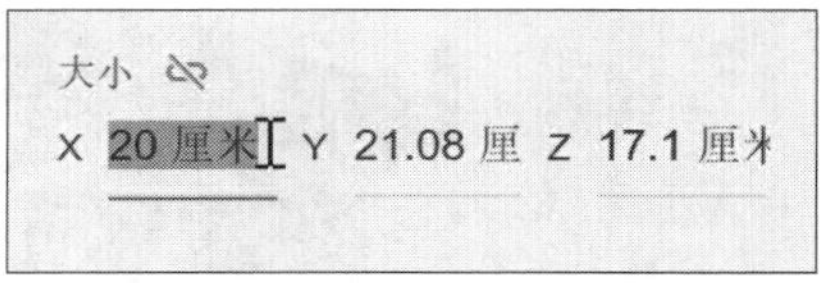

大小

X 20 厘米 Y 21.08 厘 Z 17.1 厘米

图 5-24

❻ 在菜单栏中依次选择【相机】>【全部构建】，把场景中的所有模型全部显示出来，如图 5-25 所示。

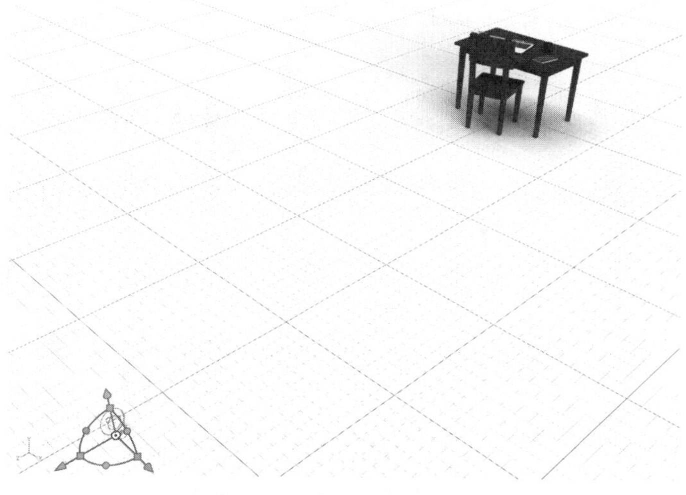

图 5-25

❼ 此时，雷达模型位于地平面之下。在菜单栏中依次选择【对象】>【移动到地面】，进行调整。

❽ 拖动雷达模型选择工具控件上的蓝色箭头，把雷达模型移向桌子。

❾ 在菜单栏中，依次选择【相机】>【全部构建】。

❿ 拖动雷达模型选择工具控件上的中心点，把雷达模型放到桌面指定的位置上，如图 5-26 所示。

图 5-26

5.4 导入用 Photoshop 制作的 3D 模型

在 Photoshop 中，我们可以制作挤压文字和其他 3D 模型。关于如何使用 Photoshop 制作 3D 模型，请阅读后面“使用 Photoshop 制作挤压文字”中的内容。这里，我们已经制作好了，读者只要将其导出就好。

❶ 在 Photoshop 中，打开“3D text.psd”文件。该文件位于 Lessons >Lesson05 文件夹中。

❷ 在菜单栏中，依次选择【3D】>【导出 3D 图层】，打开【导出属性】对话框。

❸ 在【3D 文件格式】中选择【Wavefront|OBJ】，单击【确定】按钮，如图 5-27 所示。

❹ 在【另存为】对话框的文件名中输入“3D text.obj”，指定存储位置，单击【保存】按钮。

❺ 切换到 Dimension，在菜单栏中依次选择【文件】>【导入】>【3D 模型】。

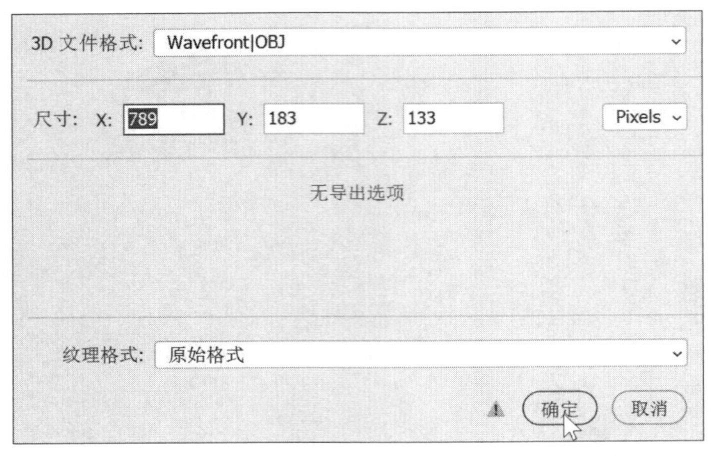

图 5-27

❻ 转到保存 3D 文字的目录下，选择“3D text.obj”，单击【打开】按钮。此时，Dimension 会把 3D 文字添加到场景中，但它比桌子模型大太多了。

❼ 下面我们通过设置属性面板中的【大小】属性来减小模型尺寸。若【大小】属性右侧的【约束比例】图标处于未锁定状态（ ），请单击【约束比例】图标，把 X、Y、Z 同时锁定，这样可以按比例更改模型尺寸。

❽ 在 X 字段中输入“30 厘米”，按 Return 或 Enter 键，如图 5-28 所示。

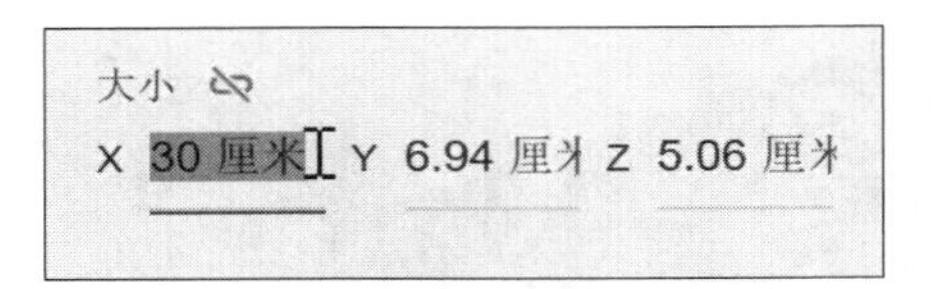

图 5-28

❾ 在菜单栏中，依次选择【相机】>【全部构建】。

❿ 使用选择工具向上拖动中心点（3D 文字选择工具控件上的黑白圆圈），使 3D 文字吸附到桌面上。调整 3D 文字的位置，使其位于桌面合适的位置上。

使用 Photoshop 制作挤压文字

我们可以在 Photoshop 中制作挤压文字和其他 3D 模型，然后把这些模型导入 Dimension 中使用。制作步骤大致如下。

❶ 在 Photoshop 中，新建一个 1000 像素 ×1000 像素的文档。

❷ 使用文字工具，输入文字。

❸ 把文字尺寸调大。

❹ 在菜单栏中，依次选择【3D】>【从所选图层新建 3D 模型】。

❺ 弹出一个消息框，询问是否切换到 3D 工作区，单击【是】按钮。

❻ 在属性面板中，尝试【形状预设】【凸出深度】等设置。

⑦ 在图层面板中，使用鼠标右键单击 3D 图层，在弹出的菜单中选择【导出 3D 图层】。

⑧ 在【导出属性】对话框的【3D 文件格式】中，选择【Wavefront|OBJ】，单击【确定】按钮。

最后，我们调整一下光照，修饰整个场景。

❶ 使用相机工具（环绕工具、平移工具、推拉工具）调整相机，得到一个满意的视角。

❷ 在场景面板中，单击【环境】。

❸ 在属性面板的【全局光照】下，把【全局强度】设置为 150%，【全局旋转】设置为 -5°。

❹ 单击【渲染】选项卡，渲染场景，如图 5-29 所示。如果不想自己渲染，可以在 Photoshop 中打开本课文件夹中的 Lesson_05_end_render.psd 文件，查看最终渲染效果。

图 5-29

5.5 从其他渠道获取 3D 模型

网上售卖 3D 模型的网站很多。出于对 3D 模型复杂性和文件格式的考虑，建议用户从信誉良好的销售商处购买模型。这样当模型无法导入 Dimension 中时，可以从他们那里获得技术支持。

下面是一些比较靠谱的 3D 模型销售网站：

- CGTrader；
- Sketchfab；
- Turbosquid。

网上也有一些网站提供免费的 3D 模型，例如：

- 3D Warehouse；
- Google Poly；
- GrabCAD；

- National Institutes of Health；
- Smithsonian；
- Traceparts。

5.6 导入 3D 模型时常遇到的问题

在把初始资源或 Adobe Stock 中的模型导入 Dimension 中时，这些模型都能以可靠、一致的方式添加到场景中。但是，在导入从其他渠道获取的模型时，有时会碰到一些问题。下面是常见的问题及其解决方案。

- 模型比例失调

模型创建者不知道我们要用多大的模型，他们在创建模型时会为模型指定一个尺寸，当把这样的模型导入 Dimension 中后，模型的尺寸可能非常大，也可能非常小。为了解决这个问题，可以使用选择工具调整模型的大小，也可以使用推拉工具（键盘快捷键：3）来放大或缩小模型视图。

有时，导入的模型尺寸非常大，其中一小部分就填满了整个屏幕，导致很难对这个模型进行缩放操作。此时，我们可以使用【相机】>【构建选区】命令（键盘快捷键：F）缩放视图，使所选模型以合适的大小显示在屏幕上。

- 模型出现在可视区域之外

有时，模型没有出现在 Dimension 窗口之内。这是由模型的 X、Y、Z 坐标定位与 Dimension 坐标系不一致造成的。出现这种情况时，屏幕边缘会出现一个蓝点图标（ ）。单击这个图标，Dimension 会做相应调整，以便用户看到导入的模型。

- 模型出现在地平面之下

有时，用户无法在屏幕上看到导入的模型，因为它完全处在地平面下。此时，可以使用【对象】>【移动到地面】命令把模型快速移动到地平面上，使其在视图中显示出来。

5.7 复习题

1. Dimension 场景中可以导入下列哪种格式的 3D 模型？
   - PSD
   - OBJ
   - MTL
   - CAN
2. Adobe Stock 中的 3D 模型是免费的，还是付费的？
3. 【对象】>【移动到地面】命令有什么用，什么时候用？
4. 若导入模型的尺寸大于画布尺寸，用什么方法可以快速调整相机位置以显示整个模型？

5.8 答案

1. OBJ 是行业内一种标准的 3D 文件格式，许多 3D 建模软件都支持以这种格式导出模型，Dimension 支持导入这种格式的 3D 模型。
2. Adobe Stock 中大部分 3D 模型都需要付费使用，用户可以购买相应的订阅计划。不过，里面也有很多免费的 3D 模型。
3. 【对象】>【移动到地面】命令用来把所选模型移动到地平面上。当导入的模型位于地平面下时，可以使用这个命令把模型移动到地平面上。
4. 可以使用【相机】>【构建选区】命令（键盘快捷键：F）来快速调整相机的位置，使整个模型显示在视图中。

第6课

使用材质

课程概览

本课，我们将了解各种材质，并学习如何在 3D 场景中应用材质，涉及如下内容。

- Dimension 内置的各种材质
- 如何导入 Adobe Stock 中的材质
- 如何导入从其他渠道获取的材质
- 如何使用魔棒工具选择模型表面，然后应用材质
- 如何调整发光度、不透明度、半透明度等材质属性
- 如何在多个模型之间链接模型

学习本课大约需要 45分钟

在 Dimension 中，可以轻松地把不同的材质应用到指定的模型上，并做相应调整，常见的材质包括金属、玻璃、塑料、木材、布料等。

6.1 什么是材质

Dimension 的核心功能之一是把某种材质应用到一个 3D 模型上。材质都是经过精心制作的，用于模拟现实世界中的各种材料，如瓷砖、大理石、花岗岩、木材、布料等。

在 Dimension 中，我们可以向模型应用两类材质：一类是 Adobe 标准材质（MDL 格式），另一类是 Substance 材质（SBSAR 格式）。MDL 格式是 Nvidia 材质定义语言（NVidia Material Definition Language）的子集，Adobe 将其称为 Adobe 标准材质。这种格式定义了光线照射到材料表面时的行为方式。例如，光线是否会从物体表面发出？若是，有多少？物体表面是不透明、透明，还是半透明？物体表面是粗糙的，还是光滑的？物体表面是否呈现出金属光泽？若能看到物体内部，物体是半透明的吗？物体会折射光线吗？

MDL 材质可以包含能够控制材质属性的图像。例如，砖块材质可以包含一张用于更改砖块颜色的彩色图像、一张用于产生光泽或亚光效果的凹凸图像、一张用于添加细节（如表面的毛孔）的正常图像。

SBSAR 材质用 Substance Designer 软件制作而成。Adobe 在 2019 年初收购了 Substance Designer 软件的母公司——Allegorithmic。Substance Designer 的专长是创建参数化材质，即通过一个或多个参数来动态控制材质。例如，对于一种参数化的 SBSAR 混凝土材质，用户可以动态地控制混凝土中裂缝的数目、裂缝宽度、混凝土颜色，以及表面粗糙程度等。即便是同一种材质，用户也可以通过调整参数来使材质表面产生各种变化。

本课，我们将深入讲解材质。此外，另一种更改模型表面外观的方法是向模型表面应用一张或多张图像，所支持的图像格式包括 AI、GIF、JPG、PNG、PSD、SVG、TIF，效果如图 6-1 所示。有关向模型表面应用图像的内容稍后进行深入讲解。

图 6-1

6.2 查找材质

Dimension 初始资源面板中包含几十种材质，包括玻璃、金属、塑料、液体、木材、纸张、皮革、岩石、布料等。此外，用户还可以从 Adobe Stock 等多种渠道下载材质（包括 MDL 与 SBSAR 材质），并把它们应用到自己的模型上。

💡 **注意** 为确保用户看到的软件界面与书中截图一致，请在学习之前重置首选项，重置方法请阅读前言中“恢复默认首选项”部分的内容。

❶ 在菜单栏中，依次选择【文件】>【打开】。

❷ 在【打开】对话框中，转到 Lessons >Lesson06 文件夹下，选择 Lesson_06_01_begin.dn 文件，单击【打开】按钮。

❸ 单击工具面板顶部的【添加和导入内容】图标（⊕），选择【初始资源】。

❹ 单击【材质】图标（ ），使面板仅显示材质。

❺ 单击【更多】图标（•••），再单击【切换列表 / 网格视图】，选择一种自己喜欢的材质展现方式。向下滑动，可以看到许多不同类型的材质，如图 6-2 所示。这些材质是按类型分组的，位于列表顶部的是【Adobe 标准材质】，位于底部的是【Substance 材质】。每种材质的属性都可以更改，用户可以以这些材质为基础调整出各种各样的材质。

❻ 滑动到列表底部，单击【浏览 Adobe Stock】，如图 6-3 所示。

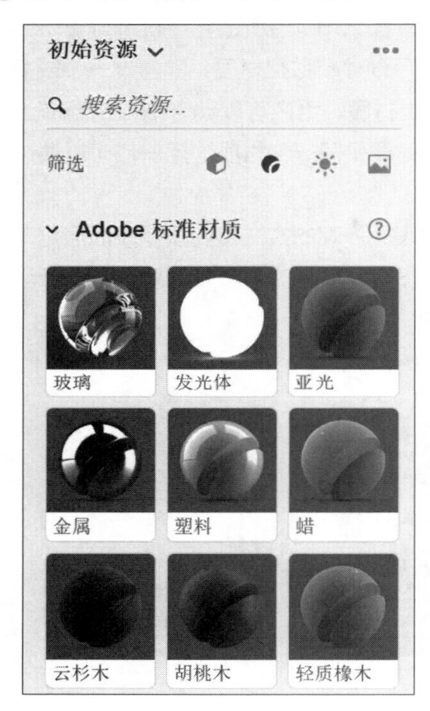

图 6-2

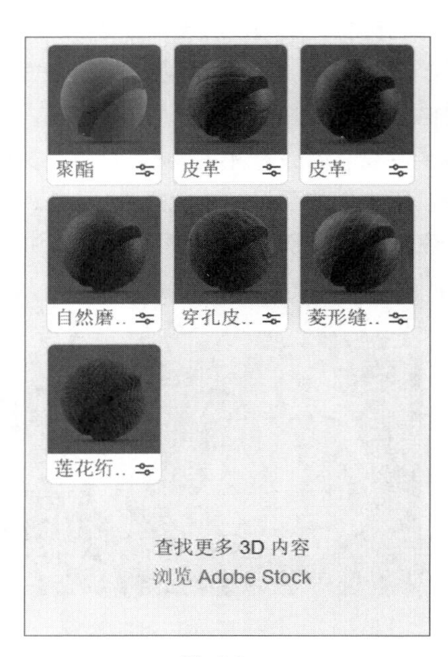

图 6-3

此时，默认浏览器启动，打开 Adobe Stock 网站，其中有大量材质可供选用，如图 6-4 所示。

💡 **提示** 若要应用下载好的 MDL 或 SBSAR 材质，请在菜单栏中依次选择【文件】>【导入】>【将材质放在选区上】

❼ 浏览完成后，关闭浏览器。

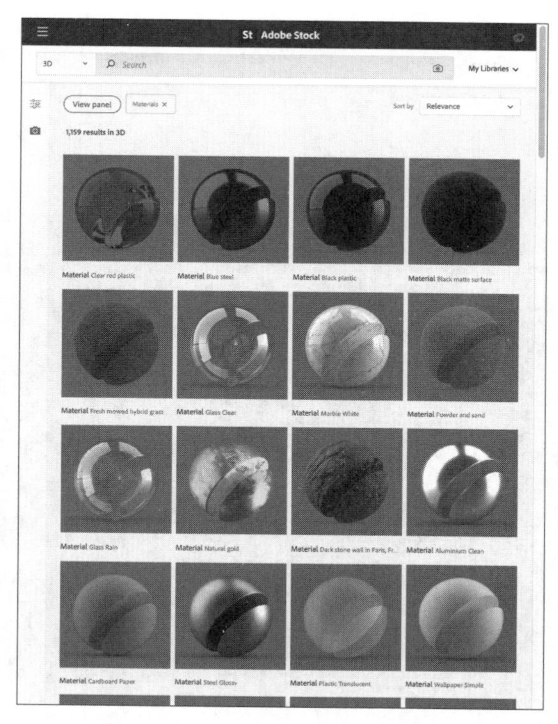

图 6-4

SBSAR 材质

若是在 Substance Share 网站上购买了 Substance 许可证，就可以使用 Substance Designer。借助它，可以创建自己的 SBSAR 材质，如图 6-5 所示。有了 Substance 许可证，还可以从 Substance Source 下载经过专业设计的材质。

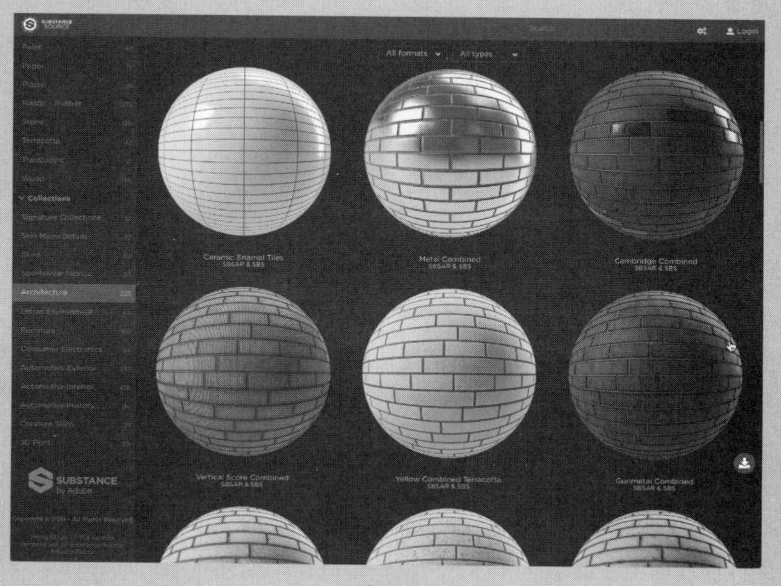

图 6-5

从 Substance Share 下载社区成员上传的免费材质不需要 Substance 许可证。当然这些免费材质本身的质量参差不齐。为了找到可以在 Dimension 中使用的材质，请选择按发布日期列出材质，尽量选择发布日期较近的材质，有些老旧的材质无法在 Dimension 中使用，如图 6-6 所示。

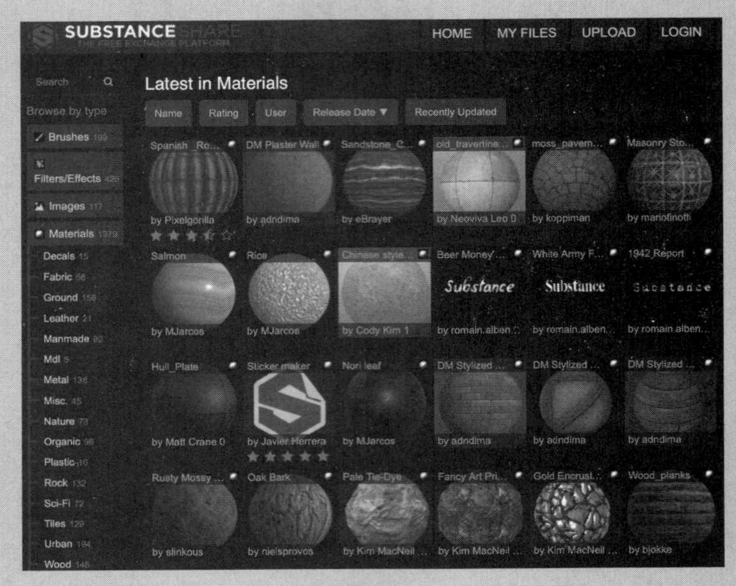

图 6-6

6.3 向模型应用材质

下面把初始资源中的材质应用到场景中的模型上。

❶ 单击选择工具（键盘快捷键：V）。

❷ 在场景面板中，选择【Cup 2】，即倒在桌面上的杯子。

❸ 在初始资源面板顶部的资源搜索框中输入“塑料”。

❹ 在【Adobe 标准材质】中，单击【塑料】，将其应用到所选杯子上，如图 6-7 所示。

图 6-7

❺ 若当前渲染预览未打开，请单击【渲染预览】图标（ ），将其打开，这样我们能更准确地预览材质。

❻ 在场景面板中，可以看到【Cup 2】模型已经应用上了塑料材质，如图 6-8 所示。

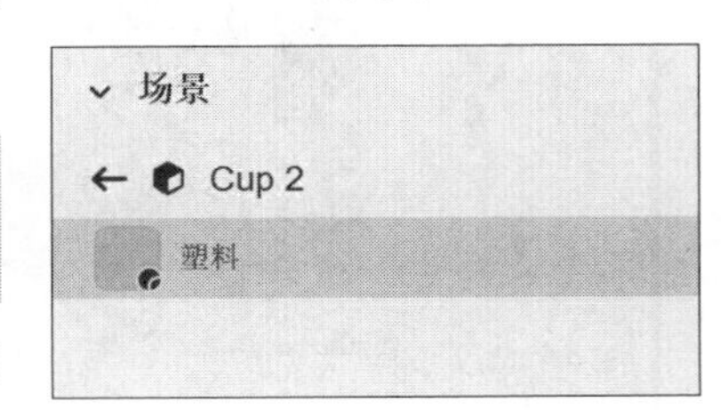

图 6-8

提示 在场景面板的材质视图下，按 Esc 键或者单击左上角的回退箭头图标（←），可以返回至模型列表视图。

❼ 在场景面板顶部单击回退箭头图标（←），返回到模型列表视图。

❽ 在场景面板中，选择【Pin_glass】，即中间的杯子。

❾ 在初始资源面板顶部的资源搜索框中输入“玻璃”，如图6-9所示。

❿ 单击【玻璃】材质，将其应用到所选杯子上。

图 6-9

6.3.1 通过拖放应用材质

向模型应用材质有一种更简便的方法，即把材质直接从初始资源、库、文件系统拖动至模型表面。

❶ 在菜单栏中依次选择【选择】>【取消全选】，使场景中的所有模型处于未选中状态。

❷ 在初始资源面板顶部的资源搜索框中，输入“金属”。

❸ 把【金属】材质拖动到场景中最左侧的杯子上。当杯子周围出现蓝色框线时，释放鼠标，如图 6-10 所示。

图 6-10

❹ 在场景面板顶部，单击回退箭头图标（←）（或者按Esc键），返回到模型列表视图。

❺ Twist Jar 对象是一个编组，在场景面板中，可以看到其左侧有一个实心文件夹图标（■）。单击实心文件夹图标，打开编组，其中包含 Lid 和 Jar 两个模型。Twist Jar 由两个独立的模型组成，可以分别向两个模型应用不同的材质。请注意，即使不事先选择编组，也可以打开编组。若不小心选择了 Twist Jar 编组，可以在菜单栏中选择【选择】>【取消全选】取消选择。

❻ 在初始资源面板中，找到【几何金属】材质（位于【Substance 材质】下），将其拖动到场景中的 Twist Jar 模型上。当罐体（注意不是盖子）周围出现蓝色框线时，释放鼠标，如图 6-11 所示。

图 6-11

6.3.2 从其他模型获取材质

向一个模型应用材质之后，可以使用取样工具把同样的材质轻松地应用到其他模型上。

❶ 在场景面板顶部，单击回退箭头图标（←）（或者按Esc键），返回到模型列表视图。

❷ 在场景面板中，选择【Twist Jar】下的【Lid】模型，如图 6-12 所示。

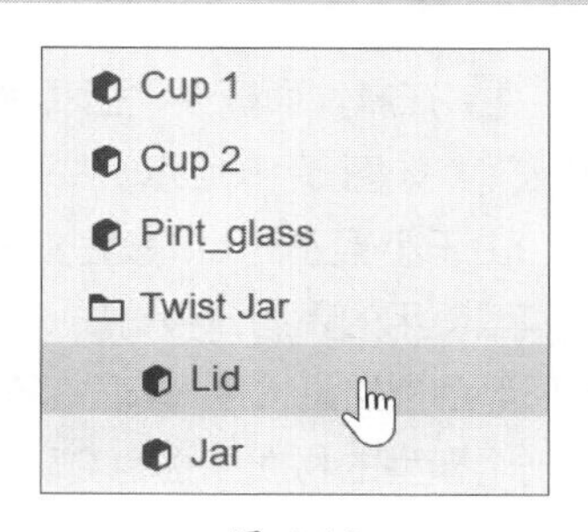

图 6-12

❸ 在工具面板中，单击取样工具（键盘快捷键：I）。

❹ 使用鼠标右键单击取样工具，在弹出的面板中，检查【取样类型】是否是【材质】，如图 6-13 所示。这里我们要吸取材质的所有属性，而不仅仅是材质的颜色。

❺ 在取样工具面板之外单击，关闭面板。

❻ 单击场景中倒在桌面上的塑料杯，吸取其塑料材质，并应用到当前选中的模型（小罐子的盖子）上，如图 6-14 所示。

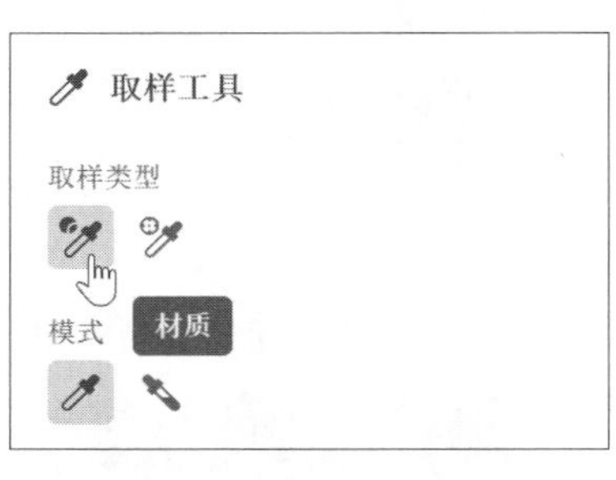

图 6-13

图 6-14

6.4 更改 MDL 材质属性

前面，我们在向模型应用初始资源中的材质时没有更改过材质属性。但其实，在应用了某种材质之后，我们可以在材质的属性面板中修改材质属性。

❶ 在场景面板顶部，单击回退箭头图标（←）（或者按 Esc 键），返回到模型列表视图。

❷ 在场景面板中，把鼠标指针移动到【Cup 2】模型上，单击最右侧的箭头图标（›），显示出模型材质。

❸ 在属性面板下，单击【底色】右侧的颜色框，在拾色器中把 RGB 值改为 255、82、22，使塑料材质的颜色变成亮橙色，如图 6-15 所示。

图 6-15

> **提示** 在属性面板中，把鼠标指针移动到某个属性名上，鼠标指针旁边会出现一个问号。此时，单击属性名，Dimension 会显示一段动画来解释这个属性的作用。

❹ 按 Esc 键，关闭拾色器。

❺ 在属性面板中，把【金属光泽】设置为 10%，使物体表面更有光泽，如图 6-16 所示。

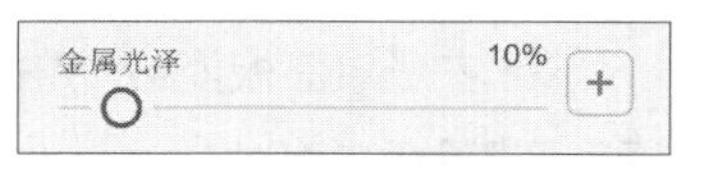

图 6-16

由于小罐子的 Lid 模型的材质取自于【Cup 2】模型，因此这两个模型使用的是同一种材质——塑料材质，可以看到此时两个模型的材质颜色都是亮橙色，表面都有反光。更改其中一个模型的材质属性，另一个模型的材质属性也会随之改变。但是，如果我们只想更改【Cup 2】模型的材质属性，使其表面粗糙些，少一些光泽，那该怎么办呢？此时，我们需要取消两个模型材质间的链接。

❻ 在操作面板中，单击【断开与材质的链接】图标（ ）。此时，两个模型材质间的链接就断开了，可以分别修改它们的材质属性。

❼ 在【Cup 2】模型处于选中的状态下，在属性面板中把【粗糙度】设置为25%。

❽ 把【金属光泽】设置为0%，如图6-17所示。

❾ 在场景面板顶部，单击回退箭头图标（←）（或者按Esc键），返回到模型列表视图。

图 6-17

❿ 在场景面板中，把鼠标指针放到【Cup 1】上，单击最右侧的箭头图标（ › ），显示出模型材质。

提示 除了上述方法之外，还可以在画布中双击某个模型，此时场景面板中也会显示出该模型的材质。

⓫ 在属性面板中，单击【底色】右侧的颜色框，在拾色器中，把RGB值设为255、82、22，让杯子表面颜色变成亮橙色。

⓬ 按Esc键，关闭拾色器。

⓭ 在属性面板中，把【粗糙度】设置为30%，减少材质表面的反光。

⓮ 单击【粗糙度】滑块右侧的加号图标（+），如图6-18所示。

⓯ 单击【选择文件】，如图6-19所示。

⓰ 选择Dots-white.png文件，单击【打开】按钮。

此时，PNG图像被作为蒙版使用，图像中的黑色区域显示的是光滑的金属表面，白色区域显示的是粗糙表面，如图6-20所示。

⓱ 按两次Esc键，关闭图像选择面板。在场景面板中，单击回退箭头图标（←），返回到模型列表，如图6-21所示。

图 6-18

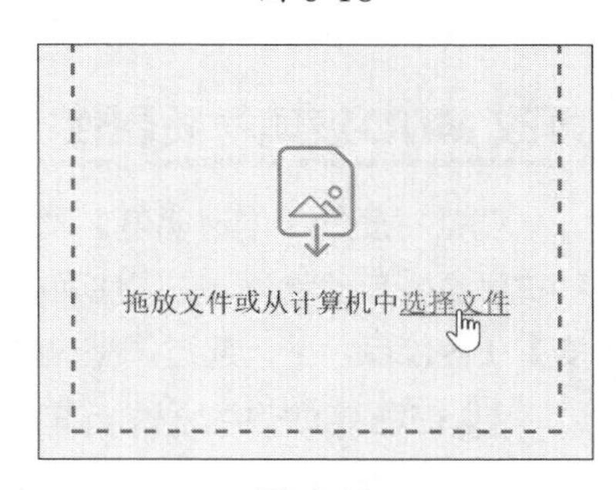

图 6-19

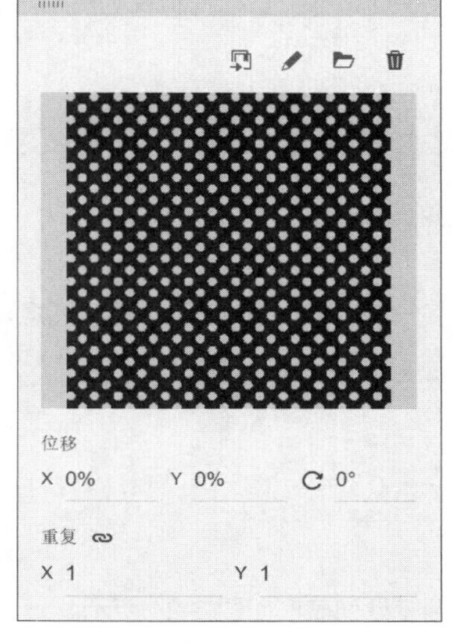

图 6-20

图 6-21

提示 隐藏不需要预览的模型，能够极大地提高渲染预览的速度。在场景面板中，单击某个模型右侧的眼睛图标（👁），可以将模型暂时隐藏起来。

位图图像如何影响材质属性

在把一种 MDL 材质应用到所选模型之后，在属性面板中，可以把一张位图图像添加到【不透明度】【粗糙度】【金属光泽】【发光度】【半透明度】等属性中，来改变这些属性。

- 把一张位图图像添加到【不透明度】属性中，图像中的黑色区域代表透明，白色区域代表不透明。
- 把一张位图图像添加到【粗糙度】属性中，图像中的黑色区域代表有光泽，白色区域代表无光泽。
- 把一张位图图像添加到【金属光泽】属性中，图像中的黑色区域代表无金属光泽，白色区域代表有金属光泽。
- 把一张位图图像添加到【发光度】属性中，图像中的黑色区域代表反光，白色区域代表发光。
- 把一张位图图像添加到【半透明度】属性中，图像中的黑色区域代表不透明，白色区域代表透明。

更改 MDL 玻璃材质属性

调整材质的【半透明度】属性，可以使这种材质看上去像玻璃、液体或凝胶，也就是可以透过这种材质看到其他物体。在属性面板的【不透明度】下，可以更改的属性有【半透明度】【折射指数】【密度】【内部颜色】。通过调整这些属性，可以让模型看上去像玻璃、液体或凝胶。

❶ 在场景面板中，把鼠标指针放到【Pint_glass】模型上，单击最右侧箭头图标（›），显示模型材质。

❷ 在属性面板中，若【半透明度】属性未展开，单击【半透明度】左侧的箭头图标（›），将其展开。

❸ 把【半透明度】设置为 90%，如图 6-22 所示。

图 6-22

❹ 把【折射指数】设置为 2.8，让玻璃折射的光线更多一些，如图 6-23 所示。请注意，只有打开渲染预览功能，才能看到效果。

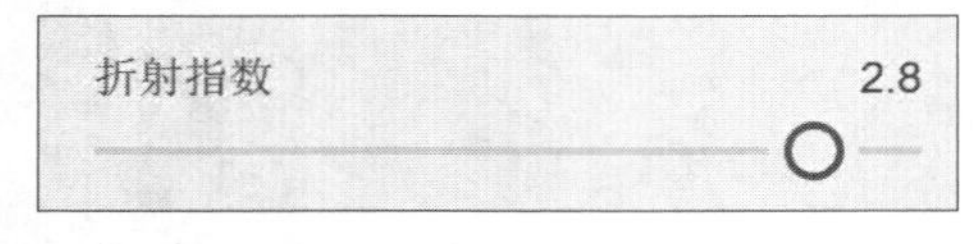

图 6-23

❺ 在场景面板顶部，单击回退箭头图标（←），返回到模型列表，如图 6-24 所示。

图 6-24

6.5 更改 SBSAR 材质属性

❶ 若【Twist Jar】编组未展开，单击实心文件夹图标（ ），将其展开。

❷ 把鼠标指针放到【Jar】模型之上，单击最右侧的箭头图标（ ），显示其材质，如图 6-25 所示。

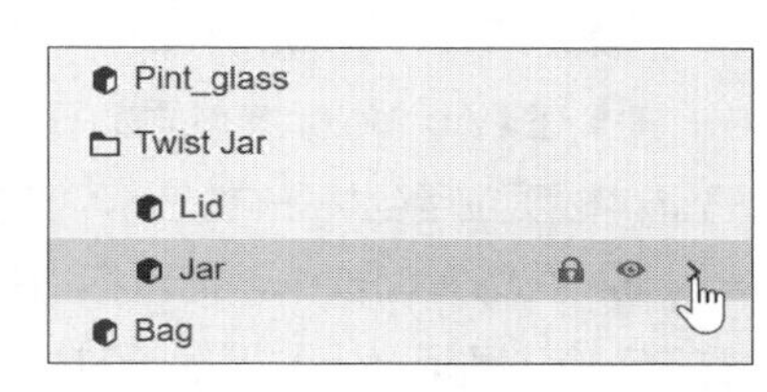

图 6-25

❸ 几何金属是一种参数化的 SBSAR 材质，材质制作者为该材质定义了多个可调参数。在属性面板的【重复】下，把 X 与 Y 值都设置为 2.1，如图 6-26 所示。

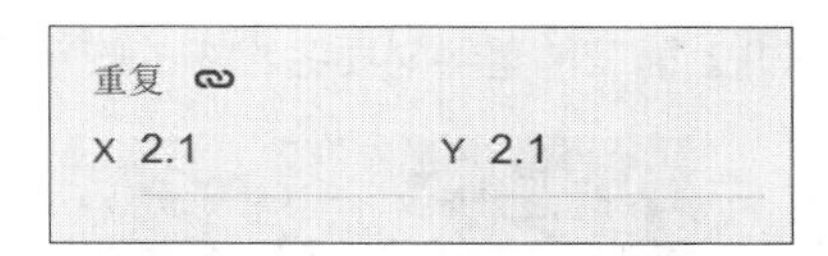

图 6-26

❹ 在属性面板中，拖动各个滑块，调整一下其他参数，查看相应的效果。这里，我们在【图案选择】中选择【Wind Shim Embossed】，设置【旋转】为 0.27、【间隙】为 0.73、【斜面】为 1.6，其余属性值保持不变，如图 6-27 所示。最终效果如图 6-28 所示。

图 6-27

图 6-28

6.5.1 向模型的不同表面应用不同的材质

一个模型可以由一组子模型组成，此时，我们可以非常轻松地选择各个子模型，并为它们应用不同的材质。但有时，我们使用的模型是一个整体，其各个部分并非以独立的子模型形式存在，这时，我们应该如何向模型的不同部分应用不同的材质呢？

为了解决这个问题，Dimension 提供了魔棒工具。Dimension 中的魔棒工具与 Photoshop 中的魔棒工具类似。当使用魔棒工具单击模型的某个表面时，Dimension 会把单击的表面选中，接下来，就可以向其应用指定的材质了。

❶ 在工具面板中，双击魔棒工具。

❷ 把【选区大小】设置为【极小】，如图 6-29 所示。

图 6-29

❸ 按 Esc 键，关闭控制选项面板。

❹ 单击【Cup 2】（倒在桌面上的杯子）的内壁，杯子内壁出现蓝色线框，如图 6-30 所示。

❺ 在内容面板的搜索框中，输入“塑料”。

❻ 在【Adobe 标准材质】下，单击【塑料】（MDL 材质），把塑料材质应用到杯子内壁上，如图 6-31 所示。

❼ 在场景面板中，把鼠标指针移动到【Cup 2】上，单击最右侧箭头图标（›），显示其材质。

此时，【Cup 2】上应用了两种材质——塑料和塑料 3，如图 6-32 所示。请注意，读者自己计算机上第二种塑料材质名称中的数字可能不是“3”，这取决于之前做了什么。

图 6-30

图 6-31

图 6-32

❽ 在场景面板顶部，单击回退箭头图标（←），返回到模型列表。

6.5.2 向星星模型应用材质

虽然场景中的星星模型是一个整体，但我们可以使用魔棒工具选择星星模型的某一些面，然后向这些面应用不同的材质。

❶ 在场景面板中，选择【Star】模型。

❷ 在菜单栏中依次选择【相机】>【构建选区】，调整相机位置，使星星模型充满整个画布。

❸ 在内容面板的搜索框中，输入“纸板”。

❹ 单击【纸板】（SBSAR 材质），将其应用到星星模型上。

❺ 使用魔棒工具，单击星星模型上的一个三角形面。此时，被单击的三角形面出现蓝色线框，

表示其被选中，如图 6-33 所示。

❻ 按住 Shift 键，隔一个三角形面单击，把它们同时选中。请注意，使用魔棒工具时，按住 Shift 键单击，可以同时选中多个对象，如图 6-34 所示。

图 6-33

图 6-34

❼ 在内容面板的搜索框中，输入“纸”。

❽ 在【Substance 材质】下，单击【斜纹纸】（SBSAR 材质），将其应用到所选三角形面上，如图 6-35 所示。

❾ 在场景面板中，把鼠标指针放到【Star】上，单击最右侧的箭头图标（›），显示其材质。此时，【Star】模型应用有两种材质——纸板和斜纹纸，如图 6-36 所示。

图 6-35

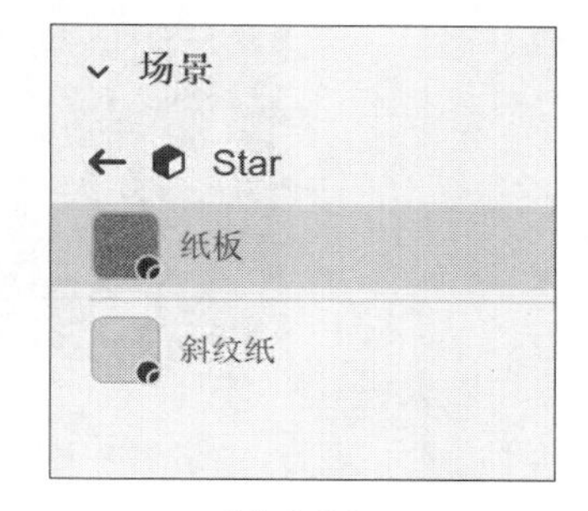

图 6-36

❿ 单击【相机书签】图标（），单击“Final view”，返回到原相机视角。

6.5.3 向纸袋模型应用材质

❶ 双击魔棒工具（键盘快捷键：W）。

❷ 把【选区大小】更改为【中】。

❸ 按 Esc 键，关闭控制选项面板。

❹ 单击纸袋正面，如图 6-37 所示。

图 6-37

❺ 在内容面板的搜索框中，输入“塑料”。

❻ 从【Adobe 标准材质】中，单击【带有格子图案的塑料】（MDL 材质），将其应用到纸袋上。

❼ 若有时间，可以渲染一下场景，查看最终效果。课程文件夹中有已经渲染好的文件 Lesson_06_01_end_render_ high.psd，如图 6-38 所示。

图 6-38

6.6 链接材质与取消材质间的链接

在前面的例子中，我们先从【Cup 2】模型吸取了材质，然后将其应用到了小罐子的【Lid】模型上。这样一来，两个模型会同时链接到同一个材质实例上。当改变其中一个模型的某个材质属性（如颜色）时，另外一个模型的材质也会同步发生改变。当然，如果想单独控制每个模型材质的属性，则需断开模型材质间的链接。

Dimension 有一套相当精巧的规则，用来确定何时链接材质及何时断开材质间的链接。接下来，我们一起详细了解材质链接，看一下 Dimension 是如何确定材质链接时机的。

6.6.1 同时应用材质到多个模型

在Dimension中，可以把某种材质同时应用到多个模型上，也就是把同一种材质链接到多个模型上，从而实现对多个模型材质的快速修改。

❶ 在菜单栏中，依次选择【文件】>【打开】。

❷ 转到 Lessons >Lesson06 文件夹中，选择 Lesson_06_02_begin.dn 文件，单击【打开】按钮。

❸ 单击选择工具（键盘快捷键：V）。

❹ 单击一个球体模型，按住 Shift 键，单击另外两个球体模型，把 3 个球体模型同时选中，如图 6-39 所示。请注意，这 3 个球体模型并未编组在一起。

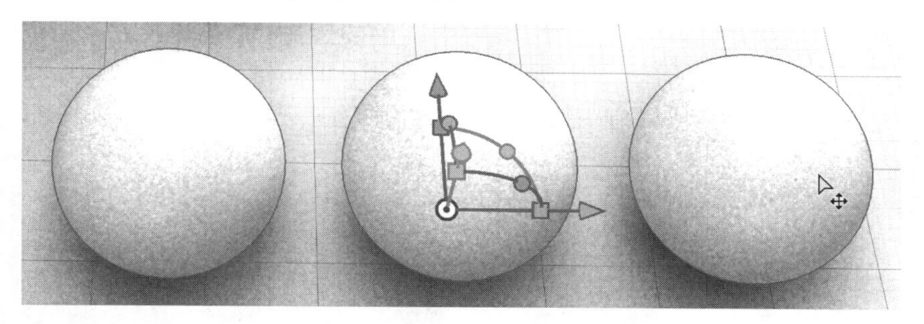

图 6-39

❺ 在内容面板的【Adobe 标准材质】下，单击【塑料】（MDL 材质），将其同时应用到 3 个球体模型上。通过一次单击，将某种材质应用到多个模型上时，这些模型的材质就链接在一起了。

❻ 在菜单栏中，依次选择【选择】>【取消全选】，取消选择球体模型。

❼ 在场景面板中，把鼠标指针放到【Sphere 1】模型上，单击最右侧箭头图标（ › ），显示其材质。

在操作面板中，有一个【断开与材质的链接】图标（ ）。当选择的材质同时链接到多个模型时，就会出现这个图标。

❽ 在属性面板中，单击【底色】右侧的颜色框，把颜色更改成亮橙色，如图 6-40 所示。此时，3 个球体模型的材质颜色都会发生改变，因为它们同时链接了同一种材质。

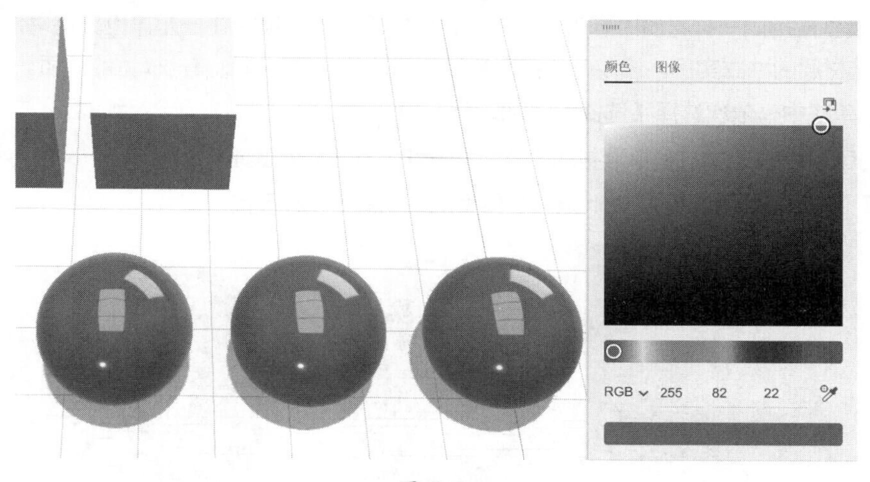

图 6-40

6.6.2 断开链接

在把一种材质同时应用到多个模型后，如果想单独修改其中某个模型的材质，则需要先断开材质的链接。

❶ 单击场景面板顶部的回退箭头图标（←），返回到模型列表。

❷ 在场景面板中，把鼠标指针放到【Sphere 2】模型上，单击最右侧箭头图标（›），显示其材质。

❸ 在操作面板中，单击【断开与材质的链接】图标（⛓）。此时，这个图标从操作面板中消失，表示当前模型的材质已经独立出来了。

❹ 在属性面板中，单击【底色】右侧的颜色框，把颜色更改为亮绿色，如图 6-41 所示。

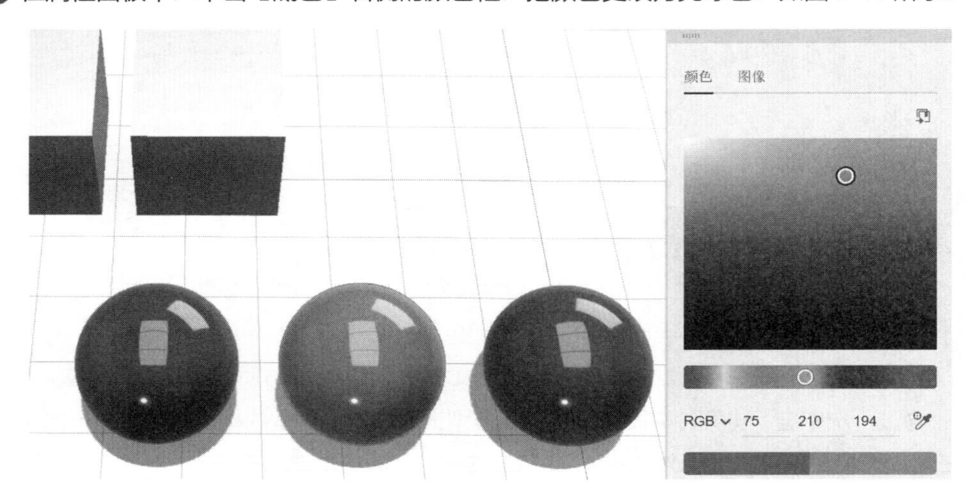

图 6-41

此时，只有【Sphere 2】模型的材质颜色发生了变化，因为它的材质已经独立出来，不再与其他模型的材质链接在一起。

6.6.3 向多个模型逐个应用同一种材质

向多个模型应用同一种材质时，若逐个应用，则材质间不会链接在一起。也就是说，每个模型的材质都是所选材质的独立实例，修改一个模型的材质属性并不会影响到其他模型的材质。

❶ 在菜单栏中，依次选择【选择】>【取消全选】。

❷ 在内容面板的【Adobe 标准材质】下，找到【亚光】，将其拖动到【Sphere 1】模型上。

❸ 把【亚光】材质拖动到【Sphere 2】模型上，如图 6-42 所示。

图 6-42

❹ 把【亚光】材质拖动到【Sphere 3】模型上。

❺ 按 Esc 键，在场景面板中显示模型列表。

❻ 双击【Sphere 1】模型，在场景面板中显示出其材质，如图 6-43 所示。

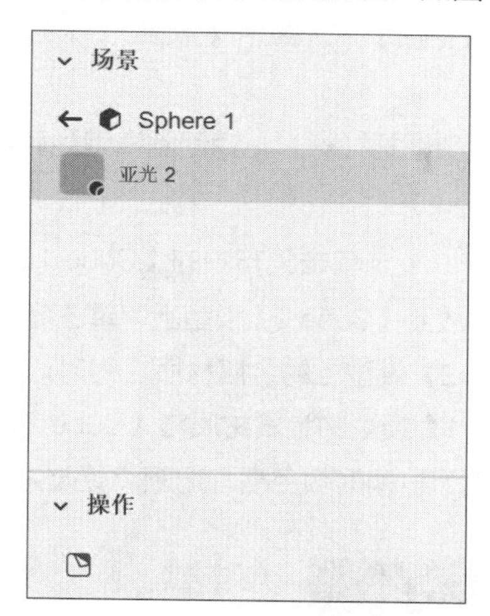

图 6-43

此时，操作面板中没有显示【断开与材质的链接】图标（⛓），表示当前所选材质未与其他模型的材质链接在一起。

❼ 在属性面板中，单击【底色】右侧的颜色框，把颜色更改为亮橙色，如图 6-44 所示。

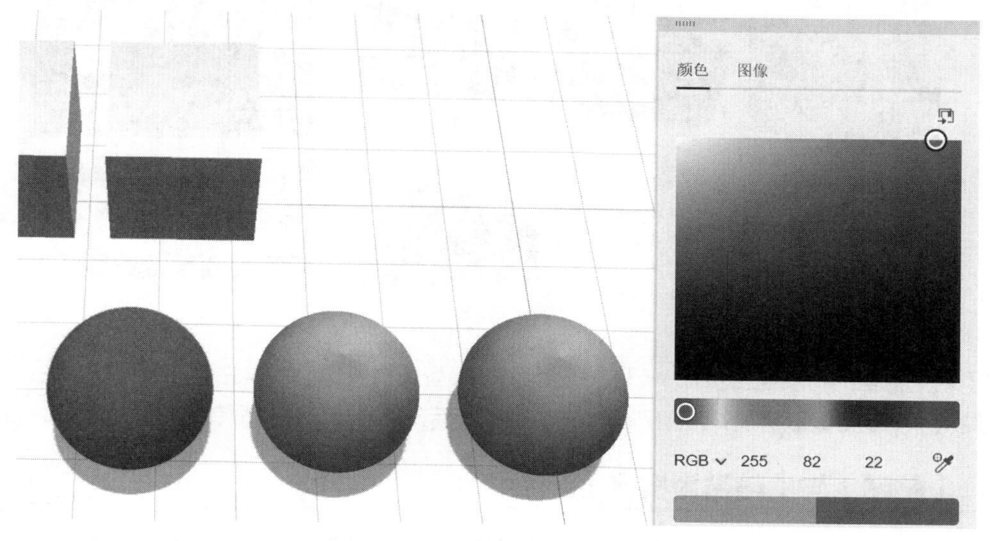

图 6-44

此时，只有【Sphere 1】模型的材质颜色变成了亮红色，而其他球体模型的颜色未发生变化，因为【Sphere 1】模型的材质是独立的，并未与其他模型的材质链接在一起。请记住：当逐个向多个模型应用材质时，即便应用的是同一种材质，这些模型的材质相互间也是独立的，并未链接在一起。

6.6.4 使用取样工具应用材质

如果想把一个模型的材质应用到另外一个模型上，可以使用取样工具。请注意，使用这种方式应用材质后，两个模型的材质是链接在一起的。

❶ 单击场景面板顶部的回退箭头图标（←），返回到模型列表。

❷ 在场景面板中，选择【Cube 1】。

❸ 在内容面板的【Adobe 标准材质】下，单击【金属】（MDL 材质），将其应用到【Cube 1】模型的表面。

❹ 单击场景面板顶部的回退箭头图标（←），返回到模型列表。

❺ 在场景面板中，选择【Cube 2】。

❻ 单击取样工具（键盘快捷键：I），单击画布中的【Cube 1】模型（该模型已应用金属材质）。

❼ 在场景面板中，把鼠标指针放到【Cube 2】模型上，单击箭头图标（›），显示其材质。此时，场景面板中显示的是应用在【Cube 2】模型上的金属材质。同时，操作面板中显示出【断开与材质的链接】图标（⛓），这表示【Cube 1】模型的金属材质与【Cube 2】的材质链接在一起。

❽ 在属性面板中，单击【底色】右侧的颜色框，把颜色更改为亮橙色，如图 6-45 所示。

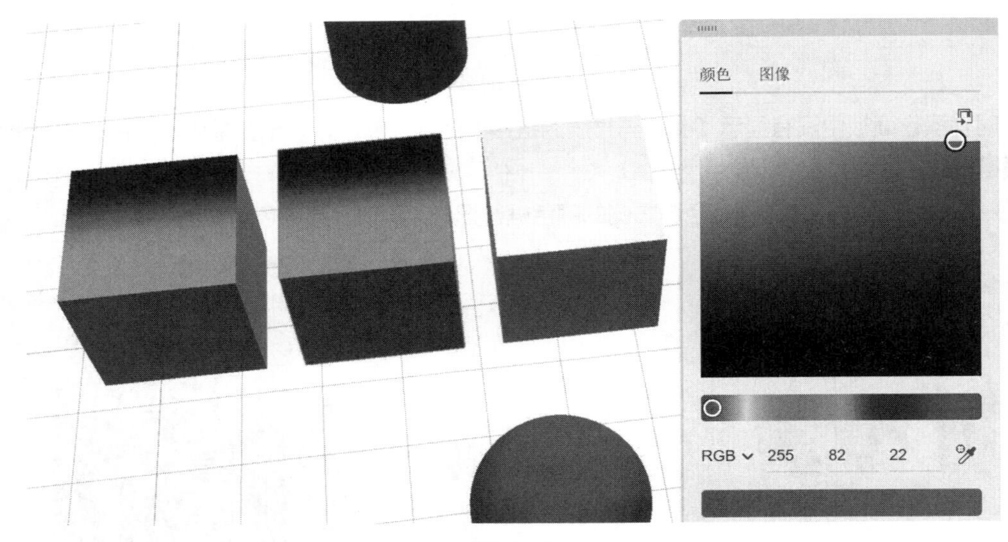

图 6-45

由于两个模型的材质是链接在一起的，因此两个模型的材质颜色都发生了变化。请记住：当使用取样工具从一个模型吸取材质并应用到另外一个模型上后，两个模型的材质就链接到了一起。

6.6.5 【粘贴】与【粘贴为实例】

Dimension 的【编辑】菜单中提供了两个粘贴命令：【粘贴】和【粘贴为实例】。在把一个模型复制到剪贴板上后，使用这两个命令都会粘贴出模型的一个副本，但在模型副本材质与源模型材质的链接方式上有不同。

❶ 单击选择工具（键盘快捷键：V）。

❷ 在场景面板中，选择【Cylinder】模型。

❸ 在菜单栏中，依次选择【编辑】>【复制】。

❹ 在菜单栏中，依次选择【编辑】>【粘贴】。

❺ 向右拖动蓝色箭头，把两个圆柱同时显示出来，如图 6-46 所示。

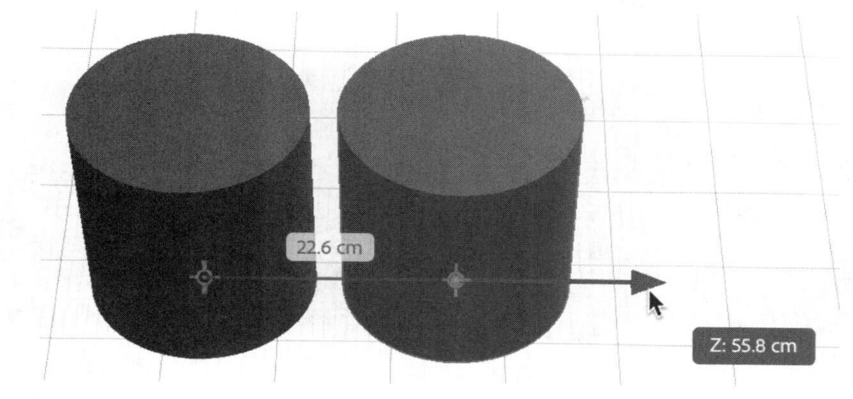

图 6-46

❻ 在画布上，双击刚刚创建的圆柱副本，在场景面板中显示圆柱的材质。

❼ 在属性面板中，单击【底色】右侧的颜色框，选择一种绿色，如图 6-47 所示。

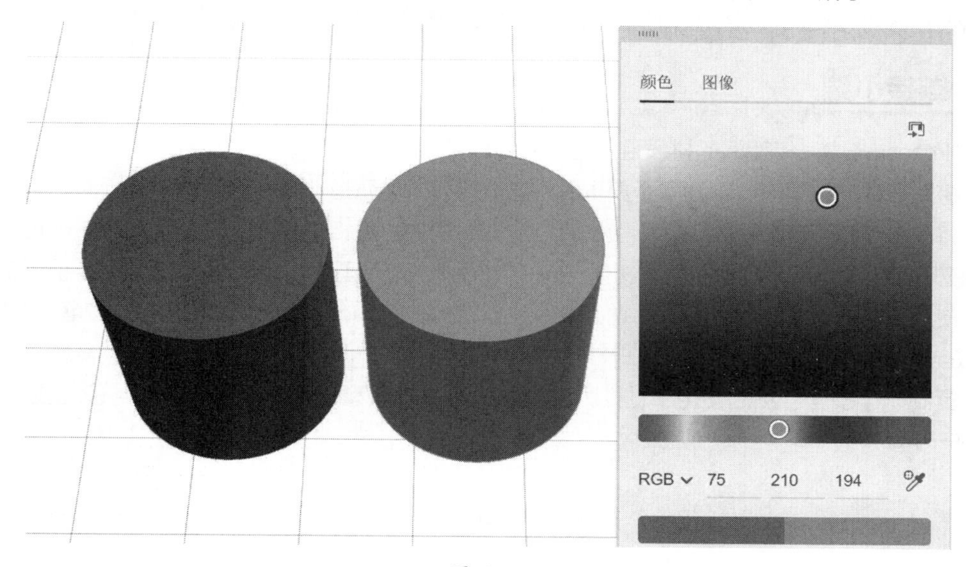

图 6-47

由于两个圆柱的材质未链接在一起，所以只有圆柱副本的颜色发生了变化。请记住：使用【编辑】>【复制】/【粘贴】命令，或者按住 Option/Alt 键，通过拖动复制模型时，源模型的材质与模型副本的材质不会链接在一起。

❽ 选择绿色圆柱模型。

❾ 在菜单栏中，依次选择【编辑】>【复制】。

❿ 在菜单栏中，依次选择【编辑】>【粘贴为实例】。

⓫ 向右拖动蓝色箭头，把两个绿色圆柱同时显示出来。

⓬ 在画布中，双击刚刚创建的绿色圆柱副本，在场景面板中显示其材质。

⓭ 在属性面板中，双击【底色】右侧的颜色框，把颜色更改为深蓝色，如图 6-48 所示。

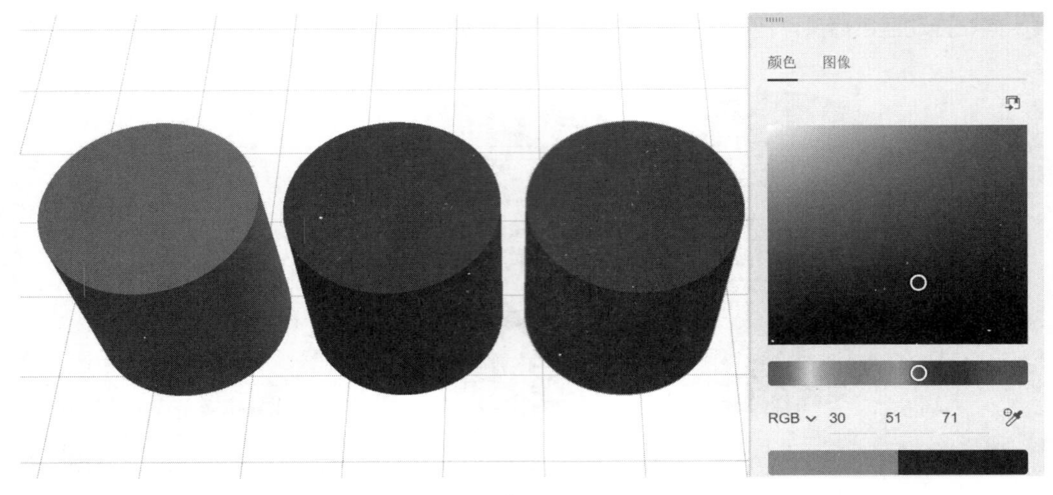

图 6-48

此时，两个绿色圆柱的材质颜色都发生了变化，因为这两个圆柱的材质是链接在一起的。请记住：使用【粘贴为实例】命令新建模型时，源模型的材质与模型副本的材质会链接在一起。

6.6.6 链接小结

在 Dimension 中，模型间的材质链接方式归结如下。

- 将同一种材质同时应用到多个模型时，这些模型的材质是链接在一起的。
- 将同一种材质逐个应用到多个模型时，这些模型的材质相互独立，并不会链接在一起。
- 使用取样工具从一个模型吸取材质并应用到另外一个模型上时，两个模型的材质会链接在一起。
- 使用【编辑】>【复制】/【粘贴】命令，或者按住 Option/Alt 键，通过拖动复制模型时，源模型的材质与模型副本的材质不会链接在一起。
- 复制一个模型，然后使用【粘贴为实例】命令新建模型时，源模型的材质与模型副本的材质会链接在一起。

6.7 复习题

❶ MDL 材质与 SBSAR 材质的主要不同是什么？

❷ 用什么工具可以把材质应用到同一个模型的不同表面上？

❸ 如何使用魔棒工具同时选中多个表面？

❹ 用什么工具可以从一个模型吸取材质，然后将其应用到另一个模型上？

❺ 通过拖动方式向 5 个模型应用同一种材质时，若每次只向一个模型应用材质，这 5 个模型的材质会链接在一起吗？

6.8 答案

❶ MDL 材质有一组相同的可调参数，如不透明度、粗糙度、金属光泽、半透明度；SBSAR 材质是参数化的，不同材质其有不同的参数，具体参数由材质制作者决定。

❷ 使用魔棒工具，可以分别选中模型的不同表面，向不同表面应用不同的材质。

❸ 使用魔棒工具，单击选中模型的某个表面，按住 Shift 键，依次单击剩余需要选中的表面。

❹ 在 Dimension 中，可以使用取样工具（键盘快捷键：I）从一个模型吸取材质，然后将其快速应用到另一个模型上。

❺ 不会。通过拖动方式向 5 个模型应用同一种材质时，若每次只向一个模型应用材质，则每个模型都有独立的材质实例，材质之间不会链接在一起。如果同时选中 5 个模型，然后把某种材质同时应用到 5 个模型上，那么这 5 个模型的材质会链接在一起。

第 7 课

使用 Adobe Capture 创建材质

课程概览

本课，我们学习如何使用 Adobe Capture 移动 APP 创建材质，涉及如下内容。

- 如何使用 Adobe Capture 创建独一无二的材质并用在 Dimension 中
- 如何在 Adobe Capture 中根据需要编辑材质
- 如何在 Dimension 中使用由 Adobe Capture 创建的材质

学习本课大约需要 45 分钟

Adobe Capture 是一款有趣、强大的移动 App，可以用它创建出有趣的材质，并在 Dimension 中轻松地把这些材质应用到模型上。

7.1 Adobe Capture 简介

Adobe Capture 是 Adobe 公司出品的一款移动应用，支持 iOS 与 Android 两个系统。借助 Capture，可以轻松地从周围世界捕捉灵感，并将其转换成文字、笔刷、图案、形状、颜色、渐变，以及材质（在 Dimension 中使用）。

当出门在外，看到一个很适合在 Dimension 中使用的材质时，可以用移动设备上的相机拍下来，然后将其转换成适合在 Dimension 中使用的材质。

下载并安装 Adobe Capture

无论使用的是 iPhone、iPad，还是 Android 移动设备，都可到 Adobe 的官网中找到、下载并安装相应版本的 Adobe Capture。

7.2 抓取材质

用户可以从拍摄的照片、图片库，以及保存在 Creative Cloud 中的资源上抓取材质。下面操作步骤是基于写作本书时的 Adobe Capture 最新版本编写的，也是基于 iPhone 的 iOS 的。如果用户使用的是 Android 系统的设备，看到的软件界面可能和这里有所不同。

❶ 在移动设备上启动 Adobe Capture，并使用 Adobe ID 进行登录，Adobe Capture 的图标如图 7-1 所示。

❷ 若已经设置 Capture Preferences，则 Capture 会直接进入相机模式。单击屏幕左下角的×图标，关闭相机。

❸ 在屏幕顶部菜单中，选择一个 CC 库。若不熟悉 CC 库，请选择【My Library】，如图 7-2 所示。

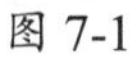

图 7-1

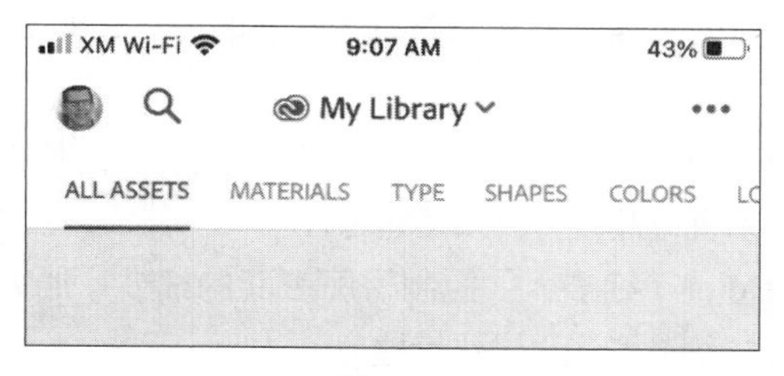

图 7-2

❹ 单击屏幕顶部的【MATERIALS】，如图 7-3 所示。

❺ 单击【相机】图标（）。

❻ 把相机对准一个有趣的纹理或图案，然后单击拍照图标（），拍摄一张照片，如图 7-4 所示。

图 7-3

图 7-4

> 💡 **注意** 用户可以随时单击屏幕中央的球体来“冻结”视图。如果用户的设备支持，可以单击右上角的图像调整和效果图标（ ）来调整所抓图像的曝光度、颜色与特效。

❼ 根据需要，调整材质属性，如图 7-5、图 7-6、图 7-7 所示。

- Roughness（粗糙度）：控制材质表面的粗糙程度。该值越大，表面越粗糙，光泽度越低。
- Detail（细节）：控制材质表面的细节。加大细节值，材质表面的细节增加，锐化度提高。
- Metallic（金属光泽）：控制材质表面的金属光泽度。
- Frequency（频率）：控制光影效果。调整频率值，法线贴图的锐化效果会发生变化，材质表面的光影外观也会发生变化。
- Repeat（重复）：改变材质的拼贴大小。在向大模型应用图像时，该值越大，图像越小，重复次数越多。
- Blend Edges（混合边）：当某种材质在模型表面重复出现时，增加混合边的值，Adobe Capture 会尝试在不同拼贴之间混合边缘。

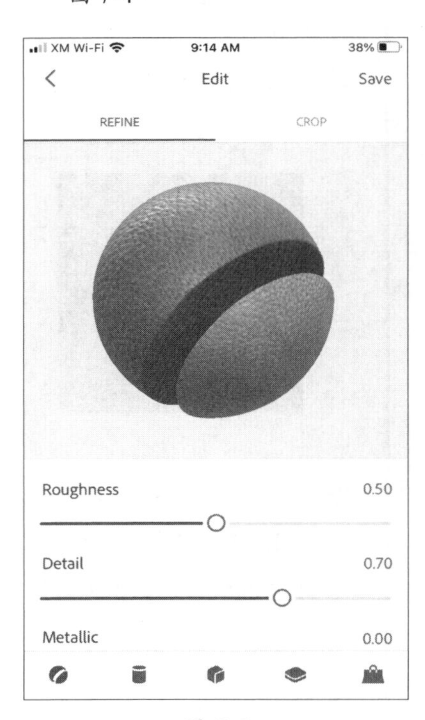

图 7-5

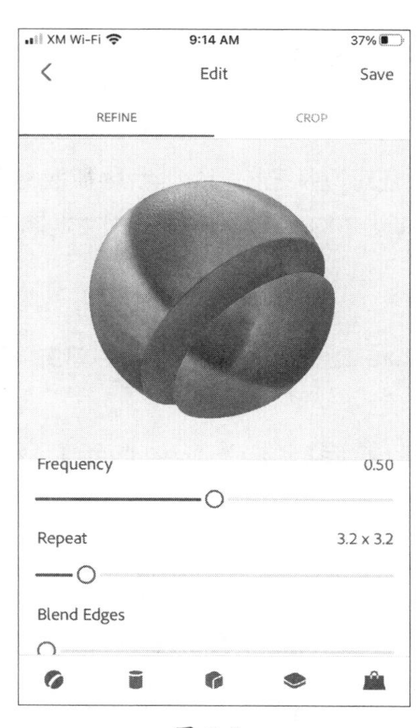

图 7-6

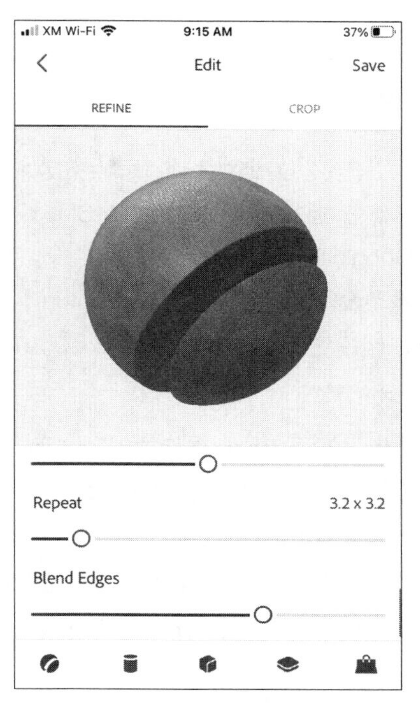

图 7-7

❽ 单击【Save】按钮，保存材质。

❾ 若想更改材质名称，单击材质名称右侧的【更多】图标（•••），在弹出的菜单中选择【Rename】，输入新名称，单击【Save】（保存）即可，如图 7-8 所示。Adobe Capture 会把材质添加到前面选择的 CC 库中。接下来，就可以在 Dimension 中使用它了。

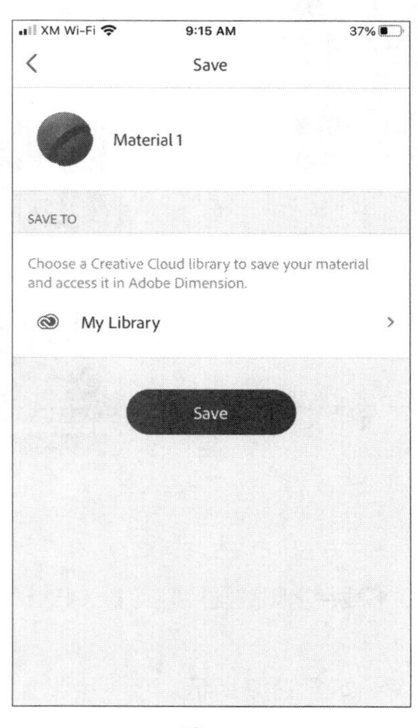

图 7-8

从照片抓取材质

除了可以用移动设备的相机功能抓取材质之外，还可以从已拍摄的照片中抓取材质，这些照片可以是存储在相机相册、Creative Cloud 存储器、Lightroom 图库、Adobe Stock 图片库，以及 Dropbox、Google Drive 等里面的照片。

❶ 在移动设备上，启动 Adobe Capture。

❷ 若已经设置 Capture Preferences，Adobe Capture 会直接进入相机模式。单击屏幕左下角的 ✕ 图标，关闭相机。

❸ 在屏幕顶部菜单中，选择一个 CC 库。若不熟悉 CC 库，请选择【My Library】。

❹ 单击屏幕顶部的【MATERIALS】。

❺ 单击【图像】图标（▣）。

❻ 在弹出列表中选择【Stock】，访问 Adobe Stock，如图 7-9 所示。

❼ 在搜索框中输入“texture”，单击【搜索】，会显示出各式各样的纹理图片，如图 7-10 所示。

图 7-9

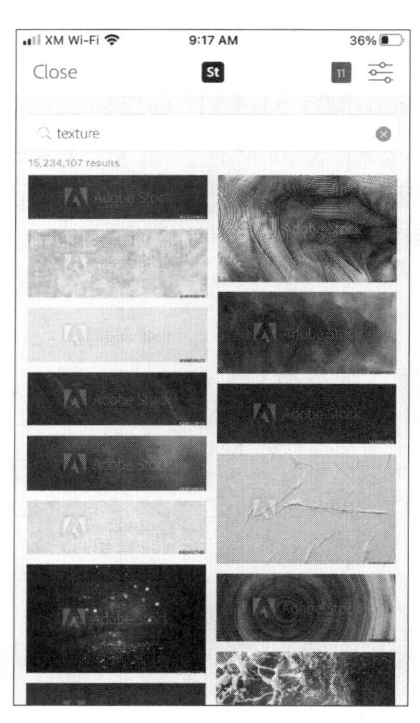

图 7-10

❽ 单击一张纹理图片。

❾ 单击【SAVE PREVIEW】（下载带水印的图片）或【LICENSE ASSET】（付费购买图片）按钮。如图 7-11 所示。

❿ 选择一个 CC 库来保存图片，如图 7-12 所示。

图 7-11

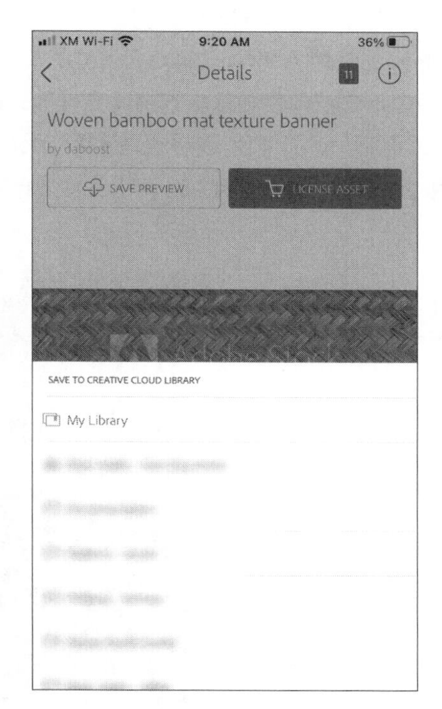

图 7-12

⓫ 单击抓取图标（），把图片添加到 Adobe Capture 中。

⓬ 根据需要，调整材质属性。

⓭ 单击保存按钮，把材质保存到自己的 CC 库中。

7.3　在 Dimension 中使用 Capture 创建的材质

向模型应用由 Adobe Capture 创建的材质，与应用其他来源的材质没什么不同。唯一的区别是，需要先在 CC 库中找到要应用的材质。

❶ 启动 Adobe Dimension。

❷ 在菜单栏中，依次选择【文件】>【打开】。

❸ 转到 Lessons >Lesson07 文件夹下，选择 Lesson_07_01_begin.dn，单击【打开】按钮。

❹ 单击工具面板顶部的【添加和导入内容】图标（），选择【CC Libraries】。此时屏幕左侧显示内容面板，其中显示着上一次用过的 CC 库或者列出所有的 CC 库，如图 7-13 所示。

图 7-13

❺ 在内容面板搜索框下方的菜单中，选择用来保存抓取材质的库。

❻ 找到使用 Adobe Capture 创建的材质，将其拖动到画布中的 Prism 模型上。或者，先选择 Prism 模型，在菜单栏中依次选择【文件】>【导入】>【将材质放在选区上】，在 Bricks 文件夹中选择 Material_14.mdl 材质，该材质是使用 Adobe Capture 创建的。

❼ 找到另外一种使用 Adobe Capture 创建的材质，将其拖动到画布中的 Pipe 模型上，如图 7-14 所示。

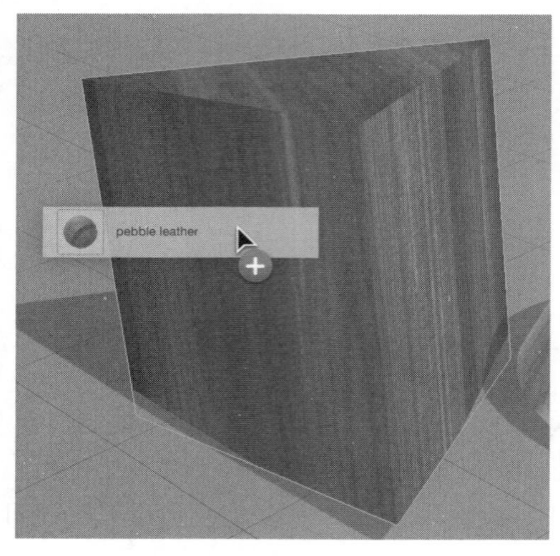

图 7-14

7.4 复习题

❶ 在 Adobe Capture 中编辑材质时，【Metallic】（金属光泽）滑块有什么作用？

❷ 使用 Adobe Capture 创建材质时，除了可以用移动设备的相机功能抓取材质外，还可以从哪里抓取材质？

❸ Adobe Capture 创建的材质保存在哪里？

❹ 在 Dimension 中，去哪里找 CC 库？

7.5 答案

❶【Metallic】（金属光泽）滑块用来控制材质表面的金属光泽度。

❷ 可以使用 Adobe Capture 从一张图片中抓取材质，这张图片可以存在相机相册，Creative Cloud 存储器、Dropbox 或 Google Drive 中。当然，Capture 还可以使用 Lightroom 图库、Adobe Stock 图片库中的图像来抓取材质。

❸ 在 Adobe Capture 中，保存材质时，Adobe Capture 会将其保存到选择的 CC 库中。

❹ 在 Dimension 中，单击工具面板顶部的【添加和导入内容】图标，选择【CC Libraries】，可以访问在 Dimension 或其他 Adobe 软件中的 CC 库。

第 8 课

创建基本形状

课程概览

本课，我们学习如何创建基本形状，涉及如下内容。

- 如何使用 Dimension 中的基本形状（立方体、球体、圆环体、圆锥体、平面、圆柱体）
- 如何更改基本形状的参数以创建出新的形状
- 相比于标准模型，基本形状有哪些局限性
- 如何把基本形状转换成标准模型
- 如何组合多个基本形状以创建各种模型

学习本课大约需要 45分钟

通过修改基本形状的参数，我们可以基于基本形状创建出各种各样的模型。

8.1 参数化模型

在初始资源面板顶部的【基本形状】类别下，有7个特殊的模型。之所以把这些模型与其他模型分开，是因为这些模型是根据用户指定的参数进行创建的。换句话说，用户可以给出一些数值动态地控制这些模型的形状与外观。正因如此，我们有时会把它们称为“参数化”模型。通过修改参数，我们可以创建大量具有不同形状的几何对象。

后面课程中我们会学习如何使用【文本】这个基本形状。本课我们学习有关立方体、球体、圆环体、圆锥体、平面、圆柱体这几个基本形状的内容。

虽然我们可以在 Dimension 中使用基本形状创建出各种各样的模型（本课就会学到），但请注意，Dimension 并不是一个 3D 建模软件，我们无法在 Dimension 中使用其提供的简单工具创建摩托车、电动工具、人体模特等复杂的 3D 模型。

8.2 使用【立方体】创建不同形状

我们可以使用【基本形状】中的【立方体】轻松创建出复杂的形状来。

❶ 在菜单栏中，依次选择【文件】>【打开】。

❷ 转到 Lessons >Lesson08 文件夹下，选择 Lesson_08_cube.dn 文件，单击【打开】按钮。

这个文件中包含几个形状，它们都是通过修改立方体的参数创建出来的。

❸ 在初始资源面板的【基本形状】下，单击【立方体】，如图 8-1 所示。

图 8-1

❹ 在菜单栏中，依次选择【相机】>【构建选区】，使立方体最大化显示在屏幕中间。

❺ 在属性面板中，在【立方体】下，有【宽度】【高度】【深度】3 个参数；在【斜面】下，有【半径】【边】两个参数。单击【斜面】右侧的开关，激活【斜面】参数，此时立方体的各个棱就变得圆滑起来，如图 8-2 所示。

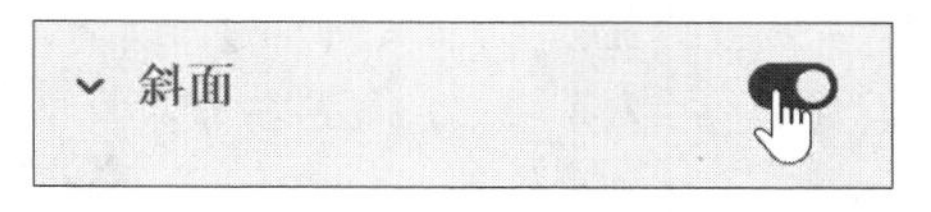

图 8-2

❻ 立方体的各个棱变圆滑，是因为它包含了 20 条边，这让我们的眼睛觉得看到的是一个圆滑的形状。把【边】修改为 2，如图 8-3（a）所示。此时立方体的各个棱会变得完全不一样，如图 8-3（b）所示。

❼ 把【半径】设置为 11 厘米，【边】修改为 1，如图 8-4（a）所示。此时，可创建出一个与立方体完全不同的形状，如图 8-4（b）所示。

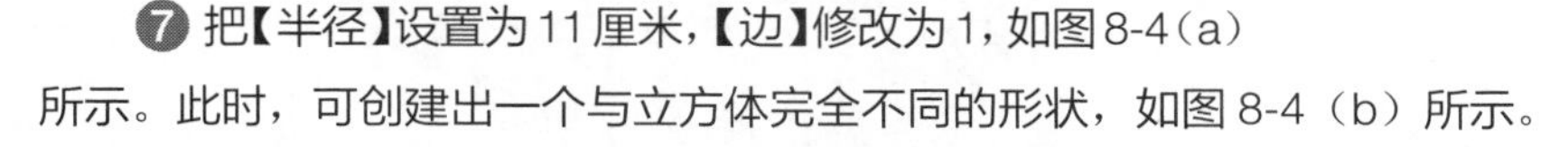
注意 图 8–4（b）中的物体叫“正八面体”，它是一个有 8 个面、12 条边、6 个顶点的多面体。

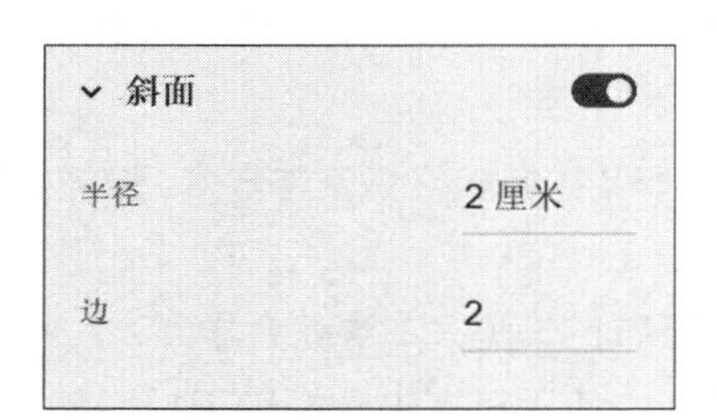

图 8-3（a）

图 8-3（b）

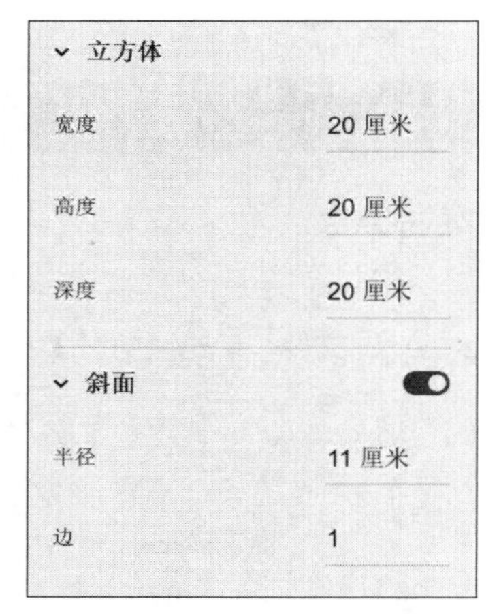

图 8-4（a）

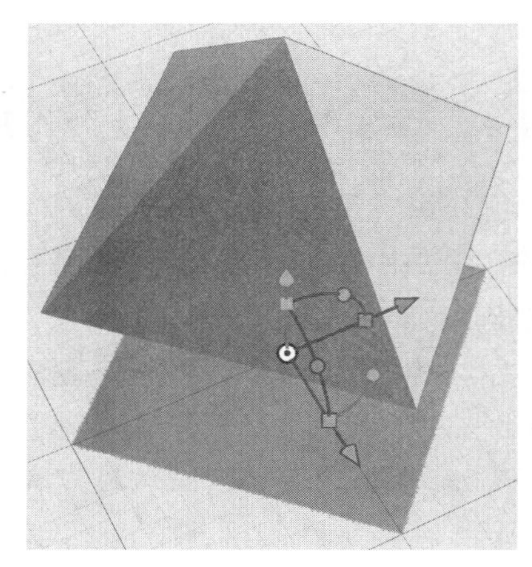

图 8-4（b）

❽ 把【宽度】修改为 40 厘米，【半径】修改为 11 厘米，【边】修改为 20，如图 8-5（a）所示。此时，可创建出一个胶囊状的物体，如图 8-5（b）所示。

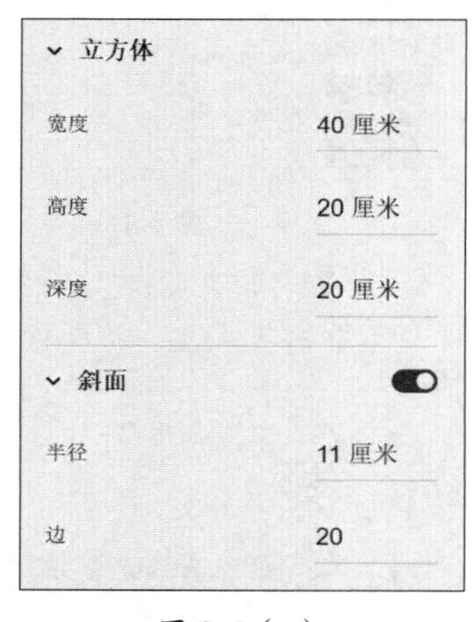

图 8-5（a）

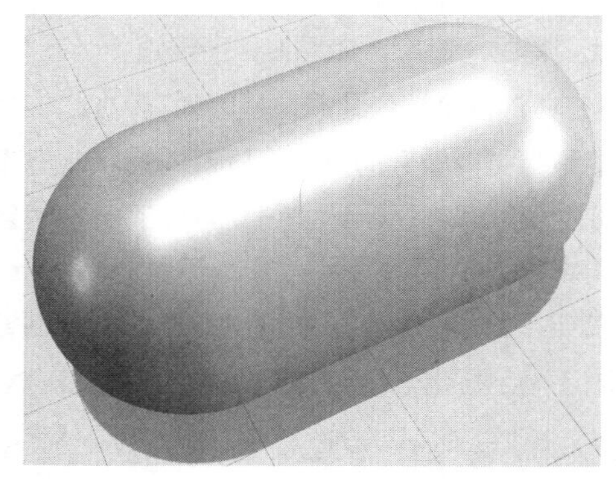

图 8-5（b）

❾ 在属性面板中，检查【缩放】右侧的【约束比例】图标（ ），确保其处于未开启状态。然后，把 X 缩放值更改为 0.5，如图 8-6（a）所示。请注意，这与更改宽度所得到的结果不一样。更改 X、Y

或 Z 缩放值可以独立地扭曲物体，而更改宽度、高度和深度参数值在改变形状的同时能够保持其他参数值不变，如半径。本例中，当沿着 X 轴缩放形状时，形状的圆头端会发生扭曲，如图 8-6（b）所示；但是在改变宽度时，圆头端并不会发生扭曲。

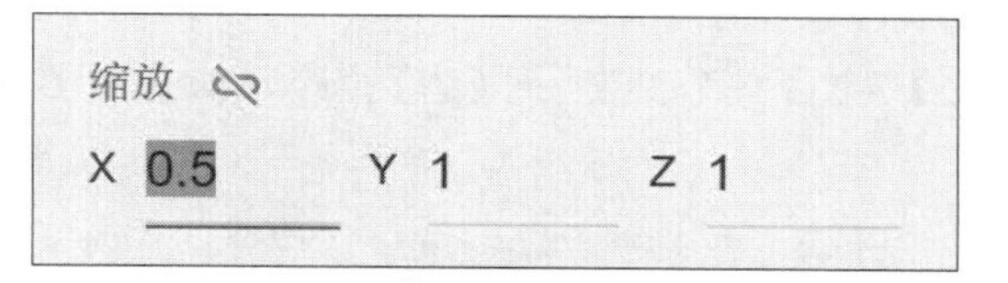

图 8-6（a）

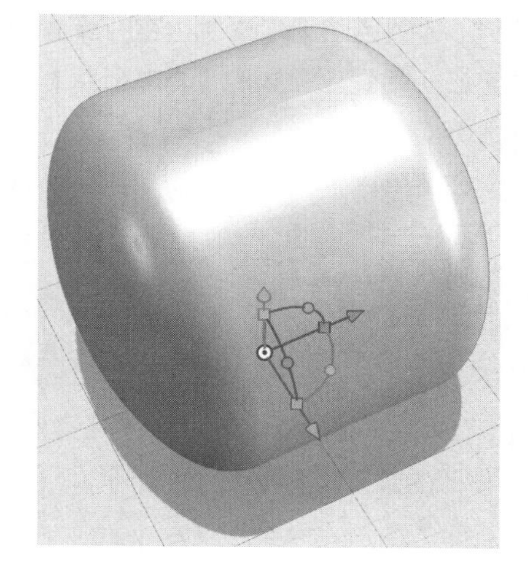

图 8-6（b）

⑩ 尝试调整一下其他参数，看看能创建出什么形状，如图 8-7 所示。

图 8-7

> **提示** 在初始资源面板中，单击【基本形状】右侧的问号图标（ ），在 Adobe Dimension 帮助页面中可以看到多个有关基本形状属性介绍的演示动画。

8.3 使用【球体】创建不同形状

球体并不像立方体那样有那么多的参数可供调整。但是，我们使用球体可以轻松创建出一个奇形怪状的、有多个边的、类似圆形的形状。

❶ 在菜单栏中，依次选择【文件】>【打开】。

❷ 转到 Lessons >Lesson08 文件夹下，选择 Lesson_08_sphere.dn 文件，单击【打开】按钮。这个文件中包含几个形状，它们都是通过修改球体参数创建出来的。

❸ 在初始资源面板的【基本形状】下，单击【球体】，如图 8-8 所示。

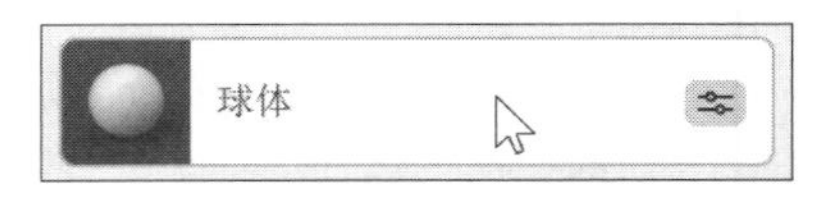

图 8-8

❹ 在菜单栏中，依次选择【相机】>【构建选区】，使球体最大化显示在屏幕中间。

提示 在属性面板中，把鼠标指针放到某个属性值上，按住鼠标左键，然后左右拖动鼠标可以更改属性值。当尝试调整基本形状的各个属性值时，使用这种方法会特别方便。

❺ 在属性面板的【球体】下，有【类型】【半径】【边】几个参数。把【边】修改为 4，如图 8-9（a）所示。修改的效果如图 8-9（b）所示。

图 8-9（a）

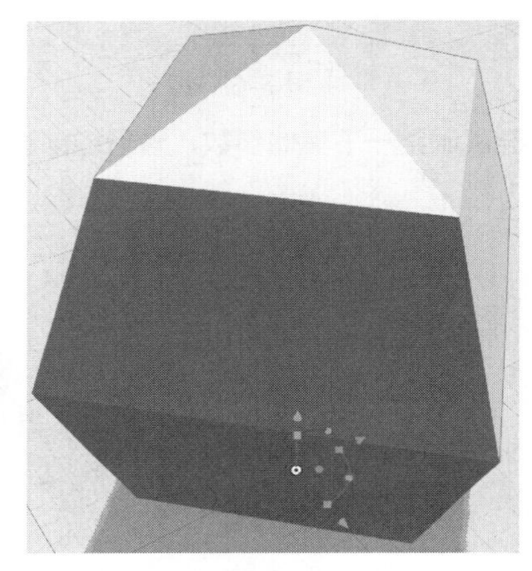
图 8-9（b）

❻ 尝试把【边】修改为不同数值，看看会得到什么样的形状。

❼ 在【类型】中选择【六面体】，在【细分】中输入 1，如图 8-10（a）所示。修改的效果如图 8-10（b）所示。

图 8-10（a）

图 8-10（b）

修改细分值，模型的尺寸、形状、边数等都会随之发生变化。

❽ 建议大家多动手试一试。先在【类型】中选择【六面体】，尝试不同的细分值，观察能得到什么结果；然后在【类型】中选择【八面体】，再尝试不同的细分值，如图 8-11 所示。

图 8-11

8.4 使用【圆环体】创建不同形状

圆环体的用途很多，我们可以使用它创建出各种形状。

❶ 在菜单栏中，依次选择【文件】>【打开】。

❷ 转到 Lessons >Lesson08 文件夹下，选择 Lesson_08_torus.dn 文件，单击【打开】按钮。这个文件中包含几个形状，它们都是通过修改圆环体的参数创建出来的。

❸ 在初始资源面板的【基本形状】下，单击【圆环体】，如图 8-12 所示。

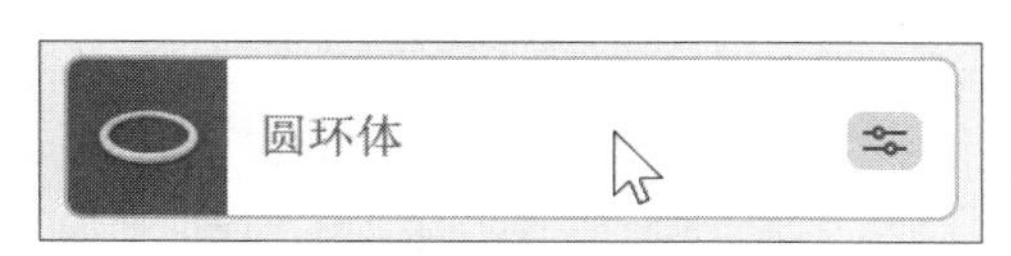

图 8-12

❹ 在菜单栏中，依次选择【相机】>【构建选区】，使圆环体最大化显示在屏幕中间。

❺ 在属性面板中，在【圆环体】下，有【环状半径】【管道半径】【圆环边】【管道边】几个参数；在【切片】下，有一个【角度】参数。把【环状半径】修改为 25 厘米，如图 8-13（a）所示，这会使圆环变大，在菜单栏中，依次选择【相机】>【构建选区】，在画布中显示出在整个圆环，如图 8-13（b）所示。

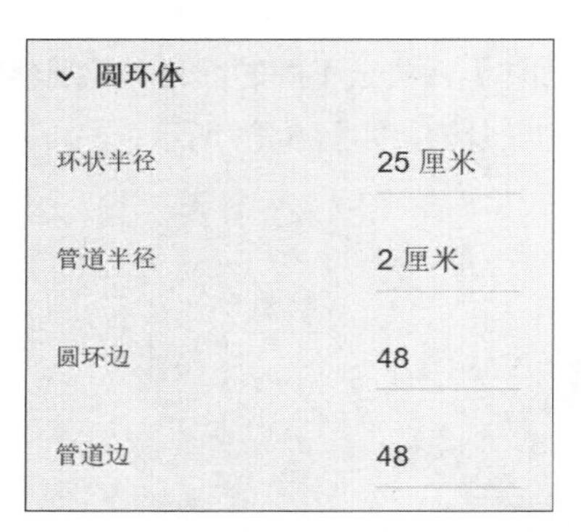

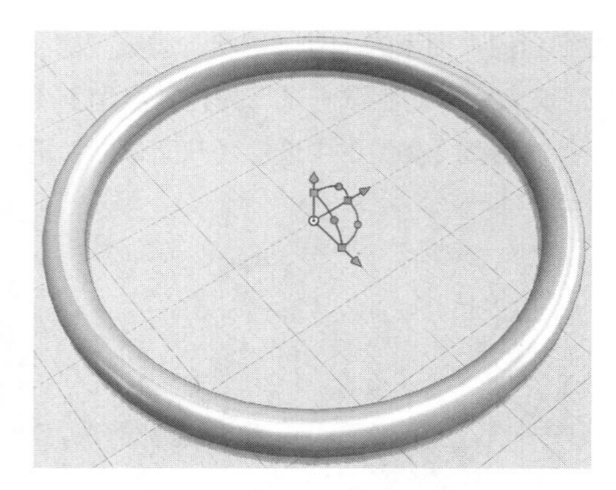

图 8-13（a）　　图 8-13（b）

❻ 把【管道半径】修改为 6 厘米，使管道变粗。

❼ 把【圆环边】修改为 5，【管道边】修改为 6，如图 8-14（a）所示。修改的效果如图 8-14（b）所示。

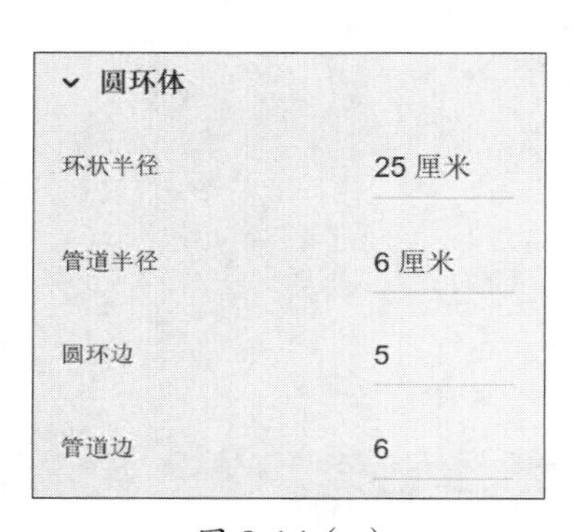

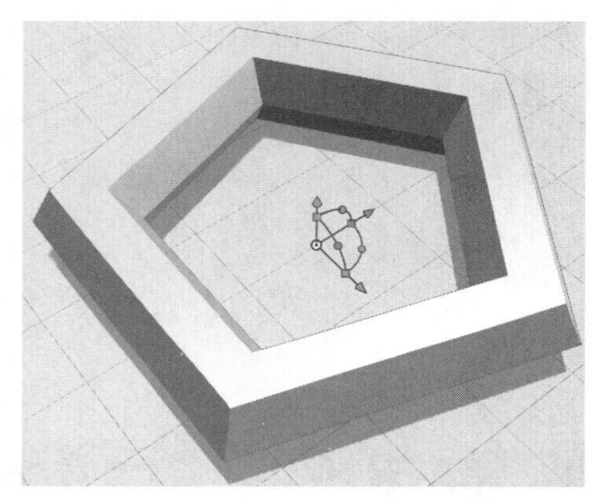

图 8-14（a）　　图 8-14（b）

❽ 在【切片】下，拖动【角度】滑块，修改值为 238°，如图 8-15（a）所示，修改后的效果如图 8-15（b）所示。圆锥体、圆柱体都支持切片操作，但遗憾的是，立方体、球体不支持切片操作。

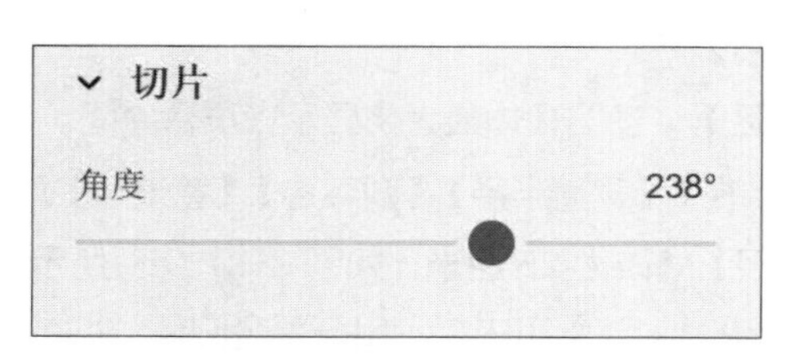

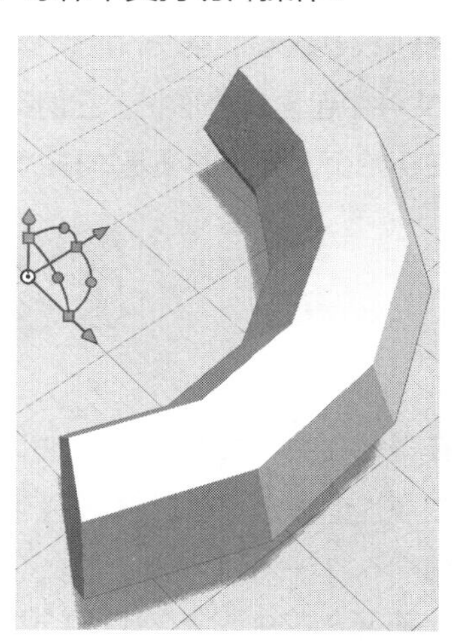

图 8-15（a）　　图 8-15（b）

❾ 多花些时间，试一试修改圆环体的其他参数。尝试自己创建当前画布中已有的那些形状，如图 8-16 所示。如果创建不出来，可以先选择形状，然后在属性面板中查看它的参数是如何设置的。

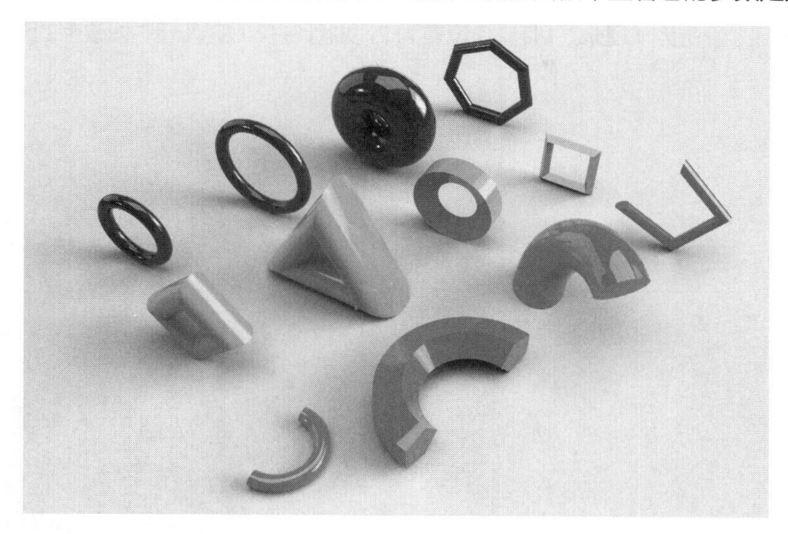

图 8-16

8.5 使用【圆锥体】创建不同形状

在 Dimension 中，使用圆锥体可以创建出大量有用且有趣的形状，我们可以分别调整圆锥体的顶部与底部半径，以及顶部与底部的斜面。

❶ 在菜单栏中，依次选择【文件】>【打开】。

❷ 转到 Lessons >Lesson08 文件夹下，选择 Lesson_08_cone.dn 文件，单击【打开】按钮。这个文件中包含几个形状，它们都是通过修改圆锥体的参数创建出来的。

❸ 在初始资源面板的【基本形状】下，单击【圆锥体】。

❹ 在菜单栏中，依次选择【相机】>【构建选区】，使圆锥体最大化显示在屏幕中间。

❺ 在属性面板中，在【圆锥体】下，有【顶半径】【底半径】【高度】【边】几个参数，还有控制斜面与切片的选项。把【边】设置为 4，如图 8-17（a）所示，会得到四棱锥，如图 8-17（b）所示。

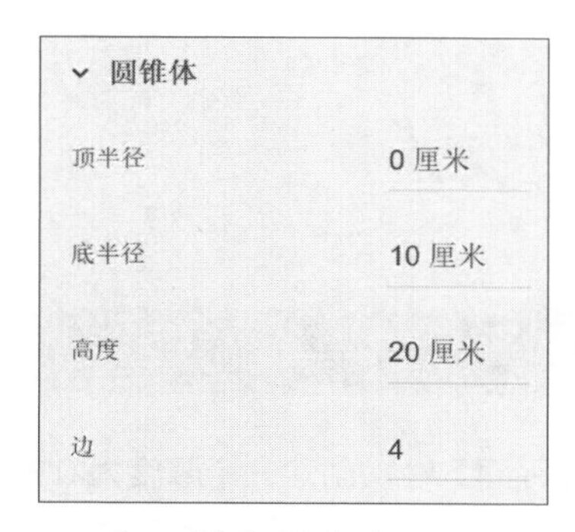

图 8-17（a）

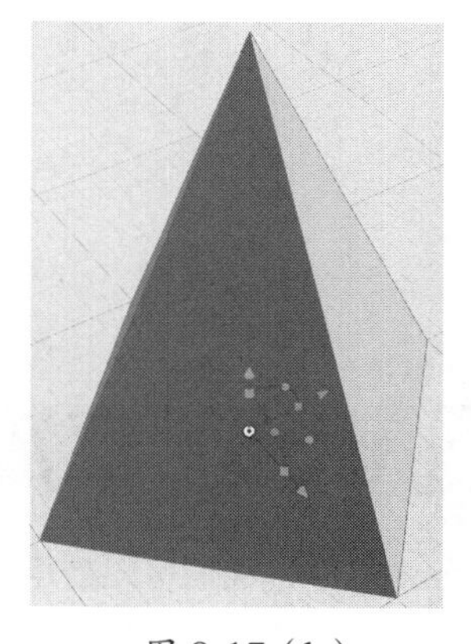

图 8-17（b）

❻ 把【顶半径】设置为 5 厘米，此时，四棱锥尖顶变成一个四边形。

❼ 开启【斜面】，把【顶半径】设置为 14 厘米。

❽ 把【底半径】设置为 4 厘米，【底边】设置为 2，如图 8-18（a）所示。修改后的效果如图 8-18（b）所示。

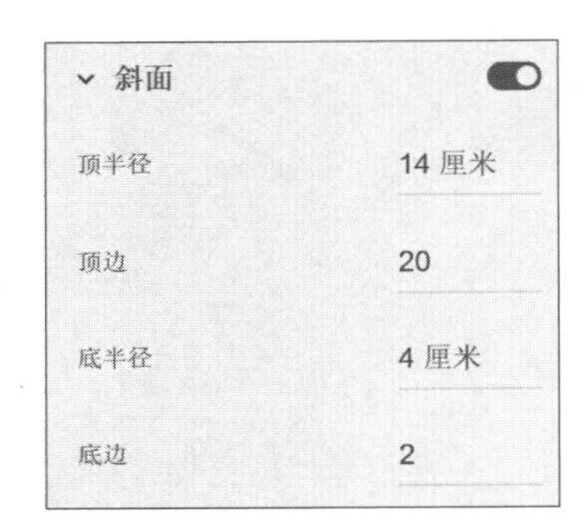

图 8-18（a）

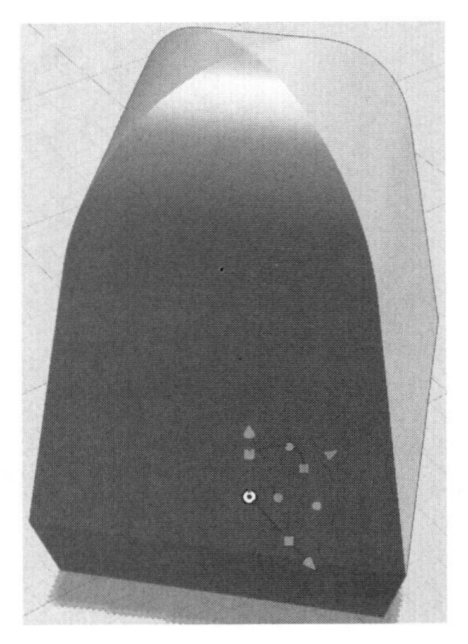

图 8-18（b）

❾ 尝试修改其他参数，看看能得到什么形状，如图 8-19 所示。

图 8-19

8.6 使用【平面】创建不同形状

在 Dimension 中，我们可以使用【基本形状】中的【平面】轻松创建一个厚度为 0 的平面形状。当需要在设计中创建墙面、地面，以及其他平面形状时，【平面】将是非常合适的选择。

> 💡 **提示** 平面形状厚度为 0，当把一个平面放到地平面上，并向其应用材质或颜色时，这些平面形状看上去会非常奇怪，因为它们有一部分下沉到了地平面之下。为了使平面形状正常显示，应该把平面略微往上（沿 Y 轴方向）移动，使其位于地平面之上。

❶ 在菜单栏中，依次选择【文件】>【打开】。

❷ 转到 Lessons >Lesson08 文件夹下，选择 Lesson_08_plane.dn 文件，单击【打开】按钮。这个文件中包含几个形状，它们都是通过修改平面的各个参数创建出来的。

❸ 在初始资源面板的【基本形状】下，单击【平面】。

❹ 在菜单栏中，依次选择【相机】>【构建选区】，使平面最大化显示在屏幕中间。

❺ 在属性面板的【平面】下，有【长度】【宽度】【角半径】【曲边】几个参数。尝试修改这些参数，了解这些参数对平面形状有什么影响，如图 8-20 所示。

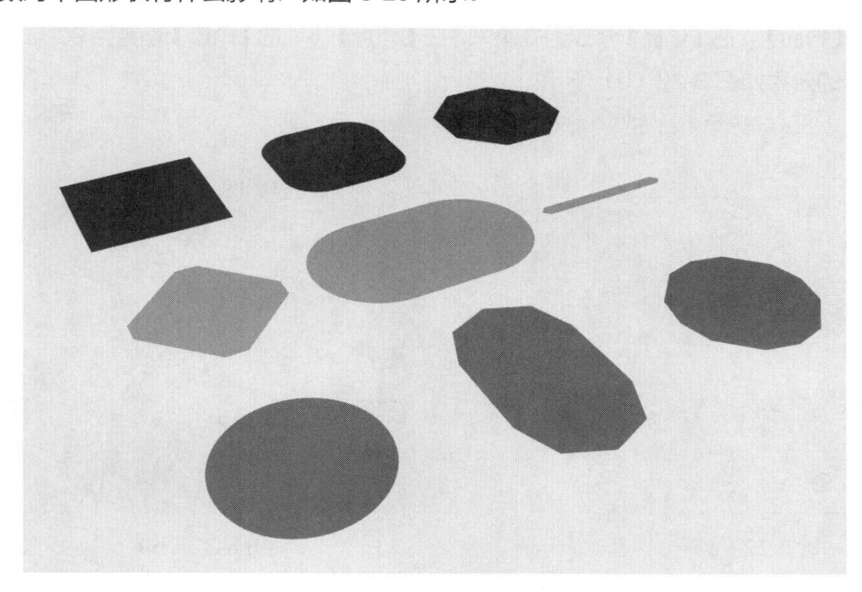

图 8-20

8.7 使用【圆柱体】创建不同形状

在Dimension中，圆柱体的可塑性非常强，使用它能够创建出多种形状。圆柱体的参数有半径、高度、边、斜面半径、斜面边、切片角度。

❶ 在菜单栏中，依次选择【文件】>【打开】。

❷ 转到 Lessons >Lesson08 文件夹下，选择 Lesson_08_cylinder.dn 文件，单击【打开】按钮。这个文件中包含几个形状，它们都是通过修改圆柱体的各个参数创建出来的。

❸ 在初始资源面板的【基本形状】下，单击【圆柱体】。

❹ 在菜单栏中，依次选择【相机】>【构建选区】，使圆柱体最大化显示在屏幕中间。

❺ 在属性面板的【圆柱体】下，把【高度】修改为 5 厘米。

❻ 把【边】修改为 8，如图 8-21（a）所示。修改后的效果如图 8-21（b）所示。

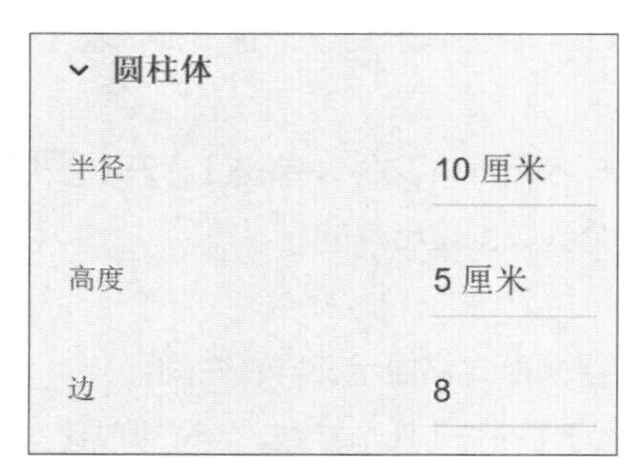

图 8-21（a）

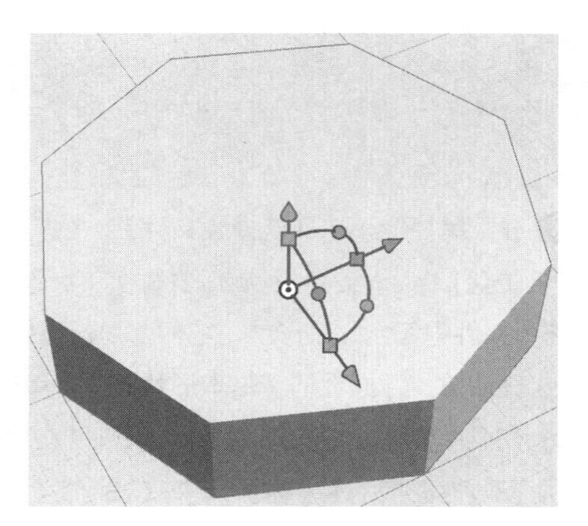

图 8-21（b）

❼ 开启【斜面】，把【半径】修改为 3 厘米。在【切片】下，把【角度】设置为 90°，如图 8-22（a）所示。修改后的效果如图 8-22（b）所示。

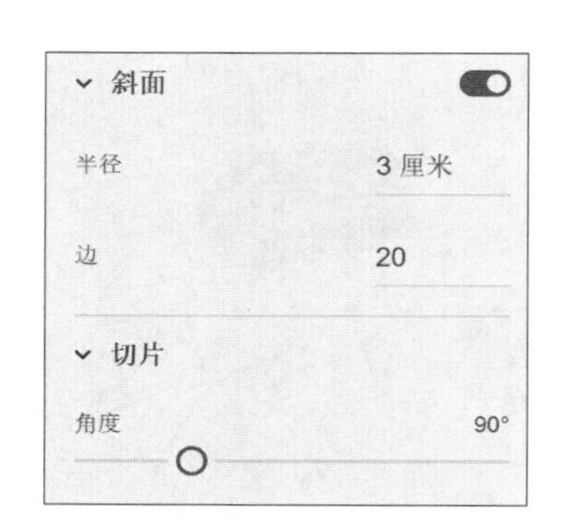

图 8-22（a）

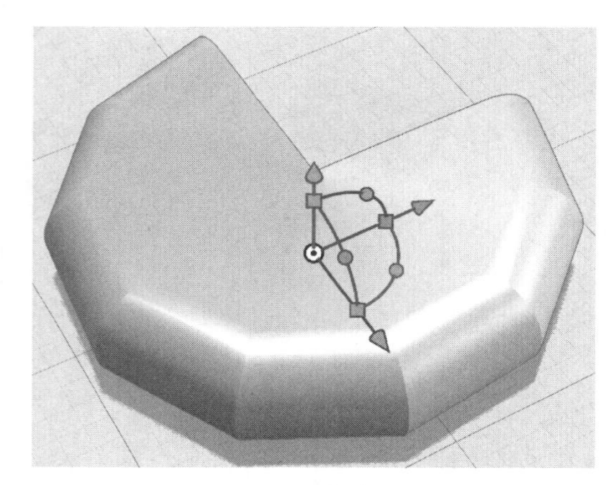

图 8-22（b）

❽ 尝试修改其他参数，看看能创建出什么形状，如图 8-23 所示。

图 8-23

8.8 基本形状的局限性

前面讲过，在 Dimension 中，使用基本形状能够创建出大量形状。但基本形状本身也有一些局限性，以下操作无法在基本形状上实现。

- 把一个图形贴到基本形状上。
- 使用魔棒工具选择基本形状的一个面。
- 删除或移除基本形状的一部分。

如果确实需要对基本形状做上面这些操作，请先把基本形状转换成标准模型。具体做法是：选择要转换的基本形状，在操作面板中单击【转换为标准模型】按钮（见图 8-24），或者在菜单栏中依次选择【对象】>【转换为标准模型】。

图 8-24

其他建模限制

在 Dimension 中创建特定形状的模型时还有一些其他限制，这些限制增加了建模的难度。

- 一般不能切割模型，也不能把模型分成几部分，例如，不能使用球体来创建半球体。但是圆环体、圆锥体、圆柱体模型除外，用户可以使用它们的【切片】下的【角度】参数做切片操作。
- 在 Dimension 中，我们不能在形状上开洞，也不能在一个形状中减去另一个形状。

8.9 使用标准模型创建简单形状

当需要创建一个简单的几何形状时，其实不需要使用基本形状，Dimension 的初始资源面板提供了一些简单的几何模型，用户可以在【模型】类别下找到它们，如图 8-25 所示。

- 空心球体、空心立方体、空心圆锥体。
- 三棱镜。
- 胶囊。
- 圆盘。
- 圆角扁平立方体。
- 四面体、角锥体、八面体、二十面体、十二面体、截角二十面体。
- 水晶体。
- 水滴。
- 圆管与半管道。
- 星形。

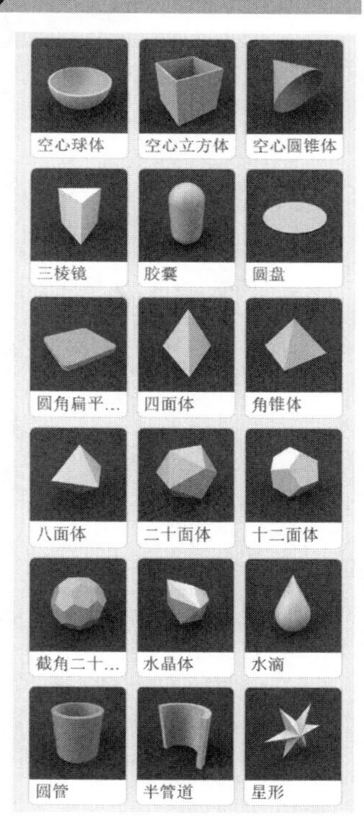

图 8-25

8.10 综合练习

前面我们学习了如何使用基本形状创建不同的形状，下面进行综合练习，尝试创建一些模型。其实，这些模型已经事先为大家制作好了，可以在 Lessons > Lesson08 文件夹下找到包含这些模型的 .dn 文件。建议大家先在Dimension中使用基本形状尝试制作，如果实在做不出来，再打开相应的.dn文件参考。

8.10.1 制作淋浴头

参考文件为 Lesson_08_showerhead.dn，如图 8-26 和图 8-27 所示。

图 8-26

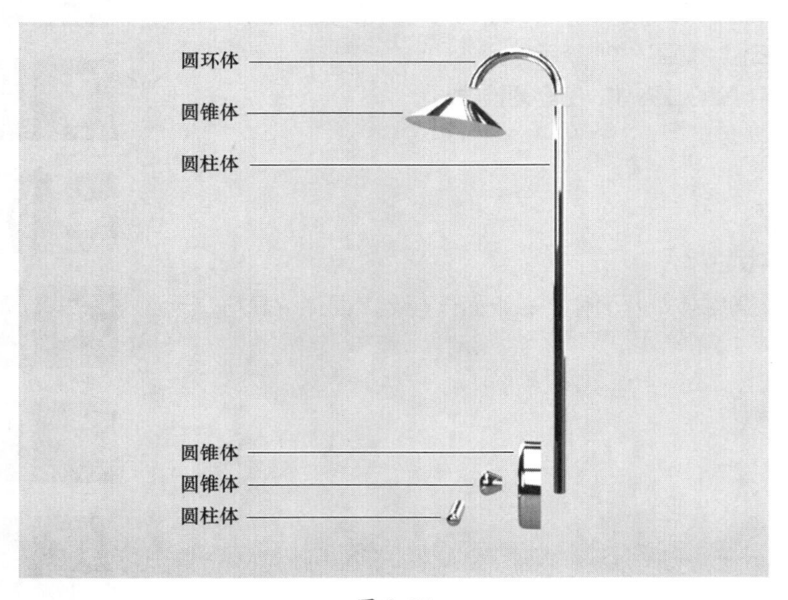

图 8-27

8.10.2 制作国际象棋棋子

参考文件为 Lesson_08_chess.dn，如图 8-28 和图 8-29 所示。

图 8-28

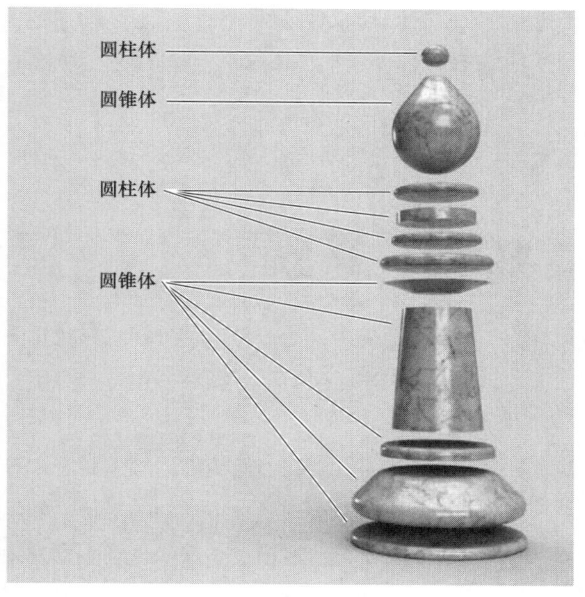

图 8-29

8.10.3 制作自然景观

参考文件为 Lesson_08_nature.dn，如图 8-30 所示。

图 8-30

- 云朵由多个扁平半圆形组成，每一个扁平半圆形都是用圆锥体创建的。
- 彩虹由三个圆环体制作而成，每一个都沿着 Z 轴方向做了缩放压平操作。
- 树冠由圆锥体制作而成，树干由圆柱体制作而成。
- 岛屿由一个压平了的球体制作而成。

8.11 复习题

1. 比较常用的基本形状有哪些？
2. 使用什么基本形状可以轻松地创建出四棱锥？
3. 使用基本形状可以创建一个空心的形状吗？
4. 可以把一个图形贴到基本形状上吗？

8.12 答案

1. 对大多数人来说，比较常用到的基本形状是圆锥体和圆环体。圆锥体可以创建出圆柱体等，可以指定其顶部与底部半径。圆环体也特别有用，因为可以指定其边数，还可以在某个角度上对其进行切片操作。
2. 使用圆锥体可以创建出四棱锥，只需要把边数设置成 4 就行了。
3. 使用基本形状无法创建一个空心的形状。使用它们创建出的形状一定是实心的。如果需要创建一个空心的形状，可以用空心球体、空心立方体、空心圆锥体、圆管等标准模型。
4. 无法把一个图形贴到一个基本形状上。选择【对象】>【转换为标准模型】，把基本形状转换成标准模型之后，才能把图形贴到基本形状上。

第 9 课

创建 3D 文字

课程概览

本课，我们学习创建 3D 文字的方法，涉及如下内容。

- 如何使用【基本形状】下的【文本】
- 如何指定字体、间距、对齐等属性
- 如何使用【斜面】属性创建多种文字效果
- 如何在地平面上准确放置文字
- 如何向文字各个面应用不同材质

学习本课大约需要 45 分钟

借助【基本形状】下的【文本】，可以把任意字体的文字挤压成 3D 文字，从而轻松创建出具有不同风格的 3D 文字。

9.1 文本

上一课我们学习了立方体、球体、圆环体等基本形状，本课我们将学习另一种基本形状——文本。使用文本模型，我们可以输入任意文本，为其指定字体等属性，然后将其挤压成 3D 文字。再结合斜面属性，我们可以轻松创建出大量具有不同风格的 3D 文字。这些 3D 文字在制作标志、导向标识、纪念碑等时非常有用。

9.2 创建文本

在 Dimension 中创建文本的过程与在 Illustrator、Photoshop、InDesign 等软件中创建文本的过程有一些不同。

❶ 在 Lessons >Lesson09 文件夹中，找到 Lesson_09_begin.dn 文件，将其打开。

> 注意 为确保用户看到的软件界面与书中截图一致，请在学习之前重置首选项，重置方法请阅读前言中“恢复默认首选项”部分的内容。

❷ 在工具面板顶部，单击【添加和导入内容】图标（⊕）。

❸ 选择【初始资源】。

❹ 在【基本形状】下，单击【文本】。此时，在画布中出现“滚滚长江东逝水”文本，字体与大小是默认的。请注意，此时文本的挤压量很小，稍后会调整。

❺ 在菜单栏中，依次选择【相机】>【构建选区】，最大化显示全部文本，如图 9-1 所示。

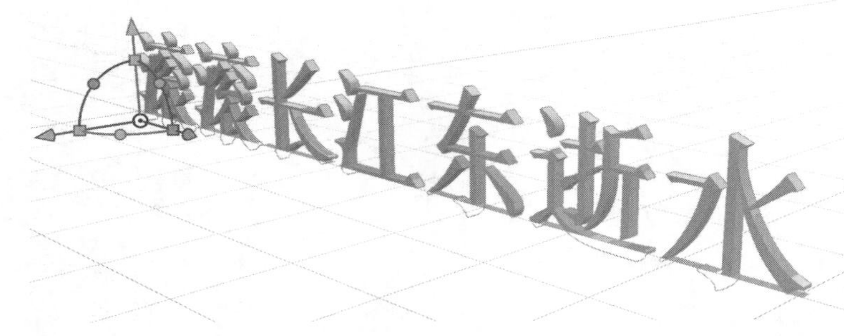

图 9-1

9.3 编辑文本

在这里，“滚滚长江东逝水”只是用来占位的，我们需要把它替换成自己的文本。

❶ 在属性面板的【文本】下，有一个文本输入框，里面显示的文本是“滚滚长江东逝水”。选中“滚滚长江东逝水”，输入“Acme”，按 Return 或 Enter 键，然后输入“Corp”。

> 注意 Dimension 中有一些单字母、数字快捷键，如 V 是选择工具、1 是环绕工具等。当把光标定位到文本输入框中时，这些单字母、数字快捷键会自动失效，按这些单字母、数字快捷键只会输入相应的字符。

❷ 按 Esc 键，退出文本输入框。

❸ 在菜单栏中，依次选择【相机】>【构建选区】，最大化显示全部文本，如图 9-2 所示。

图 9-2

❹ 此时，“Acme”位于地平面之上，而“Corp”位于地平面之下。在菜单栏中依次选择【对象】>【移动到地面】，把文本全部放置到地平面之上。

❺ 在菜单栏中，依次选择【相机】>【构建选区】，最大化显示全部文本，如图 9-3 所示。

❻ 尝试一下，在菜单栏中依次选择【对象】>【放置到地面】，看看会发生什么。

图 9-3

❼ 在属性面板的【文本】下，输入“ACME CORP”，两个单词之间要按一下 Return 或 Enter 键换行。与其他软件不一样，Dimension 中没有全部大写这个属性，也没有更改字母大小写的命令。

❽ 按 Esc 键，退出文本输入框。

⑨ 在菜单栏中依次选择【对象】>【放置到地面】，把文本放置到地平面之上。

⑩ 按 F 键，最大化显示全部文本，如图 9-4 所示。

图 9-4

9.4 设置文本属性

目前，Dimension 只支持 6 种 2D 文本属性，包括字体家族、字体样式、字符间距、行距、对齐与字号。

❶ 在菜单栏中，依次选择【相机】>【相机视角】>【前】，从正面观看文本。

❷ 按 F 键，最大化显示全部文本，如图 9-5 所示。

图 9-5

❸ 根据需要，为文本选择字体。这里选的是 Museo Sans Cond 900，如图 9-6 所示。

❹ 把【字符间距】设置为 -20。

❺ 把【行距】设置为 9.3 厘米，如图 9-6 所示，使两行文字彼此接触。【行距】具体设置成多少，要看选的是什么字体。

❻ 把【对齐】方式设置为【居中】。

❼ 按 F 键，最大化显示所有文本。

❽ 把【大小】设置为 15 厘米，如图 9-7 所示，这大约是单个字符的高度。请注意，这里的【大小】与【缩放】下方的【大小】不一样，【缩放】下方的【大小】显示的是整个文本模型的实际尺寸，包括两行文本。

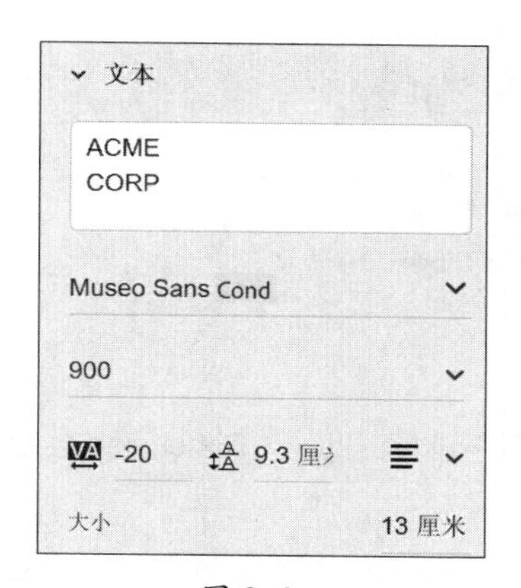

图 9-6

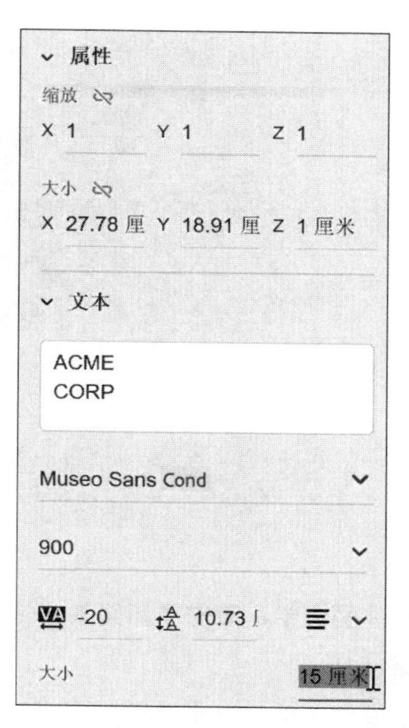

图 9-7

❾ 在菜单栏中，依次选择【对象】>【移动到地面】。

❿ 按 F 键，在屏幕中央最大化显示所有文本，如图 9-8 所示。

图 9-8

9.5 使用【斜面】加点创意

在 3D 空间中挤压好 3D 文本后，再调整【斜面】中的各个选项，为文本加点创意。

❶ 在菜单栏中，依次选择【相机】>【相机视角】>【右前】，这样能够看到文本的挤压深度。

❷ 在属性面板的【文本】下，把【深度】设置为 7 厘米。

❸ 按 F 键，在屏幕中央最大化显示所有文本，如图 9-9 所示。

图 9-9

❹ 在属性面板中，单击【斜面】右侧的开关，激活其下选项。此时，Dimension 会把默认斜面效果应用到文本上。

❺ 单击推拉工具（键盘快捷键：3），沿着屏幕向上拖动，使相机靠近场景，以便更清楚地看到斜面效果，如图 9-10 所示。

图 9-10

❻ 尝试调整不同的选项，包括斜面类型、宽度、角度等。

❼ 调整【重复】与【间距】属性，叠加多个斜面，并调整它们之间的间距。

❽ 用户可以根据自身需要，设置合适的斜面效果。这里，我们在斜面类型中选择【经典】，把【宽度】调整比例设置为 10%，【角度】调整比例设置为 45%，如图 9-11 所示。

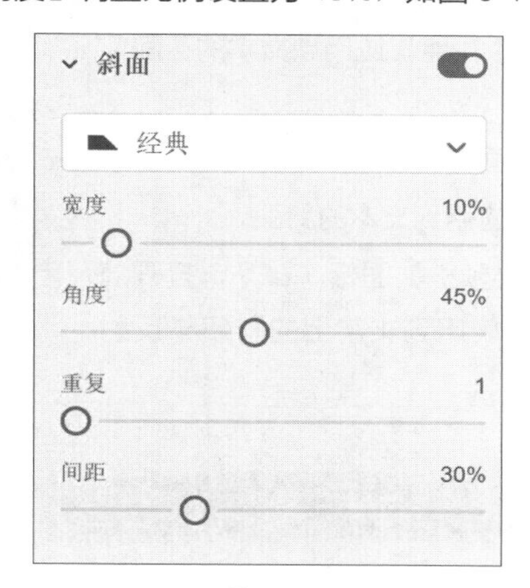

图 9-11

9.6　向文本应用材质

与其他模型一样，我们可以向文本应用材质，甚至还可以为文本的不同面指定不同的材质。

❶ 按 F 键，在屏幕中央最大化显示所有文本。

❷ 单击选择工具，双击画布中的文字模型。

在场景面板的材质列表中，可以看到应用到各个面上的材质，包括侧边、正面、斜面、后部。我们可以分别更改每个面的材质。

❸ 在材质列表中单击【侧边】，如图 9-12 所示。

❹ 在初始资源面板的搜索框中，输入“铝”。

❺ 在搜索结果中单击【拉丝铝片】，将其应用到文本的侧边，如图 9-13 所示。

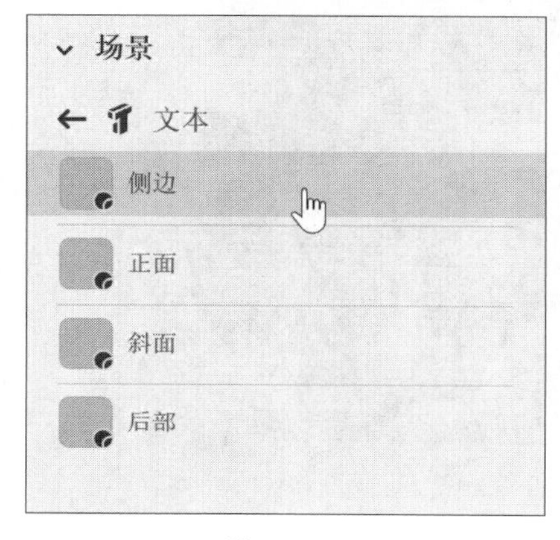

图 9-12

图 9-13

❻ 在材质列表中，单击【后部】。

❼ 再次单击【拉丝铝片】，将其应用到文字的后部。

❽ 在材质列表中，单击【正面】。

❾ 在初始资源面板的搜索框中，输入“金属”。

❿ 在搜索结果中单击【金属】，将其应用到文字的正面，如图 9-14 所示。

⓫ 在材质列表中，单击【斜面】。

⓬ 再次单击【金属】，将其应用到文本的斜面。

⓭ 单击画布右上角的【渲染预览】图标（ ），打开渲染预览，这样可以更清楚地看到应用到文字上的材质与反射效果。

图 9-14

9.7 把文本转换成标准模型

出于多种原因，我们常常需要把文本（基本形状）转换成标准模型。这里，我们需要把文本间距调得更近一些，为此必须先把文本转换成标准模型。

注意 另一种在场景中使用文本的办法是使用资源网站中已经制作好的字符模型。进入 Adobe Stock 网站，在搜索框中输入需要使用的字符（包括数字），在搜索结果中会显示大量免费的字符模型（A ~ Z、0 ~ 9）。

❶ 按 Esc 键，退出材质面板，返回模型列表。

❷ 在菜单栏中依次选择【相机】>【相机视角】>【前】，从正面观看文字。

❸ 按 F 键，在屏幕中央最大化显示所有文本，如图 9-15 所示。

图 9-15

❹ 在菜单栏中，依次选择【对象】>【转换为标准模型】（使用该命令必须先选中文本模型）。

❺ 在场景面板中，可以看到文本模型变成了一个分组，里面包含每个字母的标准模型。

❻ 单击【字形 1】，选中场景中的字母“A”，如图 9-16 所示。

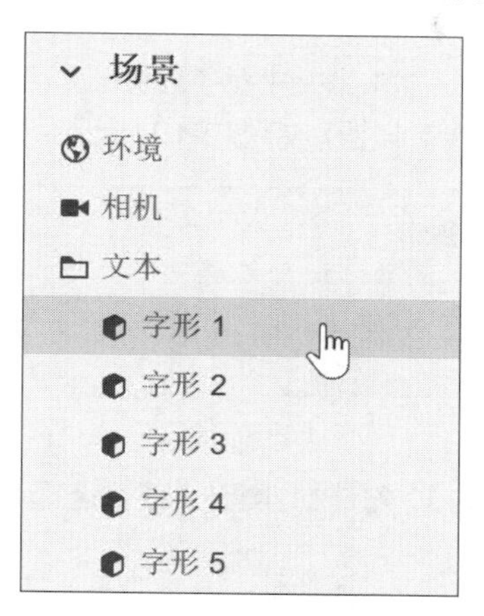

图 9-16

❼ 向右略微拖动红色箭头，使字母“A”更靠近字母“C”一些，如图 9-17 所示。

图 9-17

9.8 把 3D 文字合成到真实场景中

接下来，我们把制作好的 3D 文字合成到真实场景中。

❶ 在场景面板中，单击【环境】。

❷ 在属性面板中勾选【背景】，把背景图片在画布中显示出来，如图 9-18 所示。

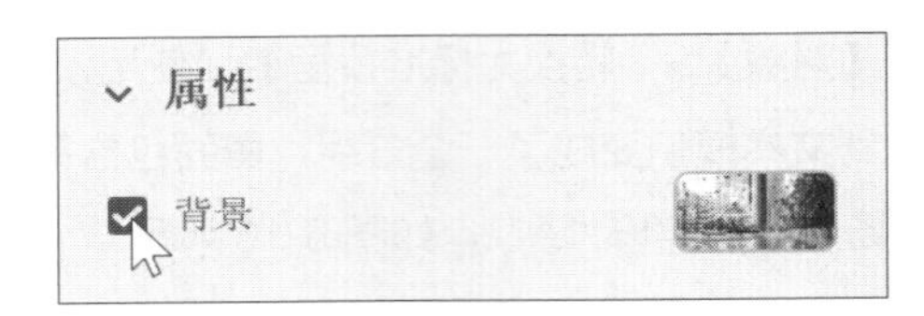

图 9-18

❸ 在操作面板中单击【匹配图像】按钮，如图 9-19 所示。

图 9-19

❹ 取消勾选【将画布大小调整为】，勾选【创建光线】并选择【户外日光】，勾选【匹配相机透视】，单击【确定】按钮，如图 9-20 所示。

图 9-20

❺ 根据需要，使用选择工具及其控件调整 3D 文字在大厅中的位置，如图 9-21 所示。

图 9-21

9.9 使用 dingbat 字体

Dimension 只允许挤压文本，其他形状不能进行挤压。如果确实需要挤压一些不常见的形状，可以尝试在 dingbat 或 pi 字体的字符集中找到所需要的形状，然后再进行挤压。

❶ 在Lessons> Lesson09 文件夹中，找到Lesson_09_dingbats.dn 文件，将其打开，如图 9-22 所示。

图 9-22

❷ 观察场景中的各种模型。这些模型都是从 dingbat 字体的字符集中选择并经过挤压得到的。

❸ 在【基本形状】中，单击【文本】。从计算机系统中，选择一种安装好的 dingbat 字体，然后输入所需要的文字。

❹ 尝试调整文字的深度、斜面等属性，以及为文字应用不同的材质。

9.10 复习题

❶ 指定文本大小有哪两种方法？

❷ 在一个大尺寸的文本模型中，调整两个相邻字符的间距时，首先必须做什么？

❸ 在 Dimension 中，怎么挤压文本之外的形状？

9.11 答案

❶ 为文本指定大小的方法有两种：一是，在属性面板中的【文本】下，在【大小】中输入数值，这样指定的是单个文本字符的高度；二是，在属性面板【缩放】下方的【大小】中，输入 X、Y、Z 值，指定整个文本模型的尺寸。

❷ 在一个大尺寸的文本模型中，若要调整两个字符之间的间距，必须先选中该模型并在菜单栏中选择【对象】>【转换为标准模型】。这样文本模型中的每个字符都会变成一个独立的模型，可以分别调整它们的位置。

❸ Dimension 不允许挤压除文本之外的形状。如果确实需要这样做，可以尝试使用 dingbat 或 pi 字体的字符集。例如，虽然在 Dimension 中我们不能直接挤压一个箭头，但是我们可以先从 dingbat 或 pi 字体的字符集中找到一个箭头，然后再挤压它。

第 10 课

选择对象与表面

课程概览

本课，我们将学习如何在画布中选择对象与表面，涉及如下内容。

- 使用选择工具选择画布中对象的两种方法
- 使用工具选项改变选择工具的行为
- 如何只选择一个编组中的特定模型
- 如何快速对齐与排布多个模型
- 如何准确选择模型的特定面
- 如何把一个模型拆分成多个子模型

学习本课大约需要 45 分钟

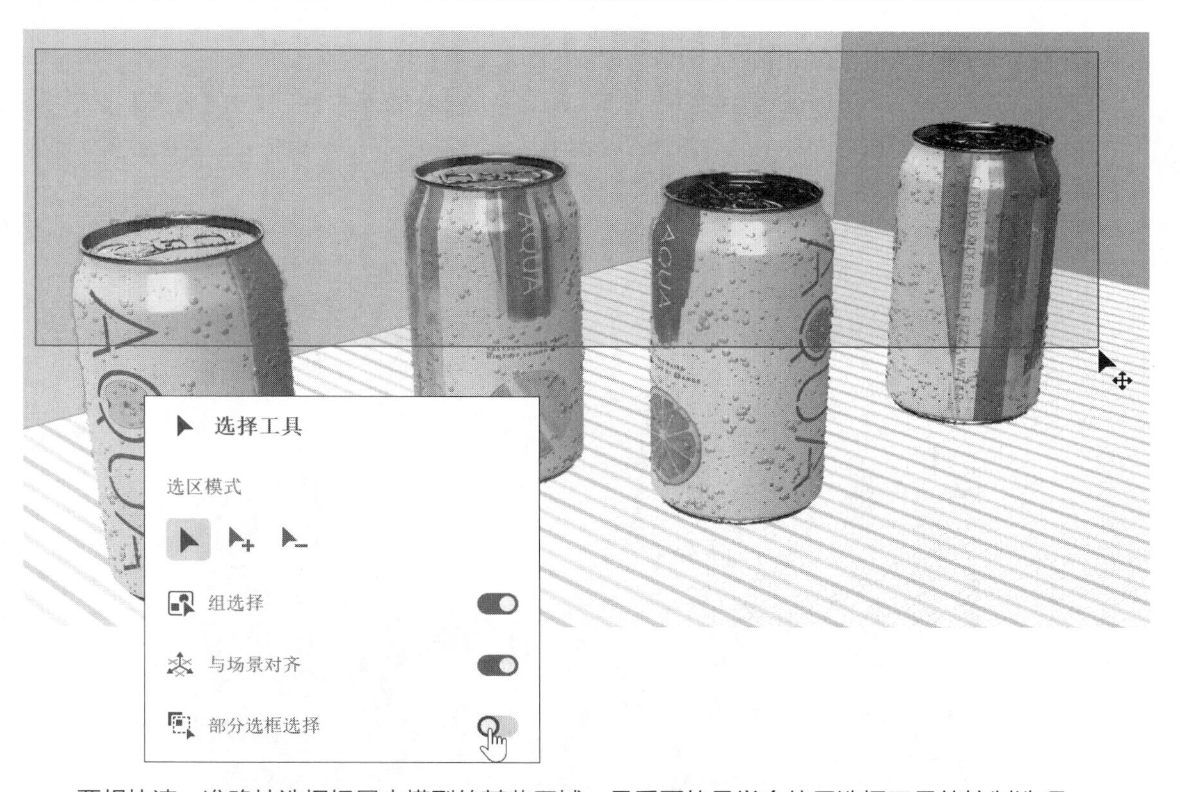

要想快速、准确地选择场景中模型的某些区域，最重要的是学会使用选择工具的控制选项。

10.1 使用选择工具选择对象

前面课程中，常用选择模型的方法是在场景面板中单击模型或编组的名称。这种方法有 3 个明显的优点。第一，选择准确。使用这种选择方法，可以准确地选中要选的模型，不会出现多选的问题。第二，帮助用户把注意力集中到场景面板上，这有助于了解模型是怎么编组的、有哪些模型处于锁定状态，以及有哪些模型处于隐藏状态。这在制作复杂项目时特别有用，因为制作过程中需要经常看场景面板。第三，不管当前选择的是什么工具，都可以在场景面板中选择模型或编组。例如，在选择环绕工具的情形下，仍然可以在场景面板中选择指定的模型或编组。

尽管如此，有时直接在画布中选择模型或编组会更快、更方便。为此，可以使用选择工具。但若想用好选择工具，需要详细了解一下选择工具。

注意 为确保用户看到的软件界面与书中截图一致，请在学习之前重置首选项，重置方法请阅读前言中“恢复默认首选项”部分的内容。

10.1.1 单击选择多个对象

使用选择工具选择画布中的对象时，调整控制选项会得到不同的选择效果。

❶ 在菜单栏中，依次选择【文件】>【打开】。

❷ 转到 Lessons > Lesson10 文件夹下，选择 Lesson_10_begin.dn 文件，单击【打开】按钮。

在场景面板中，可以看到整个场景包含 5 个编组（4 个易拉罐、一个桌子）、一根香蕉、地板和两面墙，如图 10-1 所示。

图 10-1

❸ 在场景面板中，把鼠标指针移动到【Table】编组上，单击锁头图标（ ）将其锁定，防止在后续操作中意外选中桌子。

❹ 单击【相机书签】图标（ ），单击“Four cans”书签，放大易拉罐模型。

❺ 单击选择工具（键盘快捷键：V）。

❻ 单击最左侧的易拉罐，将其选中。此时，该易拉罐上出现选择工具控件，表示当前其处于选中状态，如图 10-2 所示。同时，在场景面板中，【Apple can】编组也处于高亮状态。

图 10-2

❼ 在工具面板中，使用鼠标右键单击选择工具，打开控制选项面板。在【选区模式】下单击【添加到选区】图标（▶₊），如图 10-3 所示。

图 10-3

❽ 在控制选项面板之外单击，将其关闭。

❾ 单击左边第二个易拉罐，将其添加到选区中。此时，选择工具控件移动到两个模型之间，同时两个模型在场景面板中高亮显示。

❿ 单击其他易拉罐，选中所有易拉罐。

⓫ 在工具面板中，使用鼠标右键单击选择工具，打开控制选项面板。在【选区模式】下单击【从选区中减去】图标（▶₋）。

⓬ 在控制选项面板之外单击，将其关闭。

⓭ 单击左边第二个易拉罐，取消选择它。此时，只有 3 个易拉罐处于选中状态，这可以从场景面板中看出来，如图 10-4 所示。

提示 【添加到选区】与【从选区中减去】对应的键盘快捷键都是 Shift 键。在选择工具处于选中的状态下，按住 Shift 键，单击未选中的模型，可以将其添加到现有选区中；按住 Shift 键，单击处于选中状态的模型，可以将其从现有选区中减去。

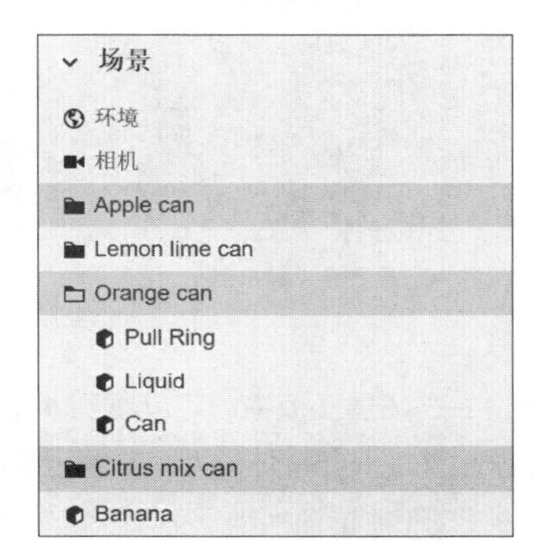

图 10-4

⓮ 把蓝色箭头向左拖动一点，同时移动 3 个易拉罐。请注意，对 3 个易拉罐做移动、选择、缩放等变换操作时，不需要事先把它们编入一个分组中。只要 3 个易拉罐同时处于选中状态，即可同时对它们进行变换操作。

10.1.2 框选多个对象

在一个包含很多对象的复杂场景中，如果只想选择其中几个对象，且这几个对象并非紧挨着，此时使用选择工具做选择时，最好把【添加到选区】选项打开。但是，如果待选的几个对象靠在一起，中间没有其他对象，那么使用框选方式选择会更加便捷。

❶ 在菜单栏中，依次选择【选择】>【取消全选】，取消选中所有易拉罐。

❷ 在工具面板中，使用鼠标右键单击选择工具，打开控制选项面板。在【选区模式】下，单击【新建选区】图标（▶）。

此时，选择工具进入新建选区模式，每单击一个对象，Dimension 就会新建一个选区，而非将其添加到现有选区中或从现有选区中减去。通常，在开启了【添加到选区】或【从选区中减去】选项后，用完会忘记关闭这些选项，这会导致在使用选择工具时得不到想要的结果。

注意 工具面板中的许多工具都有控制选项，这些控制选项会在 Dimension 整个运行期间起作用。例如，双击选择工具，把【选区模式】更改为【添加到选区】后，该模式不仅会在当前文件中起作用，在处理其他文件时也会起作用。直到退出 Dimension，各个工具的控制选项才会恢复到默认状态。

❸ 在控制选项面板之外单击，将其关闭。

❹ 把鼠标指针放到最左侧易拉罐的左上方，按下鼠标左键，向右下方拖动，使矩形选框框住 4 个易拉罐的顶部，如图 10-5 所示。

图 10-5

在场景面板中，可以看到 4 个易拉罐都被选中了。做框选时，并不需要把整个模型（或编组）都框起来，只要框住模型（或编组）的一部分即可将其选中。

❺ 在菜单栏中，依次选择【选择】>【取消全选】，取消选择易拉罐。

❻ 单击【相机书签】图标（📷），单击“Banana”书签，更改场景视图。

❼ 在工具面板中，使用鼠标右键单击选择工具，单击【部分选框选择】右侧的开关，将其关闭，如图 10-6 所示。

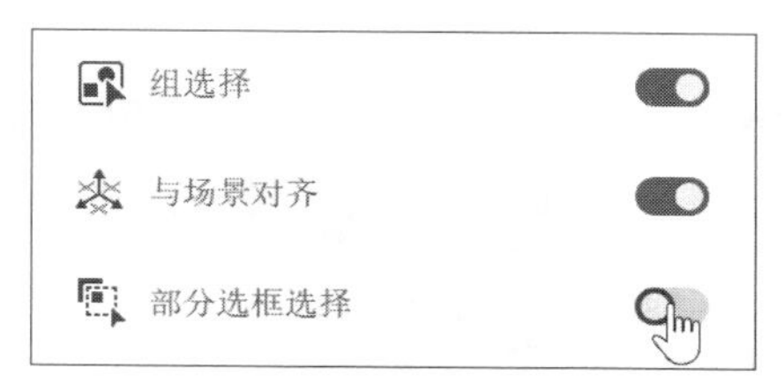

图 10-6

在【部分选框选择】选项处于关闭的状态下，做框选时，矩形选框完全框住模型才能将其选中。

❽ 在控制选项面板之外单击，将其关闭。

> **注意** 当前【部分选框选择】选项的状态（关闭或开启），可以通过矩形选框有无淡蓝色背景来做判断。若矩形选框带淡蓝色背景，则表示【部分选框选择】选项处于开启状态；若无淡蓝色背景，则表示其处于关闭状态。

❾ 框选香蕉模型，使矩形选框只框住香蕉模型的一部分，如图 10-7 所示。

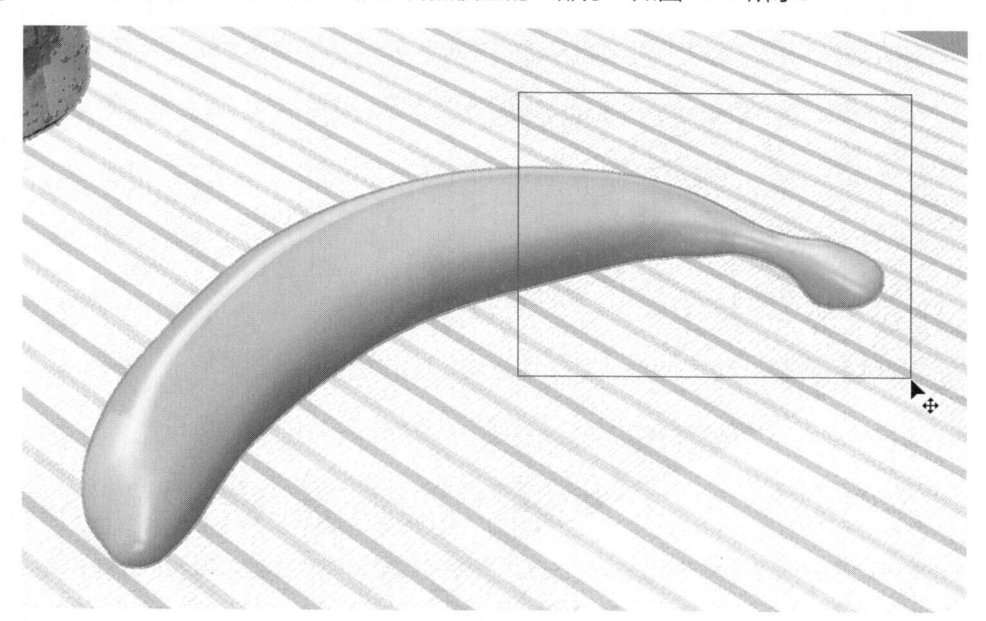

图 10-7

此时，香蕉模型未被选中，因为矩形选框并未把整个模型框住。

> **提示** 按住鼠标左键进行框选时，按住 Option 或 Alt 键，可以暂时改变【部分选框选择】选项的状态。若当前【部分选框选择】选项处于打开状态，则按住 Option 或 Alt 键将使其变为关闭状态。

❿ 框选香蕉模型，使矩形选框完全框住它。请注意：框选时，必须把整个香蕉模型框在矩形选框内，操作过程中，即使矩形选框意外“碰”到了附近的易拉罐，也不会将易拉罐一同选中。

此时，香蕉模型被选中了，如图 10-8 所示。

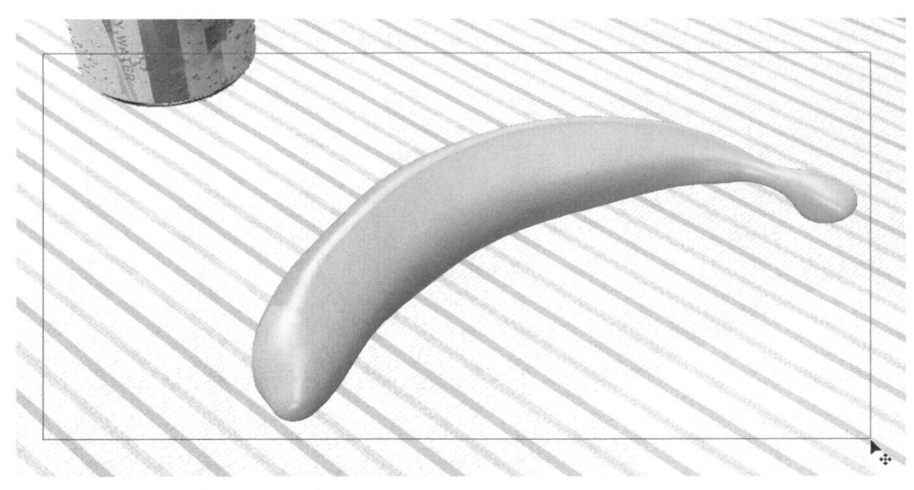

图 10-8

选中香蕉模型后，观察移动控件上的箭头方向，会发现它们并未与场景中的 X 轴、Y 轴、Z 轴的方向保持一致，如图 10-9 所示。这是因为我们把香蕉模型加入场景中后，对它进行了旋转。

⑪ 为使香蕉模型沿着桌面移动，在菜单栏中，依次选择【对象】>【与场景对齐】。此时，移动控件上的箭头方向就与场景中的 X、Y、Z 坐标轴的方向保持一致了，如图 10-10 所示。

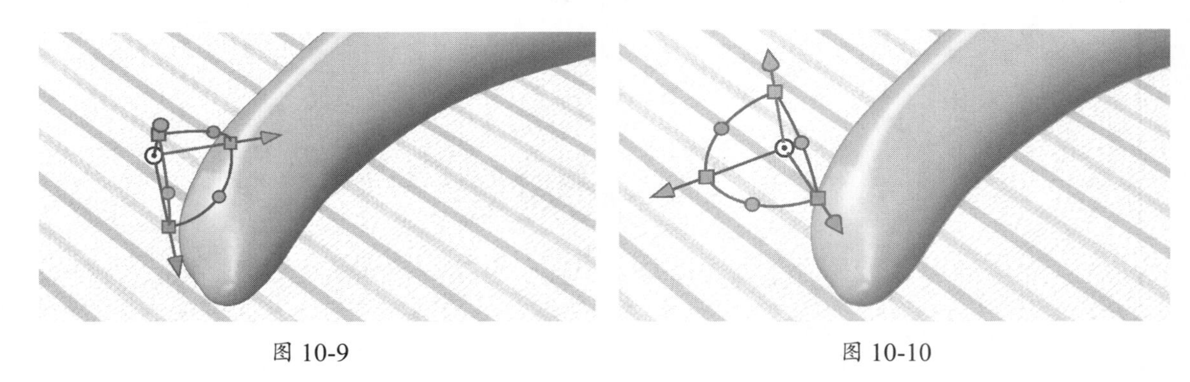

图 10-9　　图 10-10

⑫ 把鼠标指针移动到香蕉模型上，按住鼠标左键，沿着桌面拖移香蕉模型。

拖移对象操作可确保对象只沿着 X 轴、Z 轴移动，即移动对象时，确保对象不会向上或向下移动。

可以选择开启或关闭【部分选框选择】选项。建议开启它，这样选择工具的行为就与 Illustrator 和 InDesign 中的选择工具的行为更像了。如果关闭了这个选项，就应该关注它是怎么与【组选择】功能进行互动的。

⑬ 放大易拉罐。单击相机书签图标（），在书签面板中单击“Four cans”书签。

⑭ 在【部分选框选择】选项处于关闭的状态下，框选某个易拉罐的中间部位。释放鼠标左键后，易拉罐不会被选中，如图 10-11 所示。这在意料之中，因为【部分选框选择】选项处于关闭状态时，矩形选框必须框住整个模型，才能将其选中。

⑮ 框选某个易拉罐的顶部，释放鼠标左键后，会发现整个易拉罐被选中了，如图 10-12 所示。这是怎么回事？矩形选框只框住了易拉罐的顶部，并未把整个易拉罐框住，为什么整个易拉罐被选中了呢？

图 10-11

图 10-12

仔细观察场景面板，会发现每个易拉罐都是一个编组，都由 Pull Ring、Liquid、Can 这 3 个模型组成。框选时，当矩形选框框住易拉罐顶部时，Pull Ring 模型完全处于在矩形选区中，即 Pull Ring 模型被选中。此时，又由于选择工具中的【组选择】选项处于开启状态，因此当 Pull Ring 模型被选中后，其所在的整个模型编组也会被选中。也就是说，当【组选择】选项处于开启状态时，选择编组中的任意一个模型都会使整个编组被选中。下一小节将详细介绍【组选择】选项。

10.1.3 选择编组中的某个模型

一般来说，若一个模型属于某个编组，则在画布中单击这个模型后，整个编组都会被选中。这是因为在默认设置下选择工具的【组选择】选项处于开启状态。若关闭【组选择】选项，会发生什么呢？

❶ 在菜单栏中，依次选择【相机】>【切换到主视图】。

❷ 使用选择工具单击画布中的桌布。此时观察场景面板，会发现整个【Table group】都被选中了，如图 10-13 所示。

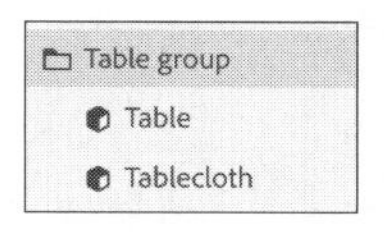

图 10-13

> 注意　在【组选择】选项处于开启的状态下，选择工具是黑色的；而在【组选择】选项处于关闭的状态下，【选择工具】是白色的。

❸ 在菜单栏中，依次选择【对象】>【锁定 / 解锁】，解锁【Table group】。

❹ 在菜单栏中，依次选择【选择】>【取消全选】，取消选中模型编组。

❺ 在工具面板中，使用鼠标右键单击选择工具，在控制选项面板中关闭【组选择】选项，如图 10-14 所示。

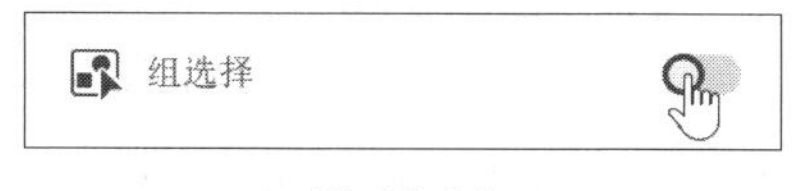

图 10-14

❻ 在控制选项面板之外单击，将其关闭。

❼ 单击画布中的桌布。

此时，仅有【Tablecloth】模型被选中，这可以从场景面板中看到，如图 10-15 所示。

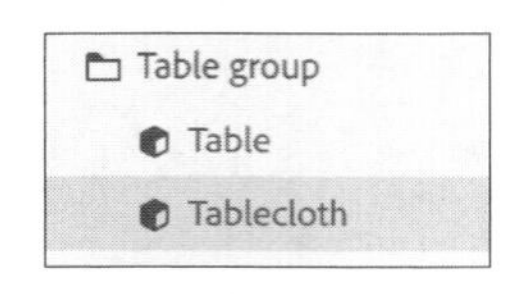

图 10-15

❽ 在菜单栏中，依次选择【选择】>【取消全选】，取消选中模型。

❾ 在工具面板中，使用鼠标右键单击选择工具，在控制选项面板中开启【组选择】选项。

❿ 在控制选项面板之外单击，将其关闭。

⓫ 按住 Command 键（macOS）或 Ctrl 键（Windows），单击画布中的桌布。此时，选中的只有【Tablecloth】模型，而非【Table group】编组。也就是说，按住 Command 键或 Ctrl 键可以暂时关闭【组选择】选项。

⓬ 按 Esc 键，整个【Table group】又变成选中状态。当编组中的一个模型处于选中状态时，按 Esc 键会选中该模型所在的整个编组。

⓭ 在菜单栏中，依次选择【对象】>【锁定 / 解锁】，将【Table group】锁定。

⓮ 在菜单栏中，依次选择【选择】>【全选】，选中所有模型。

Illustrator 与 InDesign 用户如何设置选择工具选项

对于 Illustrator 与 InDesign 用户，建议在 Dimension 中对选择工具做如下设置，这样可以使其与 Illustrator、InDesign 中的选择工具的行为保持一致。

- 选择模式：新建选区

按住 Shift 键，单击某个未选中的对象，将其添加到当前选区中。按住 Shift 键，单击某个已选中的对象，将其从当前选区中移除。

- 部分选框选择：开启

框选时，按住 Option 键或 Alt 键，把【部分选框选择】选项暂时关闭。

- 组选择：开启

按住 Command 键或 Ctrl 键，单击编组中的某个对象，只会选中单击的对象，而不会选中整个编组。

10.2 对齐模型

许多情况下，用户想精确地对齐模型，或者使模型之间的间隔保持一致。为此，Dimension 提供了非常好用的对齐控件。

❶ 单击【相机书签】图标（），单击“Four cans”书签，把 4 个易拉罐在视图中最大化显示。

❷ 使用任意一种选择方法，把 4 个易拉罐同时选中。例如：按住 Shift 键单击画布中的模型或者在场景面板中单击选择 4 个模型；使用框选工具框选 4 个模型。

❸ 在操作面板中，单击【对齐与分布】图标（），如图 10-16（a）所示。此时，在 4 个易拉罐周围出现对齐与分布控件，如图 10-16（b）所示。

> 提示　【对齐与分布】对应的键盘快捷键是 A。

图 10-16（a）

图 10-16（b）

❹ 把鼠标指针移动到中间的洋红色泪滴状手柄上，易拉罐附近出现一个蓝色平面。单击泪滴状手柄，所选易拉罐会对齐到这个平面。

❺ 单击中间的洋红色泪滴状手柄，把所有易拉罐的中心对齐到蓝色平面上，如图 10-17 所示。

图 10-17

❻ 单击蓝色条，以最左侧与最右侧的易拉罐为基准，使 4 个易拉罐之间的间隔保持一致，如图 10-18 所示。

❼ 双击蓝色条，把 4 个易拉罐之间的间隔变为 0，即让它们紧靠在一起，如图 10-19 所示。

> 提示　在拖动泪滴状手柄的同时按住 Option 或 Alt 键，将根据所选对象的共同中心调整间隔。也就是说，按住 Option 或 Alt 键后，拖动末端泪滴状手柄与拖动中心泪滴状手柄作用一样。

图 10-18

图 10-19

❽ 根据需要，向左或向右拖动任意一个蓝色泪滴状手柄，调整 4 个易拉罐之间的间隔，效果如图 10-20 所示。

图 10-20

10.3　使用魔棒工具选择模型表面

选择工具用来选择模型和编组；魔棒工具用来选择模型的某一个面，其功能类似于 Photoshop 中的魔棒工具。

❶ 在菜单栏中依次选择【相机】>【切换到主视图】，这样能看见整个桌子。

❷ 在场景面板中，单击【Table group】左侧的文件夹图标（■），展开编组。

❸ 把鼠标指针移动到【Tablecloth】模型之上，单击眼睛图标（◉），将其隐藏起来。

❹ 双击魔棒工具，在控制选项面板中把【选区大小】更改为【极小】，如图 10-21 所示。

❺ 在控制选项面板之外单击，将其关闭。

❻ 在桌子腿上，找一个最靠近相机的地方单击。

此时，只有单击的区域才被选中，被选中的区域填充淡蓝色，如图 10-22 所示。单击的地方不同，选中的区域也不同。魔棒工具根据边缘线和相似色来区分模型表面不同的区域。如果想把整条桌腿都选中，当前魔棒工具还做不到这一点。

图 10-21

图 10-22

❼ 在工具面板中，使用鼠标右键单击魔棒工具。

❽ 在控制选项面板中，向右拖动【选区大小】滑块，将其修改为【大】，如图 10-23 所示。

❾ 在控制选项面板之外单击，将其关闭。

❿ 再次单击桌子腿，此时，整条桌子腿都被选中了，如图 10-24 所示。

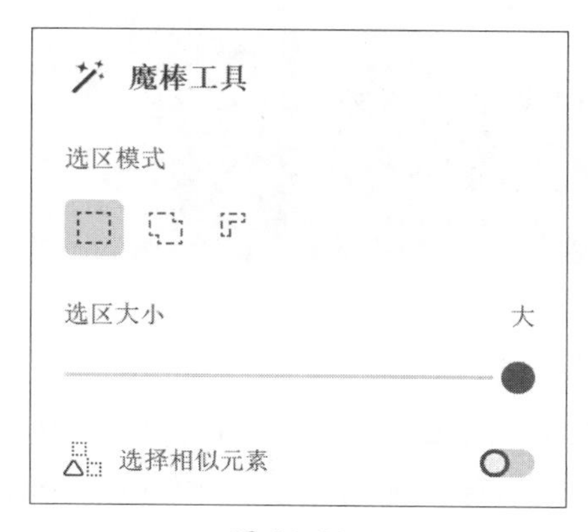

图 10-23

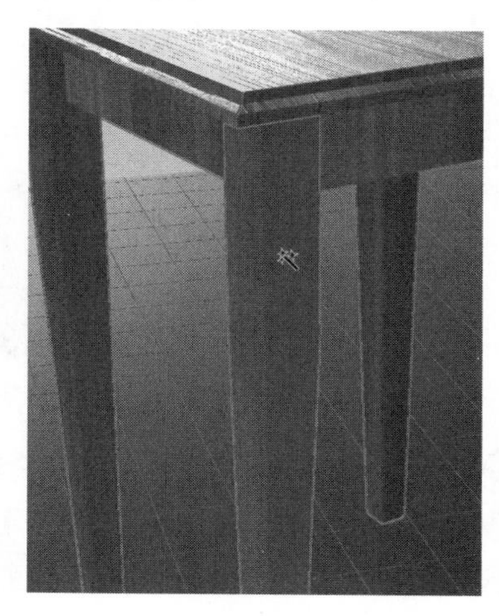

图 10-24

调整【选区大小】时，要根据模型特性和要选的内容进行确定。不过，建议先把【选区大小】设置为【极小】，再增加选区大小，具体操作如下。

❶ 在工具面板中，使用鼠标右键单击魔棒工具。

❷ 在控制选项面板中，向左拖动【选区大小】滑块，将其修改为【极小】。

❸ 在控制选项面板之外单击，将其关闭。

❹ 使用魔棒工具单击桌子的顶面。由于【选区大小】设置为【极小】，所以只有桌子的顶面被选中，桌子的边缘面并未被选中。

❺ 按住 Shift 键，单击任意一个边缘面，可将其添加到现有选区中。若还需要把桌子的其他部分添加到选区中，只需要按住 Shift 键单击它们即可。若需要减选某些区域，只需要按住 Option 键或 Alt 键，单击要减选的区域即可。

除了使用 Shift 键或 Optiona、Alt 键进行加减选区之外，还可以在魔棒工具的控制选项面板中把【选区模式】设置为【添加到选区】或【从选区中减去】，再使用魔棒工具单击做加选或减选操作。

更改表面材质

当前桌面处于选中状态，下面修改桌面的材质。

❶ 在内容面板中，在初始资源的【Substance 材质】中选择【瓦伦西亚大理石】，把桌面材质从木材改为大理石。

桌布有一定厚度，当前桌布处于隐藏状态，所以易拉罐和香蕉看起来像是漂浮在桌面之上。

❷ 单击选择工具（键盘快捷键：V），选择 4 个易拉罐和香蕉。

❸ 在属性面板中，在【位置】下的 Y 值中输入“84.6 厘米”，把易拉罐和香蕉移动到桌面上。

桌面裙板处的垂直木纹看上去有些不自然，把木纹调成水平的会更加自然。

❹ 使用魔棒工具单击桌面左侧下方的木质裙板，如图 10-25 所示。

图 10-25

❺ 按住 Shift 键，单击第二个裙板，如图 10-26 所示。

❻ 在菜单栏中依次选择【编辑】>【剪切】，把所选裙板从桌子模型上剪切或删除。但是，它们并不会消失不见，因为只选了裙板的正面。如果想完全删除裙板，则需要放大并重新设置相机，以便使用魔棒工具选择裙板的所有面。

图 10-26

❼ 在菜单栏中依次选择【编辑】>【粘贴】，把裙板原位粘贴回去，看上去好像什么都没动过一样。但是在场景面板中，可以在面板底部看到一个名为“Side Table”的新模型，这个模型就是通过上面的【剪切】与【粘贴】命令得到的，如图 10-27 所示。

❽ 在场景面板中，双击【Side Table】模型，输入“Skirt Pieces”，按 Return 或 Enter 键，使名称修改生效。

❾ 在场景面板中，把【Skirt Pieces】模型向上拖到【Table group】上，将其添加到【Table group】中，如图 10-28 所示。

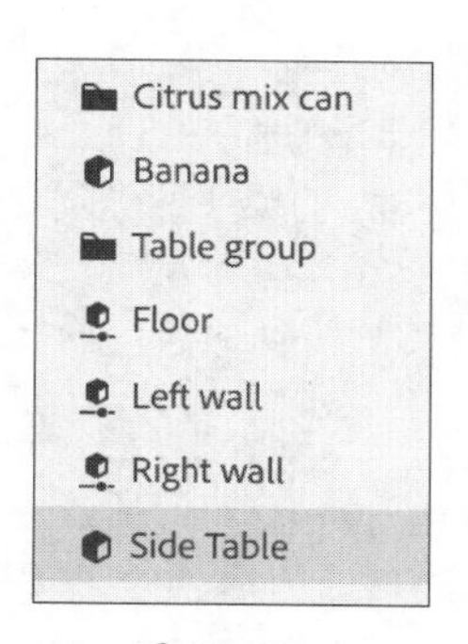

图 10-27

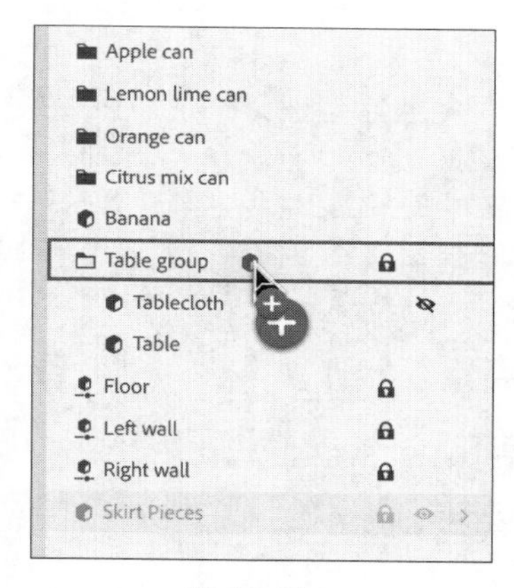

图 10-28

❿ 上面一系列操作都是为了把裙板的材质与桌子其他部分的材质分开，以便可以单独处理它。若【Table group】左侧的文件夹图标为实心（■），单击它。

⓫ 把鼠标指针放到【Skirt Pieces】模型上，单击最右侧的箭头图标（›），显示模型材质。

⓬ 在属性面板的【位移】下，把旋转角度设置为 -90°，如图 10-29 所示。按 Return 或 Enter 键，使修改生效。

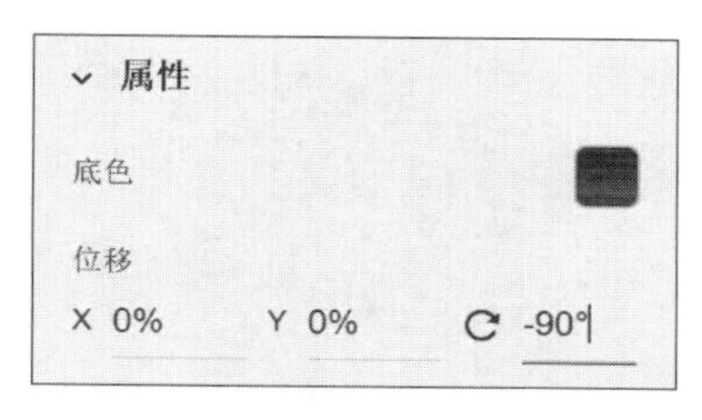

图 10-29

现在，裙板的木纹方向变成了横向。

⑬ 在属性面板的【重复】下，把 X 值与 Y 值设置为 2.2，增强纹理的真实性，按 Return 或 Enter 键，使修改生效，如图 10-30 所示。这会使材质在模型表面重复更多次，使木纹更精细，看起来更逼真。

在为裙板更换材质时，为什么要先使用【剪切】和【粘贴】命令将其变成独立的对象，而在为桌面更换材质时却不需要这样做？事实上，任何时候我们都可以向模型上选中的面应用新材质（例如向桌面应用大理石材质），而且不影响模型的其他面。当然，也可以先使用【剪切】和【粘贴】命令把桌面分离出来，然后再为其应用材质。这么做只是为了日后方便使用模型，并不是必需的。

选中裙板后，当尝试旋转其材质时，整张桌子的材质也会随之一起旋转。如果只想更改模型某部分的材质，必须先使用【剪切】和【粘贴】命令把目标部分从模型上分离出来，使其成为独立的对象。

在 Dimension 中，把模型分解成若干个部分、删除不需要的部分、重排各个部分是非常重要的操作，这些操作可以大大提高模型的灵活性。

图 10-30

10.4 复习题

❶ 除了使用选择工具控制选项面板中的【添加到选区】与【从选区中减去】之外，还有什么方法可用来同时选择画布中的多个模型或移除选区中的模型？

❷ 框选模型时，若只想选择那些被矩形选框完全框住的模型，应该把【部分选框选择】选项打开还是关闭？

❸ 在【组选择】选项处于开启的状态下，如果只想选择单个模型（非整个编组），那么在单击编组中的单个模型时，应该同时按下什么键？

❹ 当选择工具控件上的 X 轴、Y 轴、Z 轴方向与场景的 X 轴、Y 轴、Z 轴方向不一致时，模型变换就有困难，此时应该怎么办？

❺ 如何把模型的一部分从模型上分离出来，使其成为独立的对象（子模型）？

10.5 答案

❶ 按住 Shift 键，单击某个模型（不在现有选区中），可将其添加到现有选区中；按住 Shift 键，单击现有选区中的某个模型，可将其从现有选区中移除。

❷ 在选择工具控制选项面板中，关闭【部分选框选择】选项，进行框选时，只有那些完全被矩形选框框住的模型才会被选中。

❸ 按住 Command 键或 Ctrl 键，单击编组中的某个模型时，只有被单击的模型才会被选中，整个编组不会被选中。

❹ 在菜单栏中依次选择【对象】>【与场景对齐】，将使选择工具控件上的 X 轴、Y 轴、Z 轴方向与整个场景的 X 轴、Y 轴、Z 轴方向保持一致。

❺ 使用魔棒工具选择模型的某一部分，然后在菜单栏中依次选择【编辑】>【剪切】与【编辑】>【粘贴】，即可将其从模型上分离出来。

第 11 课

应用图形到模型

课程概览

本课，我们学习如何把图形应用到模型上，涉及如下内容。

- 哪些图形可以应用到模型上
- 图形与材质有什么不同
- 把图形应用到模型上后，如何编辑图形
- 如何向模型应用多个图形
- 如何把图形应用到模型指定的区域

学习本课大约需要 45 分钟

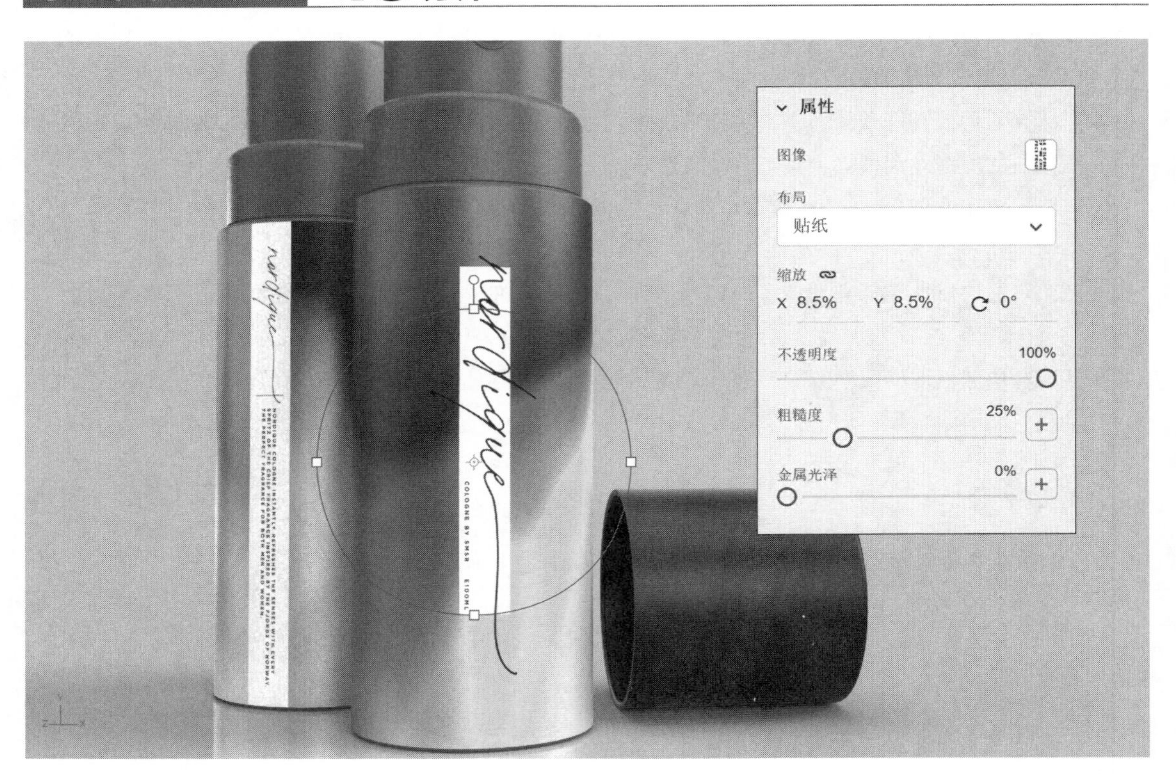

Dimension 提供了把图形应用到模型上的功能。借助这个功能，我们可以轻松、灵活地把各种标签、插画应用到指定的模型上。

11.1 新建项目并导入模型

在包装设计中，一个必不可少的步骤是模拟产品包装并把设计作品应用到包装上，以检验设计作品是否合乎要求。在 Dimension 中，我们可以轻松地导入图形，并将其应用到模型上。因此在包装设计流程中，Dimension 是一个非常有用的工具。本课我们将学习如何使用 Dimension 把背景图形与标签添加到一个香水瓶上。

注意 为确保用户看到的软件界面与书中截图一致，请在学习之前重置首选项，重置方法请阅读前言中“恢复默认首选项”部分的内容。

❶ 在菜单栏中依次选择【文件】>【使用设置新建】，打开【新建文档】对话框。在这个对话框中，可以指定画布大小等参数。

❷ 在【画布大小】下，把【宽】设置为 3000 像素，【高】设置为 2000 像素。增加像素尺寸会使标签的效果更好。

❸ 取消勾选【设置为默认值】，单击【创建】，如图 11-1 所示。

图 11-1

❹ 在菜单栏中依次选择【文件】>【导入】>【3D 模型】，或者按“Command+I”（macOS）或“Ctrl+I”（Windows）快捷键，打开【导入文件】对话框。

❺ 转到 Lessons > Lesson11 文件夹下，选择 spray_bottle.dn 文件，单击【打开】按钮。此时，Dimension 会把香水瓶模型放置到场景中央，且位于地平面上。

❻ 在菜单栏中依次选择【相机】>【构建选区】，在屏幕中央最大化显示香水瓶模型，如图 11-2 所示。

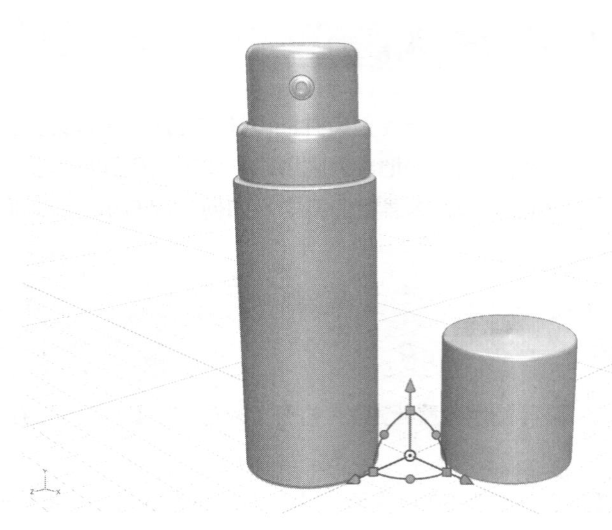

图 11-2

11.2 组织模型

在把一个模型置于场景中后，首先要做的是在场景面板中检查模型，了解它是如何组成的，是单个模型还是一组模型，各个模型的命名方式是否符合需求。花几分钟熟悉模型，先根据自身需求组织模型，再在场景中使用。

提示 选择一个模型，按“Command+;”（macOS）或“Ctrl+;”（Windows）快捷键可以快速隐藏或显示模型；同时按住 Shift 键，可以隐藏或显示所有未选择的模型。

❶ 在场景面板中，会看到一个名为“spray_bottle”的编组。双击编组名称，将其修改为“Cologne bottle”，如图 11-3 所示。

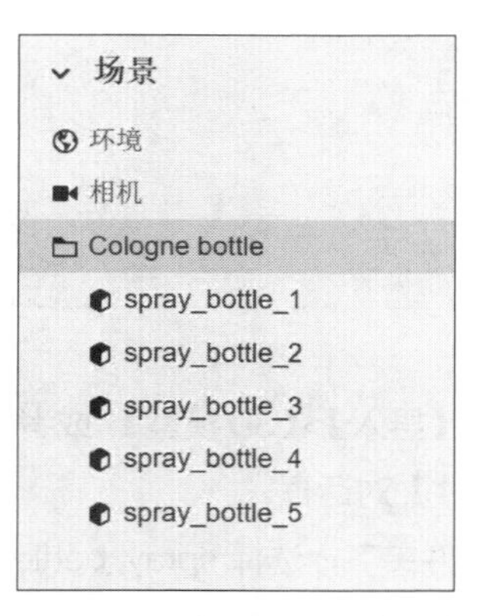

图 11-3

❷ 若编组处于折叠状态，则单击处于实心状态的编组图标（■），将编组展开。

提示 单击眼睛图标（👁）时，同时按住 Option 或 Alt 键，可以隐藏除单击的模型之外的其他所有模型。

❸ 把鼠标指针移动到编组中的某个模型上，单击眼睛图标（👁），可隐藏或显示模型，从而帮助用户对应模型。

❹ 把编组中第一个模型（从上往下数）的名称修改为“Nozzle”，第二个模型的名称修改为“Spray top”，第三个模型的名称修改为“Body”，第四个模型的名称修改为“Bottom”，第五个模型的名称修改为“Cap”，如图 11-4 所示。

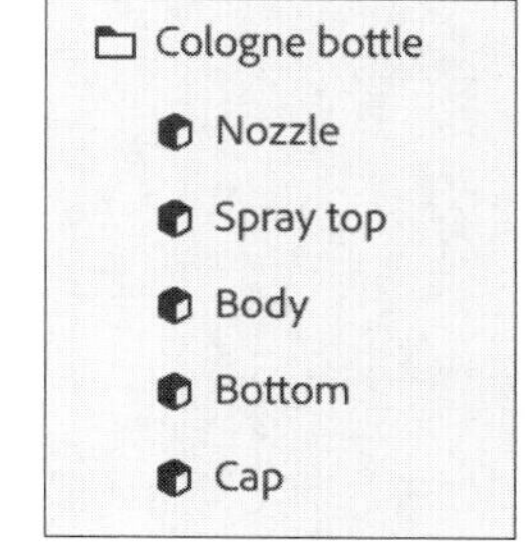

图 11-4

❺ 在菜单栏中，依次选择【选择】>【取消全选】。

❻ 当所有模型编组在一起时，需要知道如何选择编组中的单个模型。在工具面板中，双击选择工具，打开控制选项面板。

❼ 学习本课之前，若重置过首选项，控制选项面板中的【组选择】选项会处于开启状态，如图 11-5 所示。此时，使用选择工具单击任意一个模型，整个编组都会被选中。若【组选择】选项处于关闭状态，请将其打开。

组选择

图 11-5

❽ 在控制选项面板之外单击，将其关闭。

❾ 在【组选择】选项处于开启状态时，有两种方法可以选择编组中的单个模型：一种方法是在场景面板中单击选择编组中的某个模型；另一种方法是按住 Command 或 Ctrl 键，单击画布中的某个模型。使用任意一种方法，选中【Cap】模型。

❿ 打开【与场景对齐】功能，按住 Shift 键，沿顺时针方向拖动选择工具控件上的蓝色圆圈，旋转【Cap】模型，将其放倒。按住 Shift 键旋转时，每次拖动旋转 15°，这样可以很轻松地把模型准确地旋转 -90°，如图 11-6 所示。

⓫ 沿逆时针方向拖动选择工具控件上的绿色圆圈，把【Cap】模型旋转 75°，如图 11-7 所示。

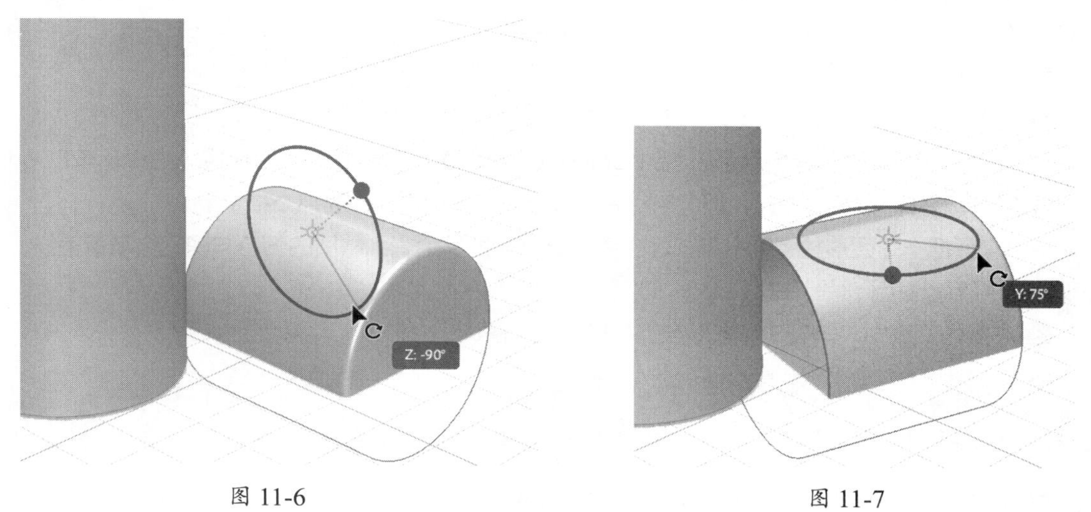

图 11-6　　图 11-7

⓬ 在菜单栏中依次选择【对象】>【移动到地面】，把【Cap】模型放到地平面上。

⓭ 拖动【Cap】模型，将其移动到合适的地方。直接拖动模型（不是拖动模型上的选择工具控件）时，模型只会沿着 X 轴和 Z 轴移动，且总是与地平面保持平行，如图 11-8 所示。

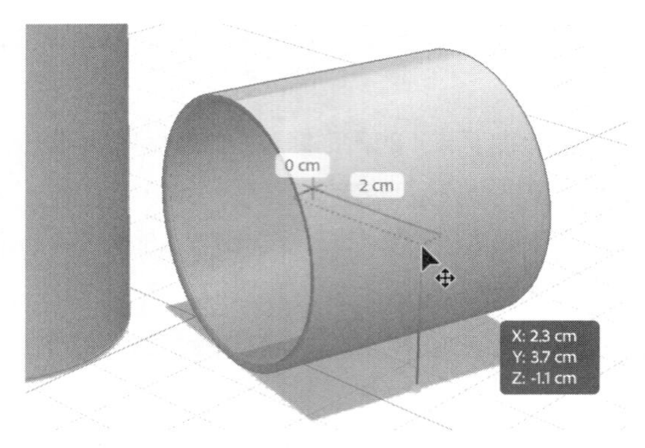

图 11-8

⑭ 单击画布右上角的【相机书签】图标（ ）。

⑮ 单击加号图标（ + ），新建一个书签。

⑯ 输入“Front view”，按 Return 或 Enter 键，使名称修改生效。有了这个书签，可以随时返回到当前视图。

⑰ 在菜单栏中依次选择【文件】>【存储】，把当前项目保持到目标位置。

11.3 应用背景图形

上一课我们学习了如何向模型应用材质来改变模型的外观。材质有多种属性，如发光、粗糙度、金属光泽、半透明度、颜色、图案等。除了材质之外，我们还可以通过图形把颜色与图案应用到模型上。

在 Dimension 中，我们可以把 AI、BMP、EPS、EXR、GIF、HDRI、IFF、J2K、JJPF、JP2、JPEG、JPE、JPG、JPX、PCX、PNG、PSB、PSD、SVG、SVGZ、TGA、TIFF、TIF 等格式的图形文件（包括 CMYK、RGB、灰度、索引颜色色彩空间）添加至模型表面。其中，AI、PSD 格式的图形文件用起来最灵活，Dimension 为这些格式的文件提供了多种画板支持。

❶ 在初始资源面板的搜索框中，输入“金属”。

❷ 把【色彩斑斓的拉丝金属】拖动到【Cologne bottle】模型组中的【Body】模型上。尽管【Body】模型与瓶体其他部分编组在一起，但应用材质时只会应用到用户拖向的那个模型上。

接下来，把一个图形放置到模型上，【色彩斑斓的拉丝金属】材质的颜色与图案会被覆盖掉，但是表面的拉丝纹理仍会保留在模型上。

❸ 在操作面板中，单击【将图形放置在模型上】图标（ ）。

提示 在把图形放置到模型上之前，先使用相机工具（环绕工具、平移工具、推拉工具）调整相机位置，使其正对着想要放置图形的那个面。在向模型放置图形时，相机视角会影响到图形放置的位置。

❹ 转到 Lessons > Lesson11 文件夹下，选择 Background_graphic.psd 文件，单击【打开】按钮。

此时，Dimension 会把图形放到瓶体上，可以在当前视图中看到它，如图 11-9 所示。图形上有一个圆形选择控件，通过这个控件，可以调整图形的尺寸、旋转图形及移动图形。如果没有看到圆形选择控件，请单击工具面板中的选择工具（键盘快捷键：V）。

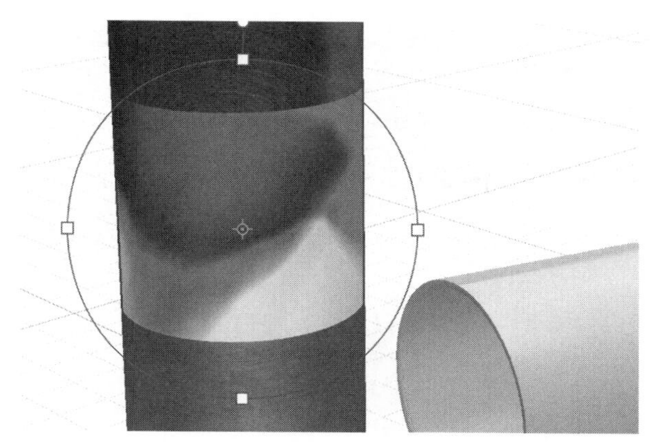

图 11-9

❺ 默认情况下，Dimension 会把图形以【贴纸】方式添加到模型上。但是，用户可以选用【填充】方式把图形添加到模型表面。在属性面板中，在【布局】下选择【填充】，如图 11-10 所示。

图 11-10

此时，Dimension 会按比例缩放图形，使其填充整个模型表面，如图 11-11 所示。

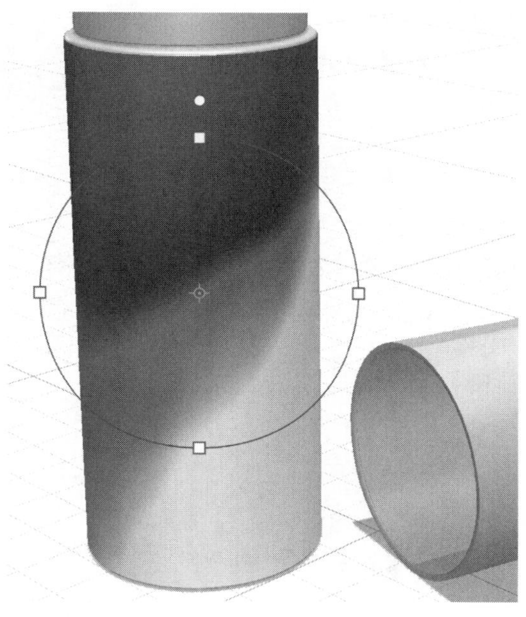

图 11-11

❻ 此外，还可以选择让图形以拼贴的方式填满模型表面。在属性面板中，在【重复】下设置X值、Y值都为10，如图11-12所示。

此时，可以看到图形以拼贴的方式重复出现在模型表面。

❼ 在属性面板的【布局】下，把【重复】更改为【镜像】，如图11-13所示。

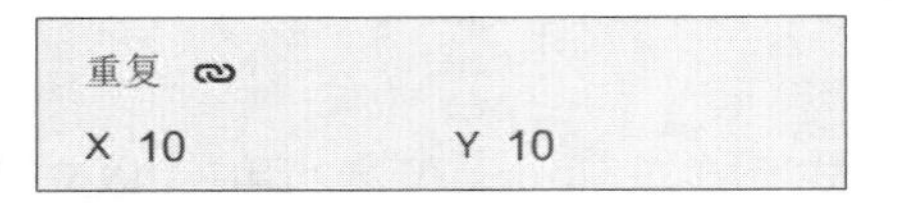

图 11-12

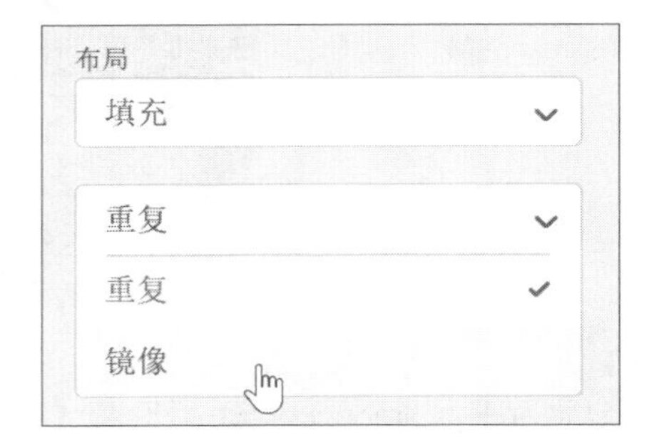

图 11-13

此时，模型表面上的图形拼贴会沿水平和垂直方向进行翻转，如图11-14所示。

重复　　镜像

图 11-14

❽ 在【重复】下，把X值、Y值都修改为1，仅使用一张大图填充模型表面。

❾ 观察场景面板，可以看到【Body】模型当前应用了一种材质（色彩斑斓的拉丝金属）和一个图形，如图11-15所示。

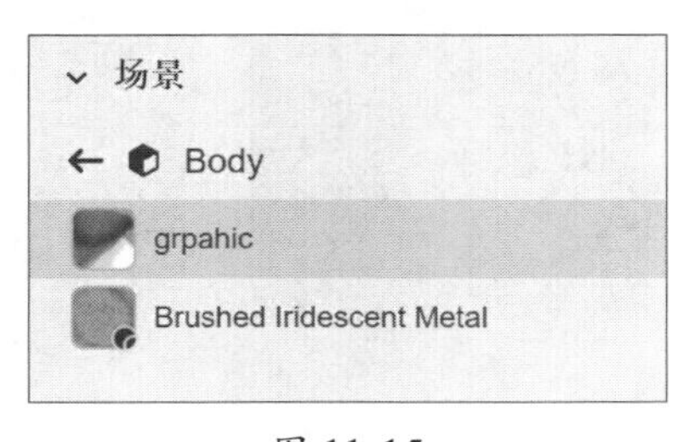

图 11-15

11.4 应用多个图形

在 Dimension 中，同一个模型可以应用多个图形。接下来，我们再向香水瓶的瓶体应用两个标签。

❶ 在操作面板中，单击【将图形放置在模型上】图标（）。

❷ 选择 Nordic_Cologne_label.ai 文件，单击【打开】按钮。

❸ 按住 Shift 键，向外拖动圆形上的任意一个手柄，把标签放大。按住 Shift 键，可确保缩放按比例进行。

❹ 把鼠标指针移动到圆形之内，按住鼠标左键拖动，在模型表面移动标签，使其位于合适的位置，如图 11-16 所示。

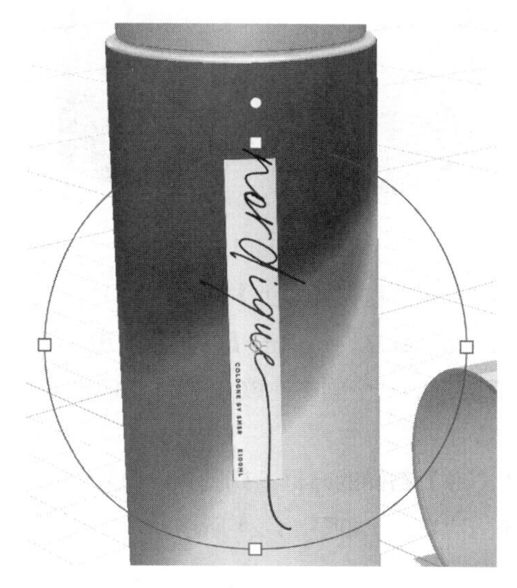

图 11-16

此时，在场景面板中，【Body】模型下出现了两个图形，以及一个材质，如图 11-17 所示。

❺ 双击【Graphic 2】，把名称更改为“Nordique label graphic”。

❻ 双击【Graphic】，把名称更改为“Background graphic”，如图 11-18 所示。

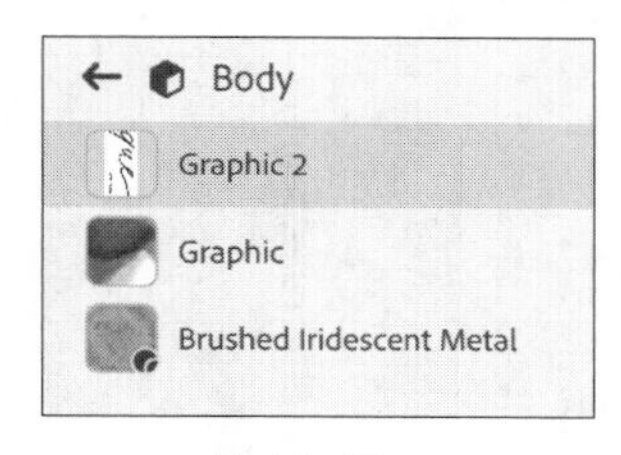

图 11-17

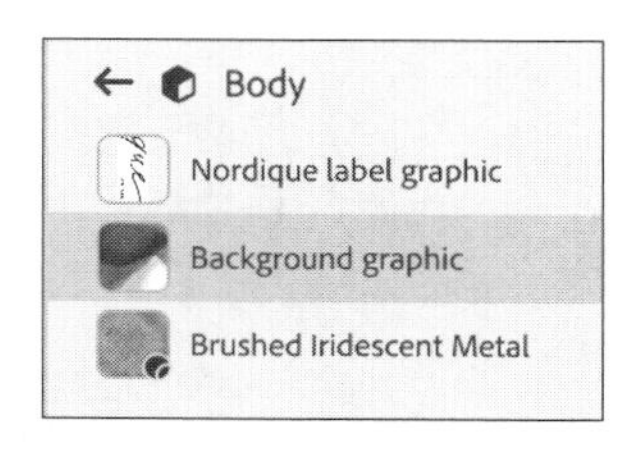

图 11-18

> 提示 一定要先花一些时间在场景面板中为模型、编组、材质、图形起一个合适的名字。当需要进一步编辑这些资源时，一个合适的名字会大大提高工作效率。

❼ 在工具面板中，单击环绕工具（键盘快捷键：1）。

❽ 沿着屏幕从左到右拖动，直到看见香水瓶的背面，如图 11-19 所示。

图 11-19

⑨ 在操作面板中，单击【将图形放置在模型上】图标（◪）。

⑩ 选择 Nordique_Cologne_label.ai 文件，单击【打开】按钮。

放在瓶体背面的图形是正面图形的一个副本，该 AI 文件中包含多个画稿，在把图形放置到模型上后，可以选择不同的画稿。

⑪ 在属性面板中，单击【图像】右侧的方框，如图 11-20 所示。

⑫ 在画稿列表中，选择【画稿 2】，如图 11-21 所示。

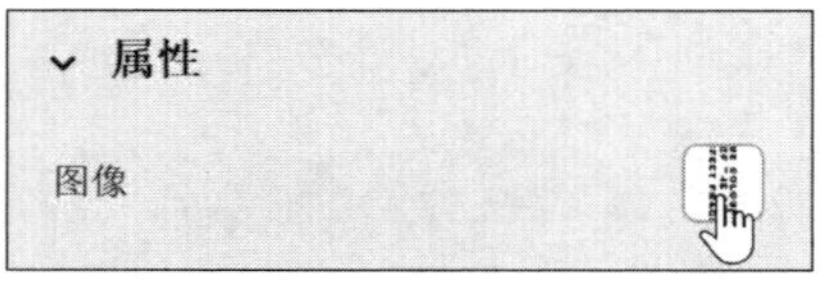

属性
图像

图 11-20

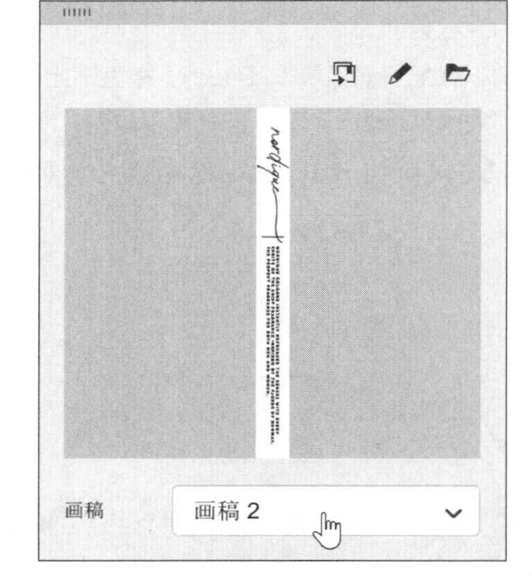

图 11-21

注意 Dimension 不显示在 Illustrator 中指定的画板名称，而只显示“画稿 1”“画稿 2”这样的名称。在把图形放置到模型上后，我们需要在画稿列表中选择使用哪个画稿。

⑬ 根据需要，使用选择工具缩放图形，并调整图形位置，如图 11-22 所示。

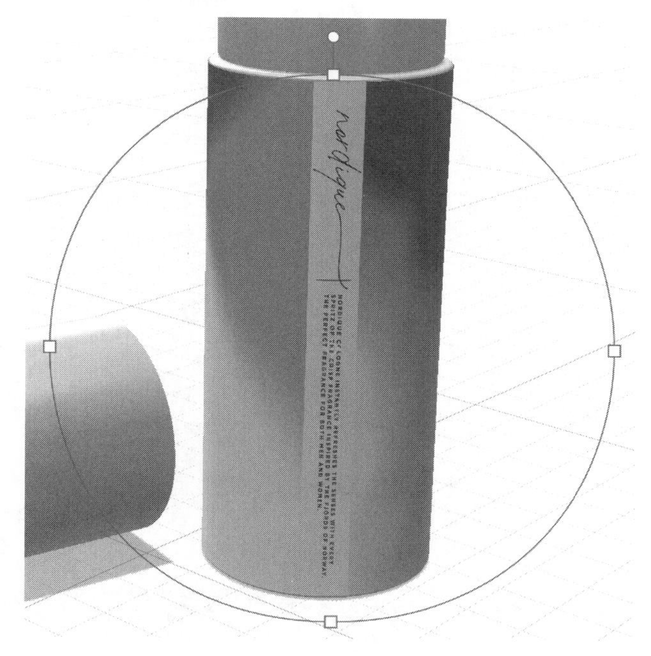

图 11-22

此时，在场景面板中有 3 个图形，用户可以更改这些图形的堆叠顺序。

⑭ 把【Graphic 3】拖动到【Background graphic】之下，如图 11-23 所示。此时，会看到【Background graphic】把【Graphic 3】盖住了。这种图层堆叠方式与 Photoshop 中的堆叠方式类似。

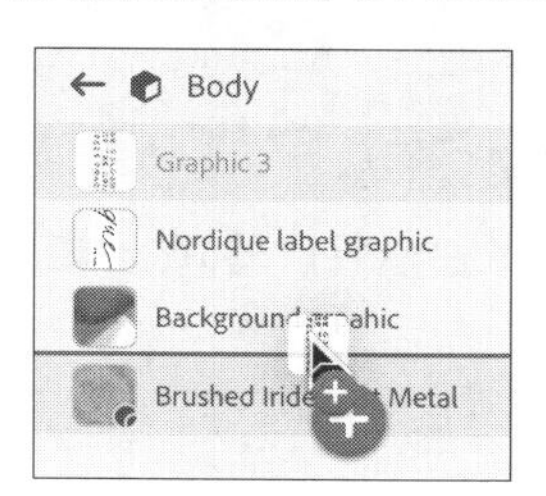

图 11-23

> 提示 向模型添加图形时，除了可以使用【将图形放置在模型上】之外；也可以使用拖放的方式，把图形文件直接从 Finder 或文件浏览器拖到模型上，将其放置到模型表面；还可以使用复制粘贴命令，把图形从 Photoshop、Illustrator 复制粘贴到 Dimension 中选择的模型上。

⑮ 把【Graphic 3】拖动到列表的最顶层，使其重新显示出来。

11.5 修改图形属性

每个图形都有不透明度、粗糙度、金属光泽等属性。在把图形放置到模型上之后，可以修改图形的这些属性。

❶ 单击画布右上角的【相机书签】图标（）。

❷ 单击“Front view”，返回到前视图。

❸ 在场景面板中，选择【Background graphic】。

❹ 在属性面板中，把【粗糙度】设置为 40%，【金属光泽】设置为 75%，如图 11-24 所示。这些更改只影响背景图形。

❺ 在场景面板中，选择【Nordique label graphic】。

❻ 在属性面板中，把【粗糙度】设置为 70%，把【金属光泽】设置为 0%，使图形变得粗糙一些，如图 11-25 所示。

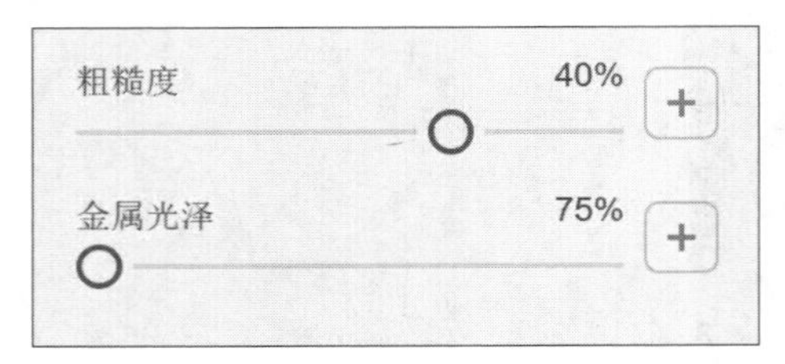

图 11-24

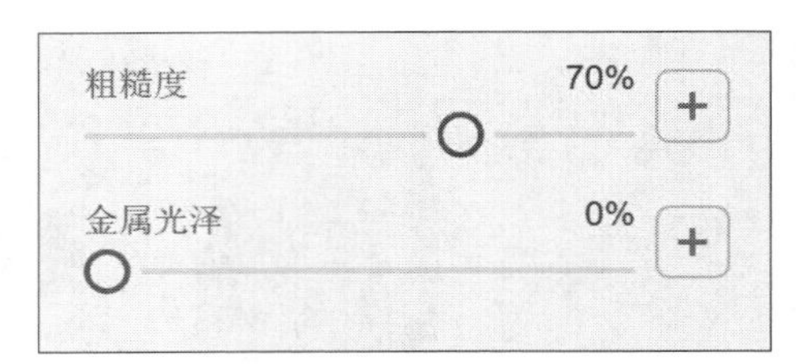

图 11-25

11.6 在 Illustrator 中编辑标签

在把一个图形放在模型上后，还可以在 Illustrator 或 Photoshop 中继续编辑它。如果模型上放的是 AI、SVG 图形，则在 Illustrator 中编辑；如果放的是位图图像，则在 Photoshop 中编辑。图形编辑完成后，对图形所做的更改会自动更新到模型上。

提示 使用推拉工具进行拖动操作时，按住 Command 或 Ctrl 键，可以把缩放中心设到鼠标指针所在的位置，而非屏幕中心。

❶ 单击推拉工具（键盘快捷键：3），沿着屏幕向上拖动，放大模型，直到看见图形中白色矩形边缘的黑色笔触。下面我们把它删除。

❷ 在工具面板中，单击选择工具（键盘快捷键：V）。

❸ 确保【Nordique label graphic】处于选中状态，在属性面板中单击【图像】右侧的方框。

❹ 在弹出的面板中，双击图像或者单击铅笔图标（✎），如图 11-26 所示，打开 Illustrator 编辑图形。

图 11-26

❺ 在 Illustrator 中，删除画板 1 中文字下方白色矩形的描边，或者对图像做其他编辑修改，如图 11-27 所示。

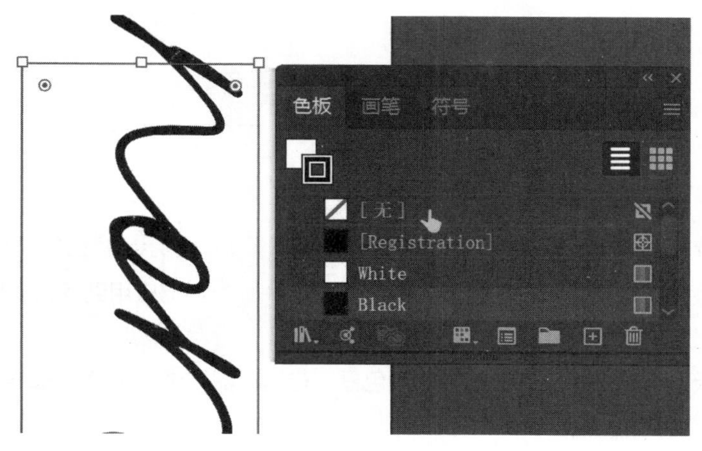

图 11-27

❻ 在 Illustrator 中依次选择【文件】>【关闭】，在询问是否保存更改的对话框中单击【是】按钮。

注意 把一个图形放到模型上后，Dimension 会从原始图形文件制作一个副本，并保存到 DN 文件中。当在 Illustrator 或 Photoshop 中编辑图形时，编辑的实际是存储在 DN 文件中的副本，并不会改变原始图形。

在 Dimension 中，能够看到图形发生了变化，在 Illustrator 中所做的更改都体现了出来。

11.7 添加颜色与灯光

对场景做一些调整，如添加颜色与灯光。

❶ 按多次 Esc 键，返回到模型列表。

❷ 在场景面板中，选择【Nozzle】模型。

❸ 按住 Command 或 Ctrl 键，在场景面板中选择【Spray top】【Bottom】【Cap】模型，如图 11-28 所示。

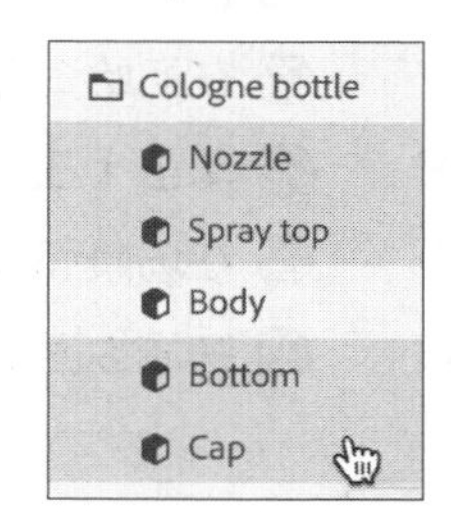

图 11-28

❹ 在初始资源面板中，找到【塑料】材质并单击，将其应用到所选模型上。

❺ 在菜单栏中，依次选择【选择】>【取消全选】。

❻ 在场景面板中，把鼠标指针放到【Spray top】模型上，单击箭头图标（›），显示出模型材质。

❼ 在属性面板中，单击【底色】右侧的颜色框，在拾色器中选择蓝色（RGB 值为 0、140、255）。

❽ 按多次 Esc 键，关闭拾色器，返回到模型列表。

❾ 在场景面板中，再次把鼠标指针放到【Spray top】模型上，单击箭头图标（›），显示出模型材质。

⑩ 在属性面板中，把【粗糙度】设置为 40%，把【金属光泽】设置为 5%，如图 11-29 所示。

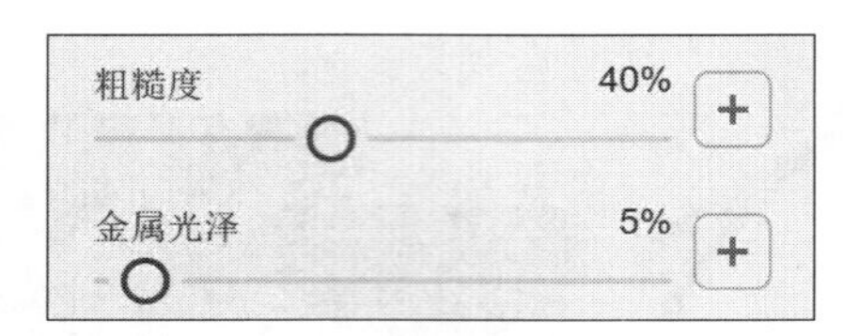

图 11-29

⑪ 按 Esc 键，返回到模型列表。

⑫ 把鼠标指针放到【Cap】模型上，单击箭头图标（›），显示出模型材质。

⑬ 在操作面板中，单击【断开与材质的链接】图标，把应用到【Cap】模型上的【塑料】材质与另一个模型上的【塑料】材质断开链接。

⑭ 在属性面板中，单击【底色】右侧的颜色框，在拾色器中选择黑色（RGB 值为 0、0、0）。

⑮ 按 Esc 键，关闭拾色器。

⑯ 单击模型周围的背景区域，选择【环境】。

⑰ 在属性面板中，单击【背景】右侧的颜色框，如图 11-30 所示，打开拾色器。

⑱ 单击右下角的【取样颜色】图标，如图 11-31 所示。

图 11-30

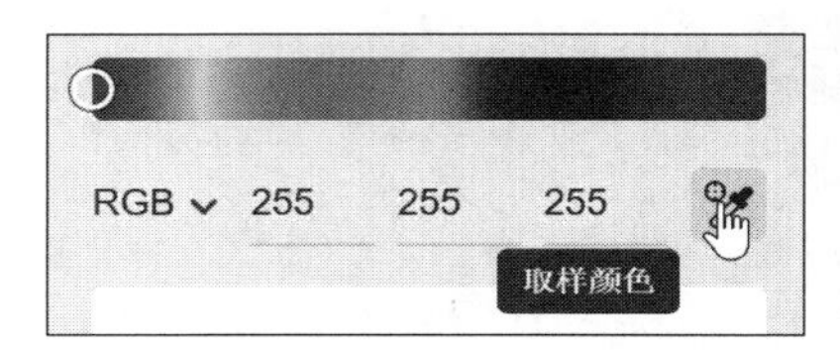

图 11-31

⑲ 在香水瓶上找一块蓝色区域，单击吸取颜色，把吸取到的颜色应用到场景背景。然后拖动颜色区域中的圆形颜色选择器，选择一种浅蓝色，如图 11-32 所示。

⑳ 按 Esc 键，关闭拾色器。

㉑ 在初始资源面板中，单击【光照】图标，仅在面板中显示灯光。

㉒ 在初始资源面板中，单击搜索框右侧的小叉号图标，清空搜索文本。

㉓ 单击【三点光】，将其应用到场景。

㉔ 在场景面板中，选择【环境】。

㉕ 在属性面板中，把【地面】下的【反射不透明度】设置为 10%，如图 11-33 所示。

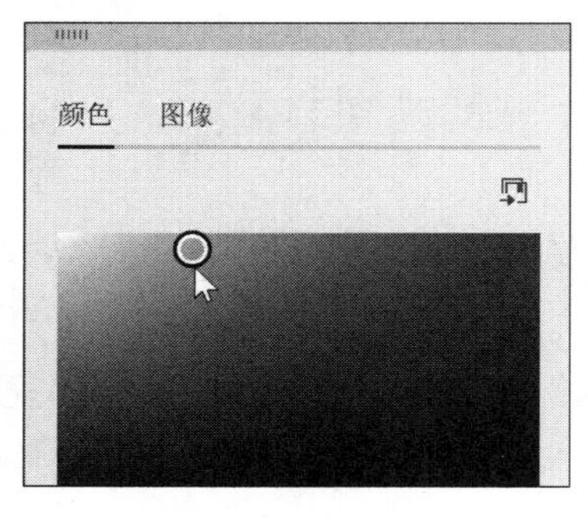

图 11-32

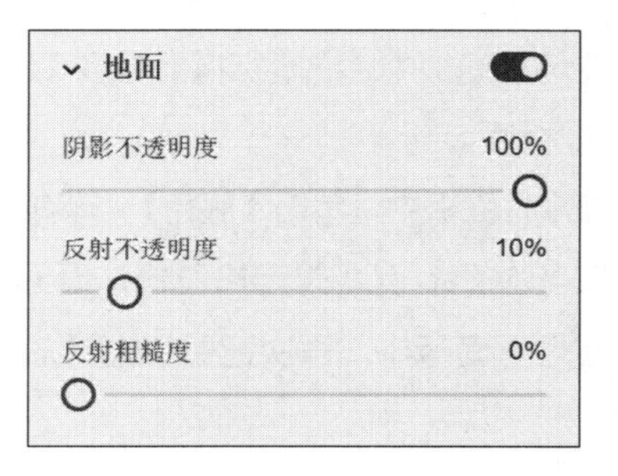

图 11-33

㉖ 根据需要，使用相机工具调整相机角度。

㉗ 按 \ 键，切换到渲染预览模式，以便更清楚地观看到阴影和反光，如图 11-34 所示。

图 11-34

11.8　使用高级技术

下面介绍一些处理置入图形的高级技术，包括如何堆叠半透明度图形，如何控制图形在模型上的应用位置，以及如何把图形应用到模型的特定表面上。

11.8.1　打开项目

打开一个现成的项目文件，其中包含一个盘子模型和一个淡灰色背景。

❶ 在菜单栏中，选择【文件】>【打开】。

❷ 转到 Lessons > Lesson11 文件夹下，选择 Lesson_11_02.dn 文件，单击【打开】按钮。

❸ 在菜单栏中，依次选择【相机】>【构建选区】，在屏幕中央最大化显示盘子模型，如图 11-35 所示。

图 11-35

11.8.2 向模型重叠放置多个图形

在 Dimension 中，可以把多个图形设置到一个模型上，并且支持透明图形。把一个半透明图形放置到模型上后，其下的所有图形和材质会透显出来。

❶ 在菜单栏中，依次选择【相机】>【相机视角】>【顶部】。调整视图后，再次选择【相机】>【构建选区】，在画布中最大化显示整个盘子，如图 11-36 所示。

图 11-36

把一个图形放置到模型上时，Dimension 会把图形居中放置到正对着相机的模型表面上。因此，在放置图形之前，建议先把相机对准要放置图形的模型表面。这样，在放好图形之后，就不需要再对图形做大幅度调整了。

❷ 单击选择工具（键盘快捷键：V），双击画布中的盘子模型，场景面板中显示出应用到盘子模型上的材质。

❸ 在操作面板中，单击【将图形放置在模型上】图标（）。

❹ 选择 Blue_watercolors.png 文件，单击【打开】按钮。

这个 PNG 文件由 Photoshop 制作，包含一个透明背景及若干半透明笔触（用水彩笔创建），如图 11-37 所示。

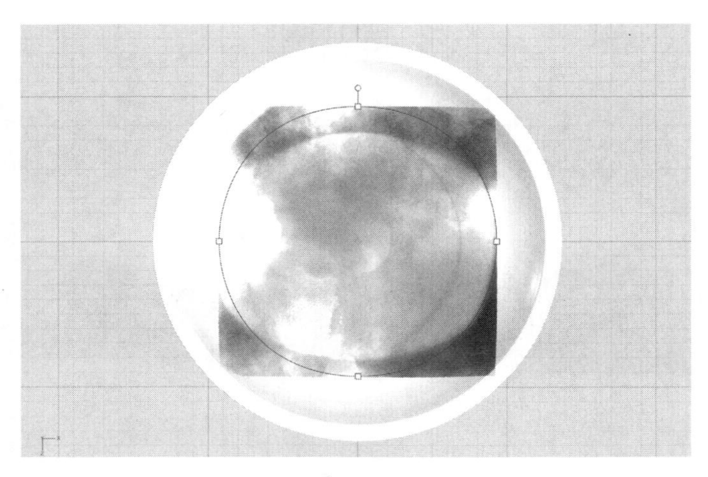

图 11-37

❺ 在画布中，按住 Shift 键，向外拖动任意一个控制点，放大图形，使其盖住整个盘子模型，如图 11-38 所示。

图 11-38

❻ 在操作面板中，单击【将图形放置在模型上】图标（）。

❼ 再次选择 Blue_watercolors.png 文件，单击【打开】按钮。

❽ 在画布中，按住 Shift 键，向外拖动任意一个控制点，放大图形，使其盖住整个盘子模型。

此时，盘子模型上叠放着两个水彩图形的副本。图形是半透明的，把两个图形叠放在一起后，呈现出丰富的层次感。在场景面板中，可以看到水彩图形的两个副本，如图 11-39 所示。

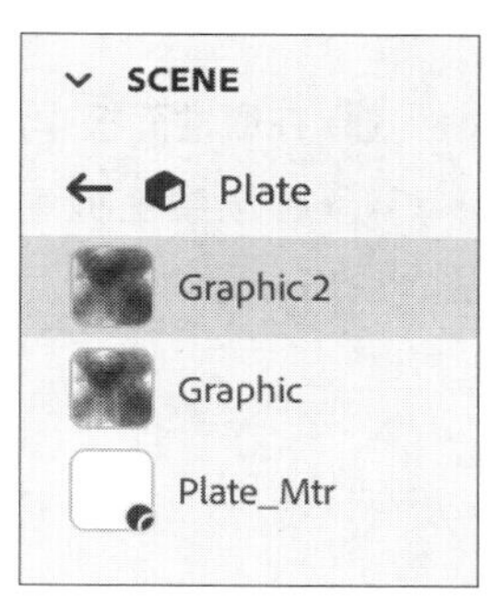

图 11-39

接下来，旋转其中一个副本，使叠放在一起的半透明图形形成更有趣的纹理效果。

❾ 拖动圆形旋转控制点，沿顺时针旋转一个图形副本，使两个图形副本彼此错开一些，如图 11-40 所示。

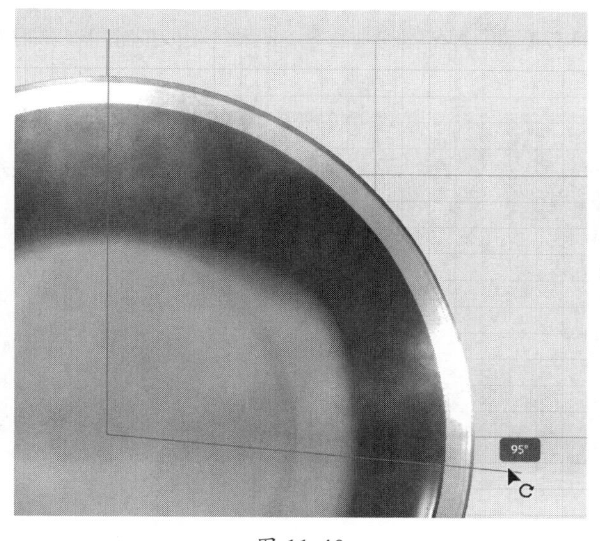

图 11-40

⑩ 在操作面板中，单击【将图形放置在模型上】图标（◳）。

⑪ 选择 Floral_border.ai 文件，单击【打开】按钮。

⑫ 根据需要，调整饰花的尺寸与位置。

⑬ 按 \ 键，切换成渲染预览模式，以便更清楚地观察灯光，如图 11-41 所示。

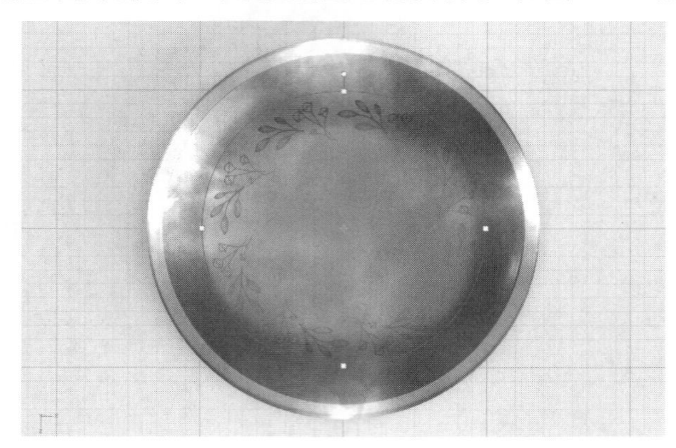

图 11-41

⑭ 在属性面板中，把【不透明度】设置为 40%，调整饰花的不透明度，如图 11-42 所示。

⑮ 在场景面板中，可以看到【Plate_Mtr】材质上方有 3 个图形。选择【Plate_Mtr】材质，如图 11-43 所示。

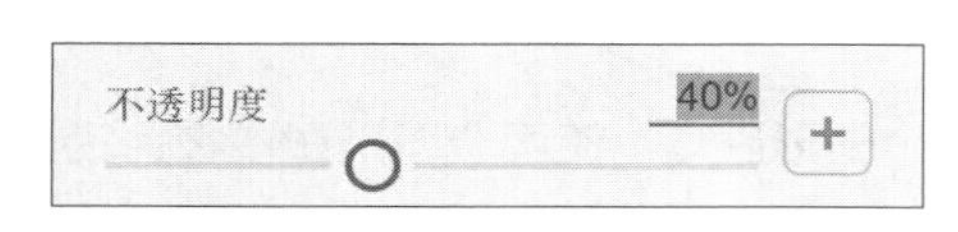

图 11-42

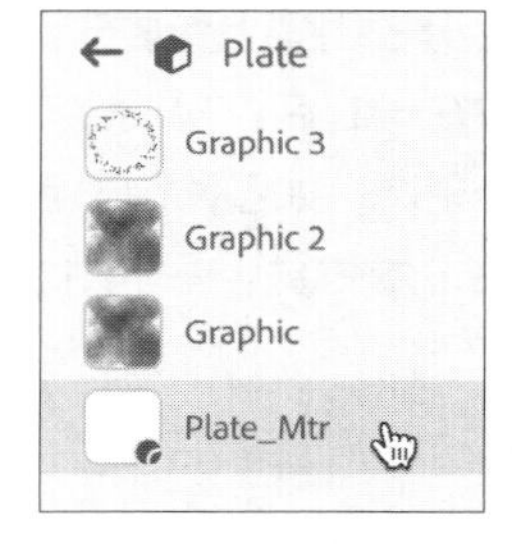

图 11-43

⑯ 在属性面板中，单击【底色】右侧的颜色框，把颜色更改成绿色（RGB 值为 200、255、200），如图 11-44 所示。

图 11-44

11.8.3 修正图形重叠问题

向模型应用多个图形时，这些图形会在模型的某个区域或表面上产生重叠或缠绕的情况。有时我们并不希望这样，因此可以使用一些技术手段来解决这个问题。

❶ 在场景面板中，多次按 Esc 键，返回到模型列表。此时，盘子模型应该处于选中状态。

❷ 在属性面板的【旋转】下，把 X 值设置为 180°，把盘子模型翻过来，如图 11-45 所示。

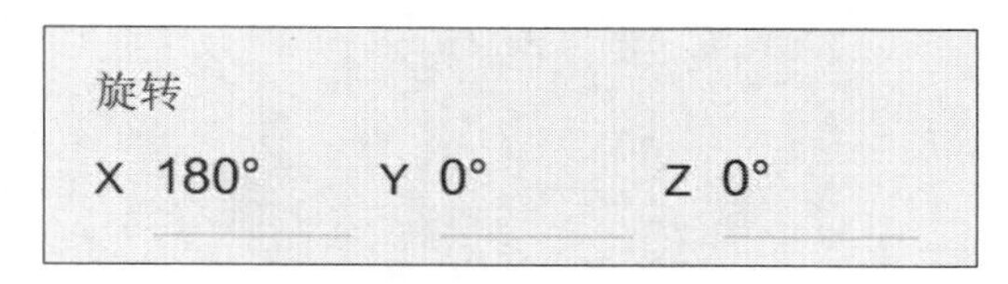

图 11-45

❸ 在菜单栏中，依次选择【对象】>【移动到地面】，如图 11-46 所示。

提示 【移动到地面】是常用命令，其对应的键盘快捷键是“Command+.”（macOS）或“Ctrl+.”（Windows）。

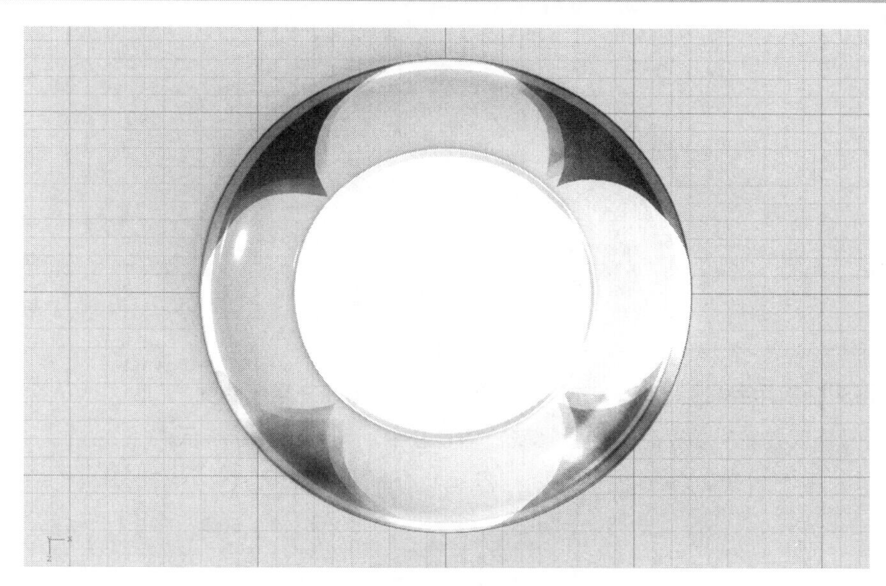

图 11-46

可以看到添加到盘子正面的图形出现在了盘子侧面。这是因为整个盘子是一个模型，而且应用了一种材质。

为了避免这个问题，向盘子模型应用材质之前，应该先把盘子模型拆分成 3 个独立的模型（正面、侧面、背面）（使用魔棒工具工具与【编辑】>【剪切】和【编辑】>【粘贴】命令）。如果现在拆分模型，模型的几何结构会发生变化，我们需要重新调整图形在模型正面的位置。为避免这种麻烦，可以使用下面的方法把图形仅应用到盘子模型的正面。

❹ 在工具面板中，使用鼠标右键单击或者左键双击魔棒工具。

❺ 在控制选项面板中，把【选区大小】设置为【极小】。

❻ 在控制选项面板之外单击，将其关闭。

❼ 单击盘子侧面，将其选中，如图 11-47 所示。

图 11-47

❽ 在内容面板中，单击【塑料】材质，如图 11-48 所示，将其应用到盘子侧面。

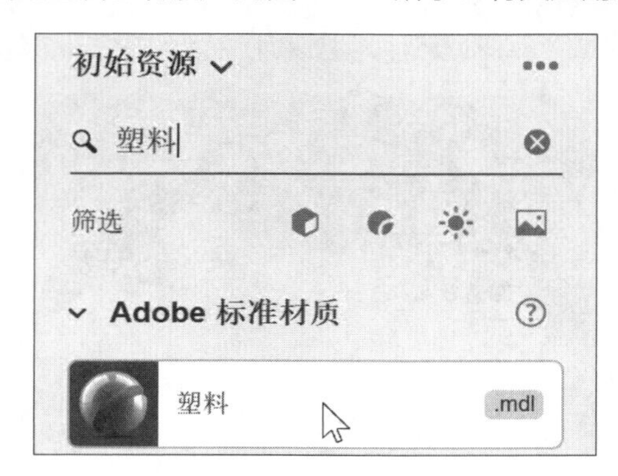

图 11-48

由于图形只能应用到模型的单个材质上，所以它不再出现在盘子侧面。

❾ 使用魔棒工具单击盘子底面中心区域，将其选中，如图 11-49 所示。

图 11-49

❿ 在内容面板中单击【亚光】材质，将其应用到盘子背面。

⓫ 在菜单栏中，依次选择【选择】>【取消全选】，如图 11-50 所示。

图 11-50

11.8.4 调整材质属性

❶ 在画布中，使用选择工具双击盘子模型，场景面板中显示出所有应用到盘子上的材质与图形，其中有 3 种材质，分别为【Plate_Mtr】【Plastic】【Matte】，分别应用到了盘子模型的不同表面，它们之间由水平线分隔，如图 11-51 所示。模型的每种材质可以分别应用一个或多个图形。

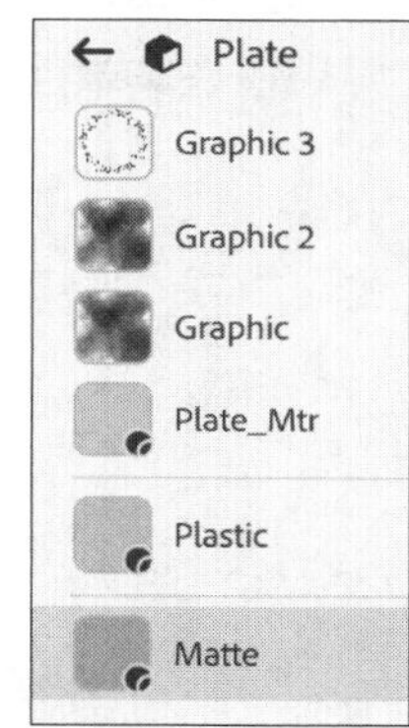

图 11-51

❷ 在场景面板中，选择【亚光】材质。

❸ 在属性面板中，单击【底色】右侧的颜色框，更改颜色，RGB 值为 90、50、50。

❹ 在【亚光】材质处于选中的状态下，在操作面板中单击【将图形放置在模型上】图标（ ）。

❺ 选择 Penguin_pottery_logo.svg 文件，单击【打开】按钮。

❻ 根据需要，调整 logo 大小和位置。

❼ 在 logo 处于选中的状态下，在属性面板中把【粗糙度】更改为 100%，效果如图 11-52 所示。

图 11-52

此时在场景面板中，可以看到亚光材质应用上了 logo 图形（名称为“Graphic 4”），如图 11-53 所示。

图 11-53

❽ 在场景面板中，按两次 Esc 键，返回到模型列表。此时，盘子模型应该处于选中状态。

❾ 在属性面板的【旋转】下，把 X 值设置为 180°，把盘子模型翻转过来，如图 11-54 所示。

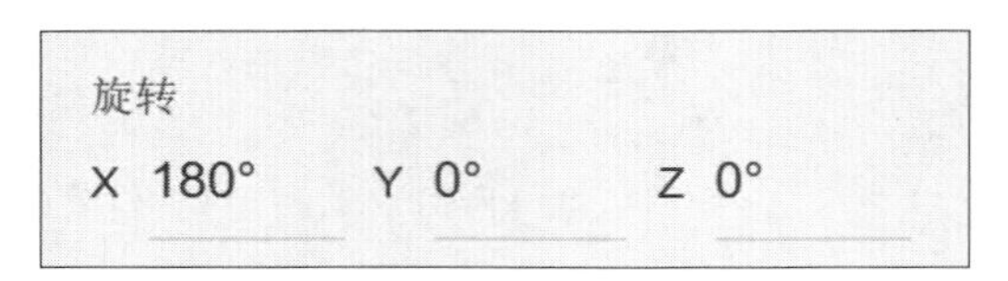

图 11-54

❿ 在菜单栏中，依次选择【对象】>【移动到地面】。

⓫ 单击环绕工具（键盘快捷键：1），沿着画布向上拖动，直到看见盘子侧面及部分正面。

⓬ 在菜单栏中，依次选择【相机】>【全部构建】，最大化显示盘子模型，如图 11-55 所示。

图 11-55

⓭ 单击选择工具，在画布中双击盘子模型，场景面板中显示出盘子模型的材质。

⓮ 在场景面板中，单击【Plastic】材质，如图 11-56 所示。

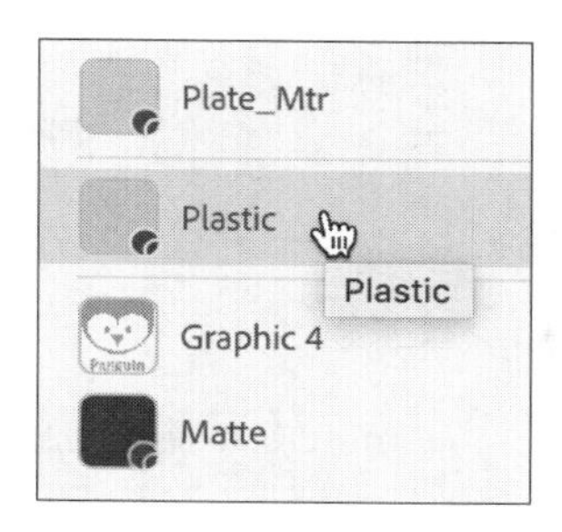

图 11-56

⑮ 在属性面板中，单击【底色】右侧的颜色框。

⑯ 在拾色器中单击【取样颜色】图标（），在盘子正面找一块蓝色区域，单击吸取蓝色，将其应用到盘子侧面。

⑰ 在属性面板中，把【粗糙度】设置为 20%，减少盘子侧面的反光。

⑱ 单击环绕工具（键盘快捷键：1），旋转视图，从不同角度观察盘子。为了便于观察，还可以复制出一个盘子，把一个盘子倒扣在另外一个盘子上，如图 11-57 所示。

图 11-57

11.9 复习题

❶ 材质与图形有什么不同?

❷ 有哪些格式的图形文件可以添加到模型表面上?

❸ 当把一个图形应用到模型表面上时，Dimension 是使用原始图形文件，还是创建一个副本保存到 DN 文件中?

❹ 把一个图形应用到模型上后，可以调整图形的哪些属性?

❺ 模型的某个区域中有图形重叠时，有哪两种方法可以解决图形重叠的问题?

11.10 答案

❶ 材质与图形都可以用来向模型表面应用颜色与图案。相比于图形，材质有一些特定属性，如发光、粗糙度、金属光泽、半透明度等，调整这些属性能够增强纹理的真实感，以及影响光线与材质的交互方式。图形只是一张平面图像，可以环绕应用在模型表面。同一个模型表面上无法应用多种材质，但是同一种材质上可以应用多个图形。

❷ AI、BMP、EPS、EXR、GIF、HDRI、IFF、J2K、JJPF、JP2、JPEG、JPE、JPG、JPX、PCX、PNG、PSB、PSD、SVG、SVGZ、TGA、TIFF、TIF 等格式的图形文件可以添加到模型表面上。

❸ 把一个图形应用到模型表面时，Dimension 会创建一个副本，并将其保存到 DN 文件中，图形副本不与原始图形链接在一起。

❹ 把一个图形应用到模型上后，可以调整图形的不透明度、粗糙度、金属光泽属性。

❺ 当模型的某个区域中出现图形重叠时，可以使用如下方法解决这个问题：首先使用魔棒工具选择模型上不希望出现重叠图形的区域，然后，使用【剪切】与【粘贴】命令把选中的区域拆分出来，成为独立的模型，或者向所选区域应用新材质（或现有材质的另一个实例）。

第 12 课

添加 2D 背景

课程概览

本课，我们将学习如何向场景中添加 2D 背景，涉及如下内容。

- 哪些类型的图像适合用作背景图像
- 如何使系统自动匹配模型与背景图像，使其和谐自然
- 自动匹配图像功能失效时该怎么办

学习本课大约需要 45 分钟

为了把模型与背景图像自然地融合在一起，Dimension 提供了强大的图像匹配功能。借助这个功能，用户可以快速地把 3D 模型融入背景之中。但有个前提，那就是选用的背景图像中必须有明确、清晰的透视线。

12.1 背景图像概述

Dimension 的主要功能是用一个或多个 3D 模型来创建场景。每个新建文件的初始背景都是纯白色的。当然，用户可以把背景颜色更改成任意颜色，更改后的颜色会应用到地平面，以及其他场景背景中。

此外，还可以把一张 2D 图像导入场景中作为背景使用，支持导入的图像包括 AI、BMP、EPS、EXR、GIF、HDRI、IFF、J2K、JJPF、JP2、JPEG、JPE、JPG、JPX、PCX、PNG、PSB、PSD、SVG、SVGZ、TGA、TIFF、TIF 等格式的图像，以及 CMYK、RGB、灰度或索引颜色空间中的图像。

添加背景图像的工作流程

有时，从一开始就想好了要在场景中添加什么样的背景图像。对于这种情况，一般先向场景导入背景图像，然后再添加并调整模型。有时是先在场景中添加模型，然后对模型做相应的调整，最后在项目即将完成时添加背景图像。本课会讲解在上面两种情况下如何进行处理。

背景图像是二维的，而且是静态的，当使用相机工具调整场景中 3D 模型的视角时，背景图像会保持静止不动。借助相机工具，可以调整场景的透视与视角，使模型自然地融入背景图像。Dimension 提供了一些强大的功能来帮助用户轻松地完成实现这个工作流程，这些功能正是本课要讲的内容。

还有一些情况，我们无法为场景找到合适的 2D 背景图像。此时，我们就必须自行为 3D 场景中的模型创建 3D 背景图像或环境，有时只是简单的两面墙和地板，有时又非常复杂。本课我们会学习创建简单 3D 背景图像的内容。

12.2 新建项目并导入背景图像

下面先新建一个项目，然后导入背景图像，设置好相机透视，最后把模型放入场景中。

注意 为确保用户看到的软件界面与书中截图一致，请在学习之前重置首选项，重置方法请阅读前言中“恢复默认首选项”部分的内容。

❶ 在菜单栏中，依次选择【文件】>【使用设置新建】。

❷ 在【新建文档】对话框中，在【画布大小】下，设置【宽】为 3000 像素，【高】为 2000 像素。

❸ 取消勾选【设置为默认值】，单击【创建】按钮。

❹ 在菜单栏中，依次选择【文件】>【导入】>【图像作为背景】。

❺ 选择 Evening_party_tabletop.jpg 文件（位于 Lessons >Lesson12 文件夹中），单击【打开】按钮。默认情况下，图像会出现在画布中央，并填满整个画布。这里，我们保持图像不变。

❻ 在操作面板中，单击【匹配图像】按钮，如图 12-1 所示。

图 12-1

❼ 取消勾选【将画布大小调整为】，勾选【创建光线】和【匹配相机透视】。在【创建光线】中选择【多种光线】，然后单击【确定】按钮，如图 12-2 所示。

图 12-2

图像前景中的木板有明确、清晰的透视线，Dimension 能够完美地把相机透视与图像匹配起来。但是背景图像中地平面上的网格线很难看清，为解决这个问题，可以修改网格线的颜色。

❽ 单击选择工具（键盘快捷键：V）。

❾ 单击画布之外的灰色区域。

❿ 在属性面板中，单击【网格】右侧的颜色框，如图 12-3 所示。

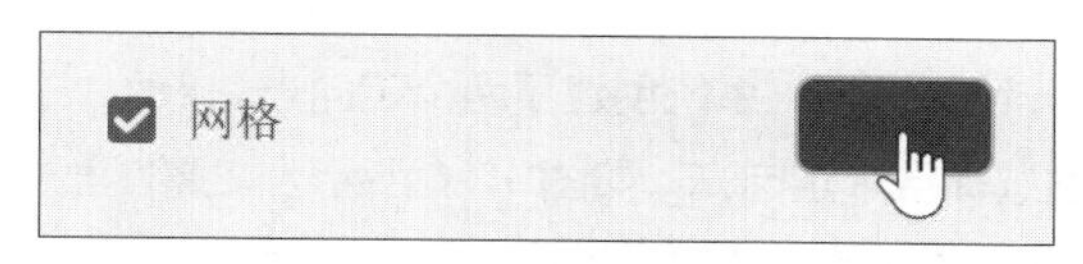

图 12-3

⓫ 在拾色器中，修改颜色，RGB 值为 255、255、255。按 Esc 键，关闭拾色器。此时，网格线变成白色。

把相机透视设好之后，可以将当前场景保存成相机书签，这样即便使用相机工具时不小心改变了透视，也能轻松返回。

⓬ 单击画布右上角的【相机书签】图标（）。

⓭ 单击加号图标（＋），新建一个书签。

⓮ 输入“Ending view”，按 Return 或 Enter 键，确认更改书签名称。

12.2.1 查看自动生成的灯光

Dimension 会根据背景图像自动提取与构建场景的光照和反射信息。

❶ 单击背景图像，选择【环境】。

❷ 在场景面板中，选择【环境光照】。

❸ 在属性面板中，单击【图像】右侧的方框，如图 12-4 所示。

图 12-4

此时，弹出的面板会显示 Dimension 根据背景图像自动生成的球面全景图，如图 12-5 所示。Dimension 会使用这个位图图像来创建环境光照与反射。

❹ 按 Esc 键，关闭面板。

使用【匹配图像】命令时，Dimension 会分析图像，并尝试为光照选择正确的选项，但用户可以在【匹配图像】对话框中随时更改 Dimension 的选择。

【多种光线】选项适合包含窗户、灯泡等的室内场景，以及包含多种光源的室外夜景。这个选项会根据场景中的光源生成一个、两个或三个定向光源。

【户外日光】选项适合包含室外日光的图像，不管太阳是否出现在图像中。该选项是户外场景的最佳选择，包括阴天场景。选择这个选项后，Dimension 会根据场景生成一个太阳光对象。

【抽象】选项适合那些不包含明确光线或强光信息的场景。选择该选项后，Dimension 会在传统的三点照明设置中创建 3 个定向光对象，然后用户可以根据实际需求进行调整。

图 12-5

这里，我们选择【多种光线】选项，系统创建了两个定向光。

❺ 在场景面板中，分别选择各个定向光，如图 12-6 所示，在属性面板中查看每个定向光的属性。请注意，用户在属性面板中看到的数值可能与图 12-7 所示的数值不一样。

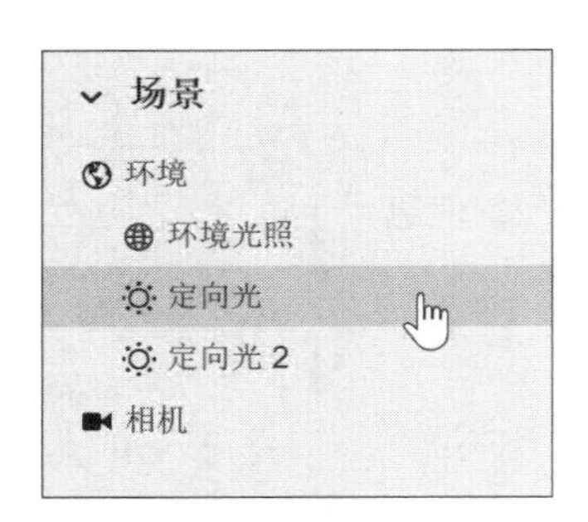

图 12-6

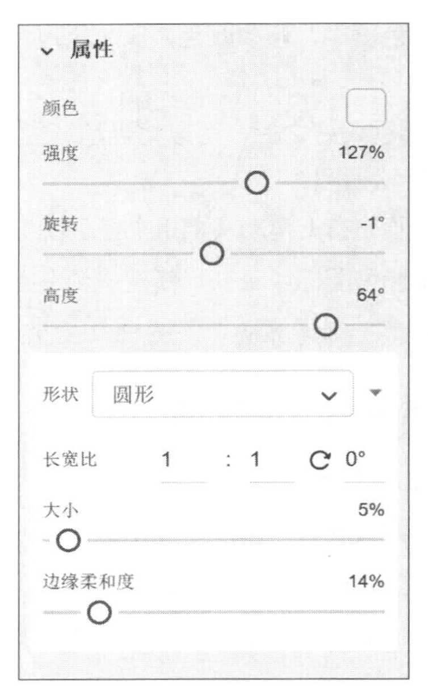

图 12-7

后面会详细讲解有关环境光照、日光、定向光的内容。

12.2.2 向场景中添加模型

背景图像与透视设置好之后，就该向场景添加模型了。

❶ 在菜单栏中，依次选择【文件】>【导入】>【3D 模型】，或者按“Command+I”/“Ctrl+I”快捷键。

❷ 转到 Lessons > Lesson12 文件夹下，选择 Wine_Glass.obj 文件，然后单击【打开】按钮。此

时，Dimension 会把模型放到场景中央，且放到地平面上。

❸ 酒杯是透明的，只有开启渲染预览模式，才能精确地显示出来。若当前渲染预览模式处于关闭状态，则单击画布右上角的【渲染预览】图标（），或者按 \ 键切换到渲染预览模式。在接下来的学习过程中，建议打开渲染预览模式，并使其一直处于开启状态。

提示 开关预览模式的键盘快捷键是 \。

❹ 相比于背景图像，酒杯模型显得有点小。为此，需要设置属性面板中的【大小】属性让酒杯变大一些。在属性面板中，单击【大小】右侧的【约束比例】图标（），开启比例约束，此时缩放模型时，模型会进行等比例缩放。

❺ 把 Y 值设置为 21 厘米，如图 12-8 所示，按 Return 或 Enter 键，等比例放大酒杯模型。

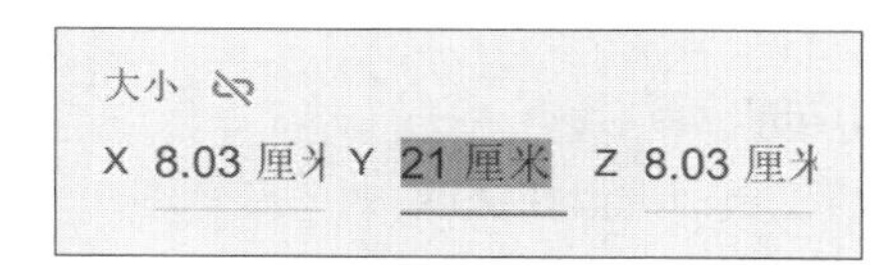

图 12-8

❻ 在菜单栏中依次选择【文件】>【导入】>【3D 模型】，或者按“Command+I”/“Ctrl+I”快捷键。

❼ 转到 Lessons > Lesson12 文件夹下，选择 Wine_Bottle.obj 文件，然后单击【打开】按钮。此时，Dimension 会把酒瓶模型放到场景中央，且放到地平面上。酒杯模型与酒瓶模型坐标相同，它们会重叠在一起。

❽ 根据需要，使用选择工具（键盘快捷键：V）调整酒瓶模型与酒杯模型在木桌上的位置，如图 12-9 所示。

图 12-9

❾ 选择酒杯模型。

❿ 在菜单栏中依次选择【编辑】>【复制】，或者按“Command+C”（macOS）/“Ctrl+C”（Windows）快捷键。

⓫ 在菜单栏中依次选择【编辑】>【粘贴为实例】，或者按“Shift+Command+V”（macOS）/“Shift+Ctrl+V”（Windows）快捷键，复制酒杯模型。酒杯模型副本与原酒杯模型重叠，所以看不见有两个酒杯模型，但在场景面板中，可以看到有两个酒杯模型。

⓬ 多次选择【编辑】>【粘贴为实例】，或者多次按“Shift+Command+V”/“Shift+Ctrl+V”快捷键，直到在场景面板中出现 5 个酒杯模型，如图 12-10 所示。

场景
环境
相机
Wine Glass
Wine Glass
Wine Glass
Wine Glass
Wine Glass
Wine_Bottle

图 12-10

⓭ 把每个酒杯模型拖动到合适的位置。

摆放酒杯模型时，可使用环绕工具（键盘快捷键：1）旋转场景视图，观察酒杯模型和酒瓶模型之间的相对位置，确保它们之间没有重叠，如图 12-11 所示。摆好酒杯模型后，在菜单栏中依次选择【相机】>【切换到主视图】，返回到之前保存的相机视图，如图 12-12 所示。

提示 【相机】>【切换到主视图】命令很常用，其对应的键盘快捷键是“Command+B”（macOS）或“Ctrl+B”（Windows）。

图 12-11

请注意，背景图像是静止不动的，无法使用相机工具来改变其视图。相机工具只能用来改变场景中 3D 模型的视图。

图 12-12

12.2.3 使用【放置到地面】命令

在 Dimension 中，有两个命令可以把模型自动置于地平面之上。

❶ 把任意一个酒杯移动到桌面一侧靠近边缘的地方，使其远离其他酒杯。

❷ 向上拖动绿色箭头，使酒杯离开桌面。

❸ 拖动蓝色圆圈，旋转酒杯，使【旋转】下的 Z 轴值变为 -50°，如图 12-13 所示。

❹ 在菜单栏中，依次选择【对象】>【移动到地面】，效果如图 12-14 所示。

图 12-13

图 12-14

这样的效果不太符合常理。

❺ 在菜单栏中，依次选择【编辑】>【还原变换】。

❻ 在菜单栏中，依次选择【对象】>【放置到地面】，效果如图 12-15 所示。

图 12-15

这样的效果比较符合常理。【对象】>【放置到地面】命令使用基于物理原理的算法来计算出模型如何放在地平面上。相比于【对象】>【移动到地面】命令，有时使用【对象】>【放置到地面】命令可以更快、更轻松地把一个模型放到地平面上。

拖动选择工具控件上的绿色圆圈，使酒杯绕着 Y 轴旋转到合适的位置，然后根据需要重新调整酒杯位置。

关于如何往酒瓶上贴标，相关内容前面已经讲过，请大家自己完成，这里就不赘述了。最终结果如图 12-16 所示。

图 12-16

12.3 向现有场景中添加背景图像

在 Dimension 中搭建场景时，有时会先摆放好模型，然后再向场景中添加背景图像。

❶ 在菜单栏中，依次选择【文件】>【打开】。

❷ 选择 Lesson_12_02_begin.dn 文件（位于 Lessons >Lesson12 文件夹中），单击【打开】按钮。

在打开的场景中，只有一些模型（圆桌、椅子、汽水罐），没有背景图像。摆放这些模型时，需要多次改变相机视角，这样才能准确设置模型在场景中的位置，如图 12-17 所示。接下来，向场景中添加一张背景图像，使模型与背景自然地融合在一起。

图 12-17

❸ 在菜单栏中，依次选择【文件】>【导入】>【图像作为背景】。

提示 此外，还可以直接从 Finder、文件浏览器或 Adobe Bridge 中把一张图像拖入画布来导入背景图像。

❹ 选择 Atrium.jpg 文件（位于 Lessons > Lesson12 文件夹中），单击【打开】按钮。

此时，背景图像被放到场景中央，如图 12-18 所示。

图 12-18

仔细观察，可以发现背景图像的长宽比与画布不一致。我们希望画布与背景图像的长宽比一致，并增加 Dimension 文件的像素数量。

❺ 使用选择工具（键盘快捷键：V）单击画布周围的灰色区域。

❻ 在操作面板中，单击【匹配背景长宽比】图标（ ），增加画布的宽度以匹配背景图像的长宽比，如图 12-19 所示。

图 12-19

❼ 在属性面板中，单击【画布大小】右侧的【约束比例】图标（ ），开启约束比例功能，锁定画布的宽高比，以便等比例缩放模型。

❽ 在【宽】中，在“1024 像素”后输入“*3”，按 Return 或 Enter 键，使修改生效，如图 12-20 所示。

图 12-20

开启约束比例功能之后，当画布宽度发生变化时，画布高度会随之发生变化，并且保持原来的宽高比不变。

❾ 在菜单栏中，依次选择【视图】>【缩放以适合画布大小】。

匹配场景与图像

当背景图像中包含明确的透视线时，如这里用到的建筑中庭图像，Dimension 会自动尝试把相机透视与背景图像进行匹配，这样可以省去使用相机工具手动调整透视的麻烦，节省大量时间，提高工作效率。

❶ 单击画布中的背景图像。

❷ 在操作面板中，单击【匹配图像】按钮，如图 12-21 所示。

❸ 取消勾选【将画布大小调整为】，勾选【创建光线】与【匹配相机透视】。在【创建光线】下拉列表中选择【户外日光】，然后单击【确定】按钮，如图 12-22 所示。

图 12-21

图 12-22

此时，Dimension 会根据新透视和相机视角对齐模型，但模型之间的相对位置保持不变，如图 12-23 所示。

图 12-23

❹ 在场景面板中，选择【Table chairs and cans】编组。

❺ 拖动红色箭头与蓝色箭头，调整模型位置，效果如图 12-24 所示。

图 12-24

❻ 在菜单栏中，依次选择【编辑】>【复制】，然后再选择【编辑】>【粘贴为实例】，为编组创建一个实例。

❼ 拖动红色箭头与蓝色箭头，往左后方移动复制出的实例。

❽ 拖动选择工具控件上的绿色圆圈，绕着 Y 轴略微旋转复制出的桌子与椅子，使其与原来的桌椅朝向不同的方向。

❾ 在场景面板中，选择【环境】。

❿ 在属性面板的【地面】下，把【反射不透明度】设置为 20%，如图 12-25 所示，使桌椅在地面上隐约有倒影，如图 12-26 所示。

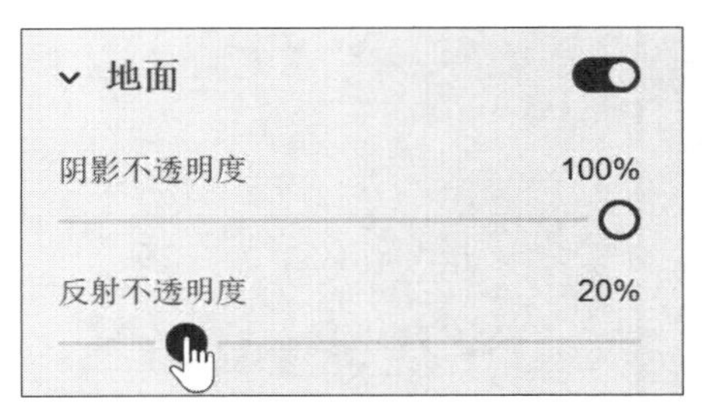

图 12-25

图 12-26

12.4 手动设置透视

【匹配图像】按钮帮助用户轻松创建出场景。但是，有时 Dimension 无法准确计算出图像的透视，这时就需要用户手动设置了。导致匹配图像功能失效的原因有很多，例如：因为使用广角镜头或编辑图像而导致图像失真、变形；图像中不包含透视线，Dimension 无法通过图像确定透视关系。

❶ 在菜单栏中，依次选择【文件】>【打开】。

❷ 选择 Lesson_12_03_begin.dn 文件（位于 Lessons>Lesson12 文件夹中），单击【打开】按钮。

❸ 使用选择工具单击画布之外的灰色区域。

❹ 在属性面板中，单击【网格】右侧的颜色框。

❺ 把网格线颜色修改为白色（RGB 值为 255、255、255），使其在背景图像上更醒目。

❻ 按 Esc 键，关闭拾色器。

❼ 在场景面板中，选择【环境】。

❽ 在菜单栏中，依次选择【图像】>【匹配图像】。

❾ 在匹配图像面板中，取消勾选【将画布大小调整为】；勾选【创建光线】，并在下拉列表中选择【户外日光】。请注意，此时【匹配相机透视】选项处于灰色不可用状态，这表示 Dimension 无法从图像中提取足够多的信息来确定透视关系。若【匹配相机透视】选项处于可用状态，请取消勾选该选项，我们一起学习如何手动设置相机透视。单击【确定】按钮，如图 12-27 所示。

图 12-27

❿ 单击水平线工具（键盘快捷键：N）。此时，在工具面板中，环绕工具图标变成了水平线工具图标。

⓫ 把鼠标指针移动到屏幕顶部的水平线上，按住鼠标左键向下拖动，使其恰好经过停车位两条白实线延长线的交点，如图 12-28 所示。

图 12-28

⓬ 使用鼠标右键单击水平线工具，在【交互模式】中选择【转动相机】，如图 12-29 所示。

图 12-29

注意 因为相机镜头有畸变，所以有时无法准确找到消失线。这种情况下，找个大概就行了，当然越接近真实的消失线越好。这样在调整场景中的模型时，模型才能尽可能真实地融入背景中。

⓭ 单击图像，关闭控制选项面板。

⓮ 沿着图像从左到右拖动，使网格线在水平线处消失，如图 12-30 所示。

图 12-30

⑮ 调整好透视之后，把相机视角保存成一个书签。单击画布右上角的【相机书签】图标（）。

⑯ 单击加号图标（+），新建一个书签。

⑰ 输入“Ending view”，按 Return 或 Enter 键，确认修改书签名称。

向场景中添加模型

根据背景图像设置好场景透视之后，接下来，就可以向场景中添加模型，并调整模型的位置，使其自然地融入背景之中。

❶ 单击选择工具（键盘快捷键：V）。

❷ 在菜单栏中依次选择【文件】>【导入】>【3D 模型】，或者按“Command+I”/“Ctrl+I”快捷键。

❸ 转到 Lessons > Lesson12 文件夹下，选择 Traffic_cone.dn 文件，然后单击【打开】按钮。

Dimension 会把模型放置到当前视图之外，同时画布右边缘附近出现一个小的蓝白色图标，表示模型处于视图之外，如图 12-31 所示。

图 12-31

❹ 单击蓝白色图标，把模型移动到视图中。

❺ 为使模型小一些，调整一下属性面板中的【大小】属性。在属性面板中，单击【大小】右侧【约束比例】图标（ ），开启比例约束。

❻ 把 Y 值设置为 30 厘米，按 Return 或 Enter 键，等比例缩放模型，如图 12-32 所示。

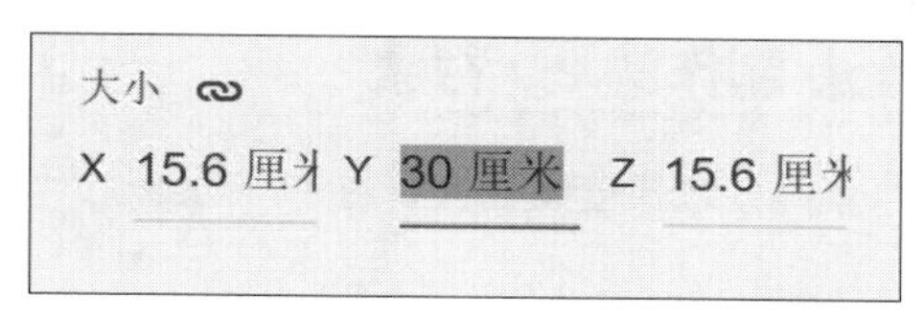

图 12-32

❼ 根据需要，多次选择【编辑】>【复制】和【编辑】>【粘贴为实例】，然后把模型放到合适的位置，如图 12-33 所示。

图 12-33

❽ 在场景面板的【环境】下，选择【阳光】。

❾ 在属性面板中，根据实际情况设置各个值，不一定要跟这里一样，如图 12-34 所示。

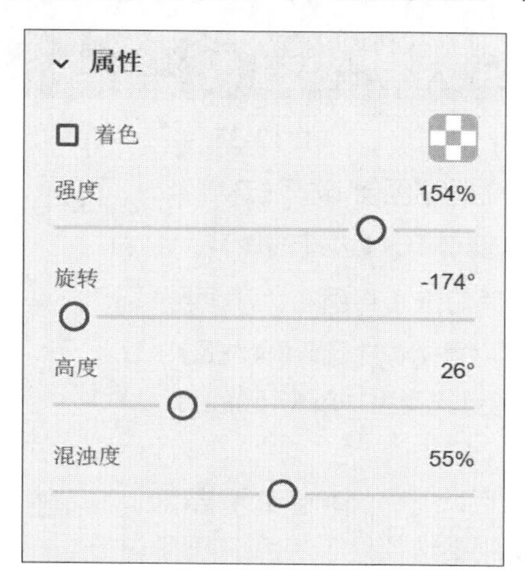

图 12-34

12.5 自制背景

如果找不到合适的背景图像，可以使用 Photoshop 或 Illustrator 等图形图像程序自己制作 2D 背景，或者在 Dimension 中使用几何模型搭建 3D 背景。

12.5.1 使用由 Photoshop 制作的 2D 背景

有时只需一个简单的背景，就能使场景变得真实。在 Photoshop 中，用几种颜色或渐变就能轻松将背景制作出来。

❶ 在菜单栏中，依次选择【文件】>【打开】。

❷ 选择 Lesson_12_04_begin.dn 文件（位于 Lessons>Lesson 12 文件夹中），然后单击【打开】按钮。

❸ 在菜单栏中，依次选择【文件】>【导入】>【图像作为背景】。

❹ 选择 Simple_background.psd 文件，单击【打开】按钮，如图 12-35 所示。

这个简单的背景是由 Photoshop 制作的，包含两个渐变，分别代表“地板”和“墙壁”，或者“地面”和“天空”。当然，还可以使用各种颜色、纹理、图案制作出复杂的背景。

图 12-35

❺ 使用选择工具单击画布中的背景图像，选择【环境】。

❻ 在菜单栏中，依次选择【图像】>【匹配图像】。

❼ 在匹配图像面板中，取消勾选【将画布大小调整为】，勾选【创建光线】。由于背景图像中无明确光源，因此 Dimension 选择【抽象】作为灯光类型，单击【确定】按钮，如图 12-36 所示。

图 12-36

由于背景图像中无透视线，因此 Dimension 也无法自动匹配相机透视，【匹配相机透视】选项处于灰色不可用状态。这种情况下，需要手动调整水平线的位置。

❽ 按 N 键，切换到水平线工具，然后按 1 键，切

换到环绕工具。请注意，当使用键盘快捷键切换当前工具时，工具面板中的工具图标也会相应进行切换。这是因为这两个工具在工具面板中共享相同的区域，而且每次只有一个会显示出来。按N键，当前显示的就是水平线工具图标，然后双击或者使用鼠标右键单击水平线工具，打开控制选项面板。

❾ 在控制选项面板的【交互模式】下，单击【转动并升高/降低相机】图标，如图 12-37 所示。

图 12-37

❿ 在控制选项面板之外单击，将其关闭。

此时，画布中并未出现水平线，是因为相机角度太偏导致水平线脱离了画布顶部。在画布的左上角和右上角可以看到两个脱屏图标（◯）。

⓫ 向下拖动画布左上角的脱屏图标，使其与背景图像中水平线的左端重合，如图 12-38 所示。

图 12-38

⓬ 向下拖动画布右上角的脱屏图标，使其与背景图像中水平线的右端重合，如图 12-39 所示。这会导致桌椅脱离相机视角。

图 12-39

⑬ 在菜单栏中，依次选择【相机】>【全部构建】，把桌椅重新显示在视图中，如图 12-40 所示。当前桌椅相对于水平线的位置是合适的。

图 12-40

⑭ 单击画布右上角的【相机书签】图标（）。

⑮ 单击加号图标（+），新建一个书签。

⑯ 输入“Starting view”，按 Return 或 Enter 键，确认修改书签名称。

⑰ 根据需要，使用选择工具、平移工具、推拉工具调整模型在场景中的位置，如图 12-41 所示。使用这些工具时，水平线的位置都保持不变。

图 12-41

12.5.2 在 Dimension 中搭建 3D 背景

Dimension 中提供了一些简单的模型，如曲面、布料背景、空心球体、空心立方体、平面、半管道等，用户可以使用这些简单的模型创建一个背景来摆放模型。本课将创建两面墙和地板来展示客厅家具。

❶ 在菜单栏中，依次选择【文件】>【使用设置新建】，创建一个 3000 像素 ×2000 像素的场景。

❷ 在菜单栏中，依次选择【文件】>【导入】>【3D 模型】。

❸ 选择 Sofa.dn 文件（位于 Lessons>Lesson12 文件夹中），单击【打开】按钮。

❹ 在菜单栏中，依次选择【相机】>【全部构建】。

❺ 单击推拉工具（键盘快捷键：3），沿着画布往下拖，使相机远离沙发，让沙发看起来小一些，如图 12-42 所示。

图 12-42

❻ 在菜单栏中，依次选择【选择】>【取消全选】。

❼ 在初始资源的【基本形状】下，找到【平面】并单击，将其放入场景中。此时，平面很小，并且位于沙发之下，所以看不见。

❽ 在【平面】模型处于选中的状态下，在属性面板的【平面】下，把【宽度】与【长度】设置为 500 厘米，如图 12-43 所示。

建议一开始就导入场景中要用的全部或大部分模型，这有助于观察相对尺寸。这里，我们先导入沙发模型，有助于把握地板和墙体的尺寸。

❾ 在场景面板中双击【平面】，将其名称修改为“Floor”。

❿ 在菜单栏中依次选择【编辑】>【重复】，复制出一个【Floor】模型的副本。

⓫ 在属性面板中，把【旋转】下的 X 值设置为 90°，如图 12-44 所示，把 Floor 模型副本作为右侧墙体。

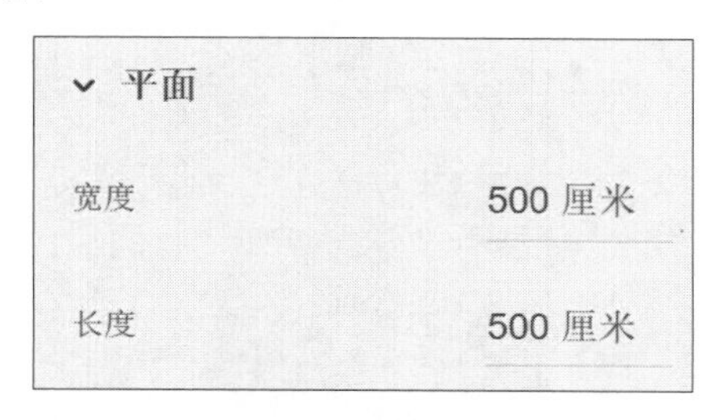

图 12-43

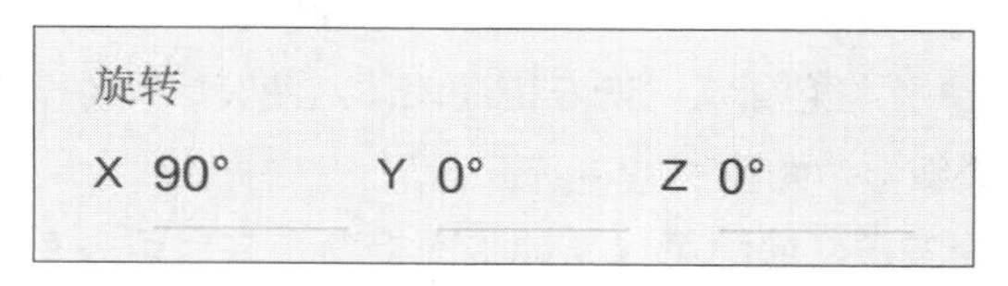

图 12-44

⓬ 双击刚刚添加到场景面板中的【Floor】模型副本，将其名称修改为“Right wall”，如图 12-45 所示。

图 12-45

⑬ 单击选择工具（键盘快捷键：V），向右拖动蓝色箭头，使立式墙体恰好位于地板右边缘，如图 12-46 所示。

图 12-46

⑭ 选择【Floor】模型。

⑮ 在菜单栏中依次选择【编辑】>【重复】，复制出一个【Floor】模型的副本。

⑯ 在属性面板中，把【旋转】下的 Z 轴值设置为 90°，如图 12-47 所示，把【Floor】模型副本作为左侧墙体。

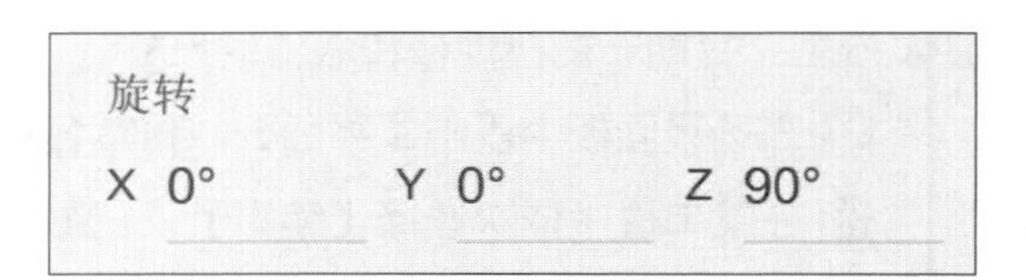

图 12-47

⑰ 双击刚刚添加到场景面板中的【Floor】模型副本，将其名称修改为“Left wall”，如图 12-48 所示。

图 12-48

⑱ 沿红色箭头，向左拖动墙体，使其恰好位于地板左边缘上，如图 12-49 所示。

请注意，墙面可以与地平面相交，并且可以有一部分出现在地平面之下，反正我们只能看见地平面之上的部分。

⑲ 选择【Floor】模型。

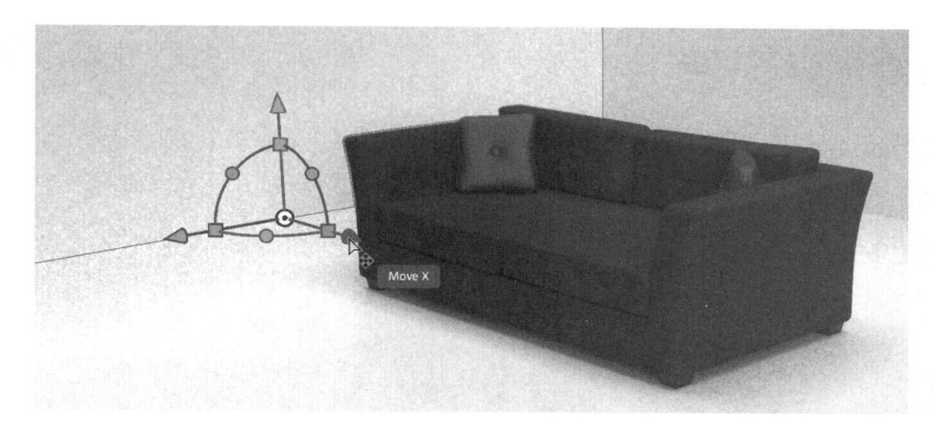

图 12-49

⑳ 在初始资源面板的【Substance 材质】下，单击【木质镶板】（SBSAR 材质），如图 12-50 所示，将其应用到【Floor 模型上】。

㉑ 在属性面板中，调整【木质镶板】材质的各个属性，直到获得满意的效果。此处，在【图案类型】中选择了【正方形编篮】。

㉒ 双击【Left wall】模型，显示其材质。

㉓ 在属性面板中，单击【底色】右侧的颜色框，为墙面选择一种颜色。

㉔ 针对【Right wall】模型重复上述操作。

㉕ 根据需要，调整沙发的位置。

㉖ 根据需要，调整相机的位置。最终结果如图 12-51 所示。

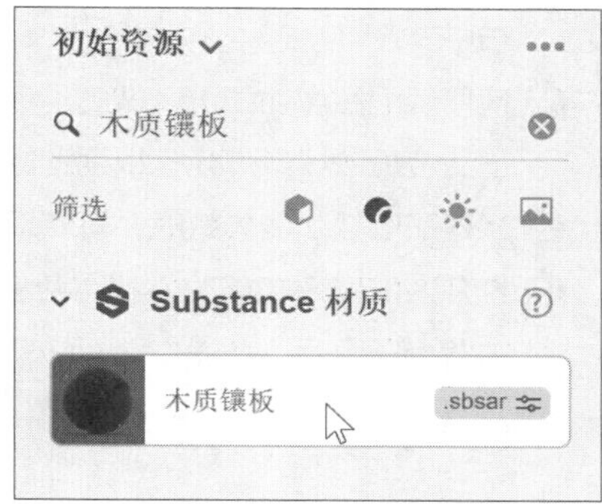

图 12-50

图 12-51

12.6 复习题

1. 有哪两种方法可以把背景图像导入场景中？
2. 匹配图像功能有哪些作用？
3. 当匹配图像功能失效时，可使用什么工具来修正或调整透视？
4. 打开匹配图像功能的两种方法是什么？

12.7 答案

1. 有两种方法可以把背景图像导入场景中：一种方法是选择【文件】>【导入】>【图像作为背景】；另一种方法是把图像直接从 Finder、文件浏览器或 Adobe Bridge 中拖入 Dimension 的画布中。
2. 使用匹配图像功能可以做到：根据图像大小或长宽比，调整画布大小；从图像中提取光照信息，创建合适的场景灯光；根据图像，匹配相机透视。
3. 当匹配图像功能失效时，可使用水平线工具来修正或调整透视。
4. 打开匹配图像功能的方法有两种：一是在菜单栏中，依次选择【图像】>【匹配图像】；二是选中背景图像后，在操作面板中单击【匹配图像】按钮。

第 13 课

使用灯光

课程概览

本课，我们将学习如何在 3D 场景中使用灯光，涉及如下内容。

- 环境光与定向光的不同之处
- 如何根据背景图像自动创建环境光照
- 如何更改日光属性
- 如何加载新的环境光并更改其属性
- 如何在场景中使用多个定向光

学习本课大约需要 45 分钟

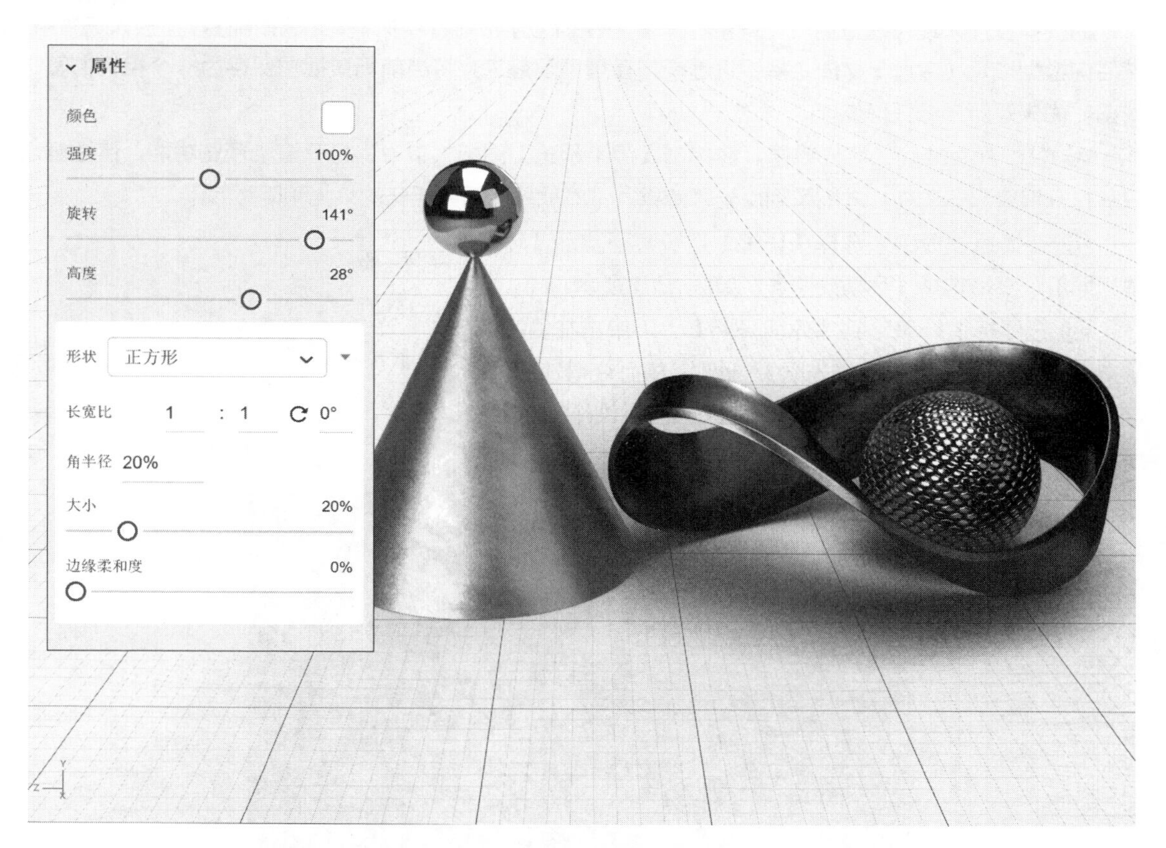

Dimension 提供了丰富的灯光属性，调整这些属性可以创建出真实的高光、阴影和反射效果。

13.1 了解灯光类型

Dimension 支持 3 种类型的灯光，分别是环境光、定向光、发光材质。环境光来自 360° 图像，其中包含反射与照明，大量灯光预设都属于环境光。多个定向光可以组合在一起，创建出源自多个光源的自定义灯光。阳光是一种特殊类型的定向光，用来模拟太阳光，能够产生强烈的光照和阴影效果。有些材质有发光属性，这样的材质为发光材质，其不仅可以照亮应用该材质的模型，还可以照亮相邻的面。一个场景中可能只有环境光、定向光、发光材质中的一种，也可能同时有好几种灯光。

向场景中添加灯光后，可以在场景面板中的【环境】下找到它们。不论是什么类型的灯光，都可以在属性面板中调整它们的各种属性。

13.2 使用环境光

下面在一个尚未完成的场景中使用环境光，借此了解这种灯光的特点。

❶ 在菜单栏中，依次选择【文件】>【打开】。

❷ 转到 Lessons >Lesson13 文件夹下，选择 Lesson_13_01_begin.dn 文件，单击【打开】按钮。

为模拟在加入现代雕塑后广场背景的样子，先在【初始资源】中把【莫比乌斯带】模型放入场景中，然后向模型应用【金属】材质，将相机透视与模型匹配起来，将当前场景视图保存为一个相机书签。目前，尚未对灯光做任何操作。

❸ 若想观看准确的灯光效果，请单击【渲染预览】图标（），打开渲染预览功能。请注意，只有打开渲染预览功能，才能看到反光等效果，不然就只能看到粗略的灯光和阴影效果。

❹ 在场景面板中，选择【环境】，在其下显示【环境光照】，然后选择【环境光照】，如图 13-1 所示。

图 13-1

❺ 把鼠标指针移动到【环境光照】上，单击右侧的眼睛图标（），关闭【环境光照】。此时，模型变得漆黑，因为没有任何环境光或其他光源照射到模型，如图 13-2 所示。

图 13-2

❻ 再次单击【环境光照】右侧的眼睛图标（ ），打开【环境光照】。此时，可以在模型的金属表面看到高光和反光效果，但它们似乎与背景图像没有任何关系，如图 13-3 所示。

图 13-3

❼ 在属性面板中，单击【图像】右侧的方框，如图 13-4 所示。

此时，弹出的面板中显示着一幅图像，图像显示的是标准的影棚灯光场景，如图 13-5 所示。若未指定其他环境光照，Dimension 就会自动启用默认环境光照，而默认环境光照会使用这幅图像进行照明。

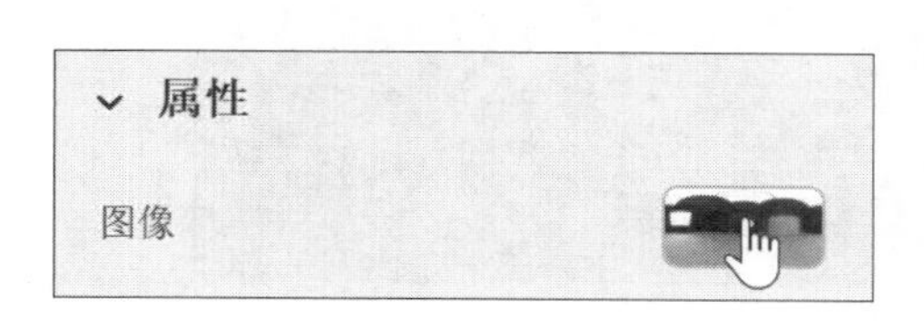

图 13-4

图 13-5

当打在模型上的光线与照在建筑物上的光线一致，并且模型的金属表面上映照出周围的广场与建筑时，整个场景会显得更加自然、真实。事实上，Dimension 能够自动从背景图像中提取这些信息。

❽ 单击画布中的背景图像，选中【环境】。

❾ 在操作面板中，单击【匹配图像】按钮，如图 13-6 所示。

图 13-6

⑩ 取消勾选【将画布大小调整为】；勾选【创建光线】，在其下拉列表中选择【户外日光】，单击【确定】按钮，如图 13-7 所示。

图 13-7

此时，模型的金属表面上就映照出周围的环境与建筑，模型与背景图像融合得更自然、真实，如图 13-8 所示。

图 13-8

⑪ 观察模型在地面上的投影，可以看到投影很强烈，这是因为执行【匹配图像】命令时会在场景中添加一个【阳光】光源。在场景面板中，把鼠标指针移动到【阳光】上，单击右侧的眼睛图标（👁），将其关闭，如图 13-9 所示。

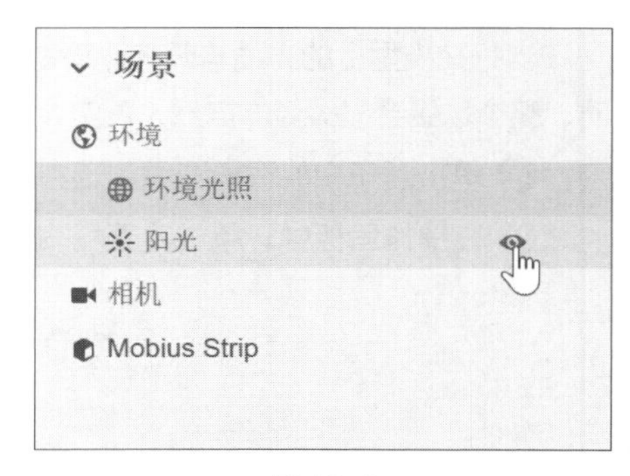

图 13-9

⑫ 在场景面板中，选择【环境光照】。

⑬ 在属性面板中，单击【图像】右侧的方框，如图 13-10 所示。

在弹出的面板中，可以看到一个球面全景，这是 Dimension

根据背景图像自动创建的，如图 13-11 所示。

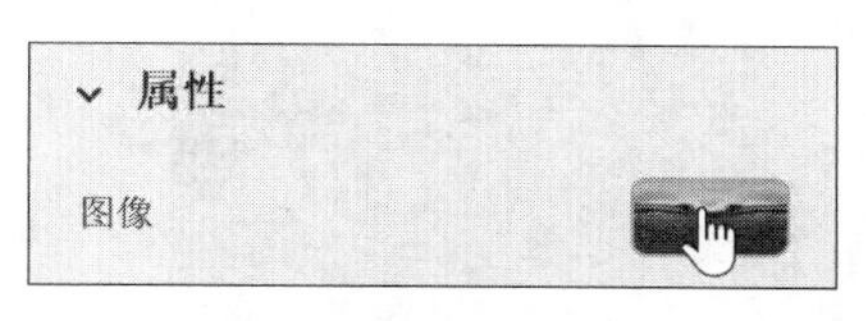

图 13-10

图 13-11

⑭ 在面板之外单击，将其关闭。

⑮ 在属性面板中，把【强度】设置为 130%，如图 13-12 所示，提高照明强度。这只会影响场景中的模型，而不会影响背景图像。

⑯ 在属性面板中，调整【旋转】滑块，旋转环境光照的球面投影。此时，模型表面的高光、阴影、反光会发生变化。

⑰ 在属性面板中，勾选【着色】，并单击【着色】右侧的颜色框。在拾色器中，单击【取样颜色】图标（），如图 13-13 所示，单击天空中的淡蓝色区域。此时，环境光就有了淡蓝色色调。

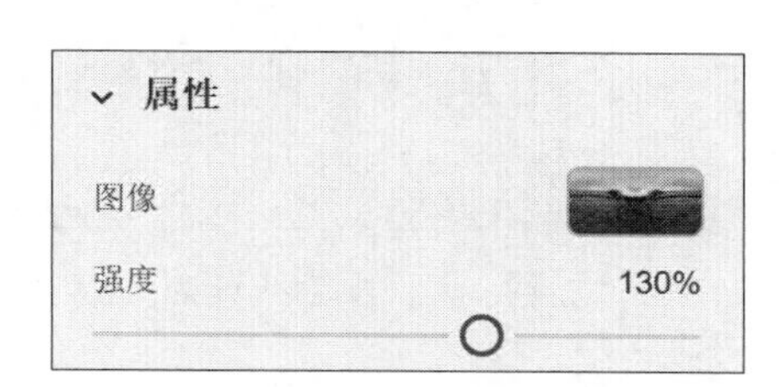

图 13-12

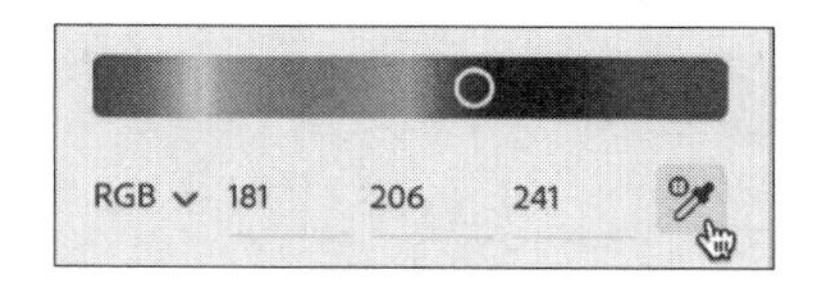

图 13-13

⑱ 按 Esc 键，关闭拾色器。

13.2.1 把位图图像用作环境光

在 Dimension 中，可以轻松地把 AI、EXR、HDRI、JPEG、PNG、PSD、SVG、TIFF 格式的图像作为环境光使用。Dimension 会使用“内容识别填充”技术把这些图像转换成 360° 全景图像。

提示 在上面这些格式的图像中，选用 HDRI、EXR 格式的图像作为环境光，能够获得非常好的效果。因为这两类图像都是高动态范围图像，相比于其他格式的图像，它们能够提供更多的灯光信息。

❶ 在属性面板中，取消勾选【着色】。

❷ 在菜单栏中，依次选择【文件】>【导入】>【图像作为光照】

❸ 选择 Clouds.jpg 文件，单击【打开】按钮，效果如图 13-14 所示。

图 13-14

❹ 在属性面板中，单击【图像】右侧的方框，在弹出的面板中，可以看到 Dimension 把 JPEG 图像转换成了球面图像，如图 13-15 所示。

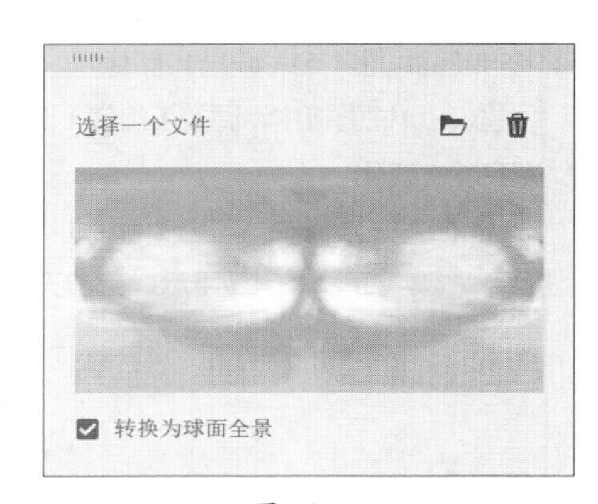

图 13-15

❺ 按 Esc 键，关闭拾色器。

❻ 在场景面板中，单击【阳光】右侧的眼睛图标（），打开【阳光】光源，在场景中添加强烈的投影效果，如图 13-16 所示。

图 13-16

灯光与文件格式

在把 AI、JPEG、PNG、PSD、SVG、TIFF 格式的图像作为环境光使用时，并不能产生逼真的光影效果。这是因为这些格式的图像都是低动态范围图像，仅包含环境照明和反光。此时，可以通过添加阳光来产生强烈的光影效果。

在 Dimension 中，可以导入 HDRI、EXR 格式的图像作为环境光使用。这类图像都是高动态范围图像，能够产生逼真的环境光、反光，以及强烈的光影效果。

此外，还可以导入 IBL（Image Based Light）文件作为环境光使用。IBL 文件是个打包的容器，其中包含多幅图像，分别对应于光照、反光、背景。这种文件能够产生非常真实的光影效果，但是由于文件格式不统一，有些 IBL 文件无法正常导入 Dimension 中使用。

13.2.2 使用初始资源中的环境光

在 Dimension 中，向球体、圆锥应用灯光有助于理解某些灯光的行为方式。下面向一个包含这些对象的简单场景中应用环境光，并进行编辑。

❶ 在菜单栏中，依次选择【文件】>【打开】。

❷ 转到 Lessons >Lesson13 文件夹下，选择 Lesson_13_02_begin.dn 文件，单击【打开】按钮。此时，整个场景中只有一个默认的环境光，每个新文件都包含这个默认的环境光。

❸ 在工具面板顶部，单击【添加和导入内容】图标（⊕）。

❹ 选择【初始资源】。

❺ 单击【光照】图标（☀），使面板仅显示灯光。

❻ 在【环境光】下，单击【摄影棚暖色主光】，如图 13-17 所示。

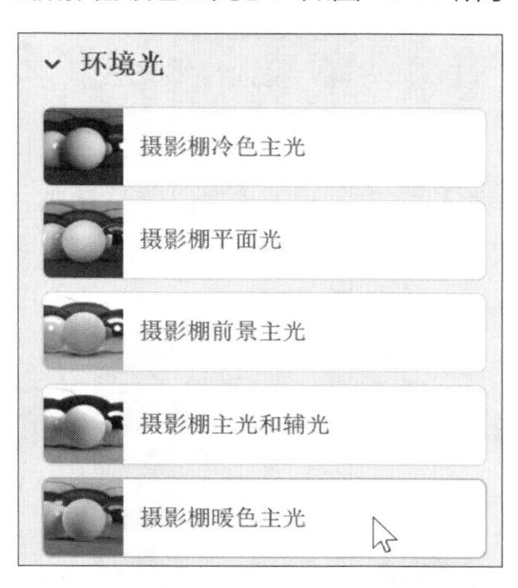

图 13-17

提示 Adobe Stock 网站中有海量的环境光资源，这些环境光资源都针对 Dimension 做了特别优化，用起来非常方便。如果用户想使用这些资源，请前往 Adobe Stock 网站购买。

此时，可以看到对象上的高光区域、光线颜色，以及阴影方向都发生了变化，如图 13-18 所示。

图 13-18

❼ 在场景面板中，选择【环境】，在其下方显示出【环境光照】，然后选择【环境光照】，如图 13-19 所示。

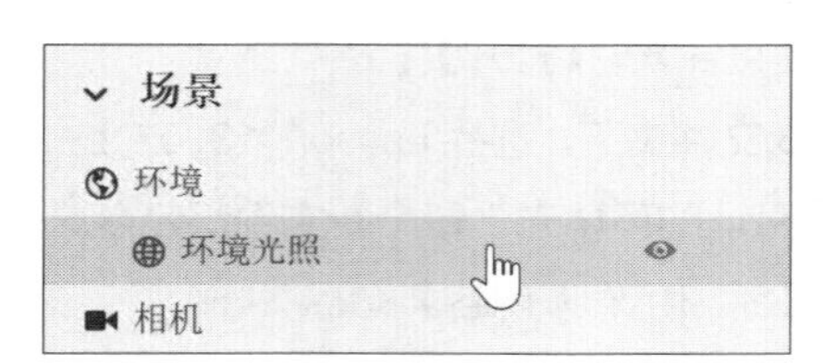

图 13-19

❽ 在属性面板中，调整【强度】【旋转】【着色】属性，了解一下这些属性是如何影响环境光的，如图 13-20 所示。

> **注意** 一个场景可以只包含一个【环境光照】，此时场景面板中就只显示【环境光照】。这可能会让人有些困惑，因为作为环境光使用的图像中可能包含多个灯光。

❾ 在内容面板中，选择【摄影棚舞台光 A】，如图 13-21 所示。

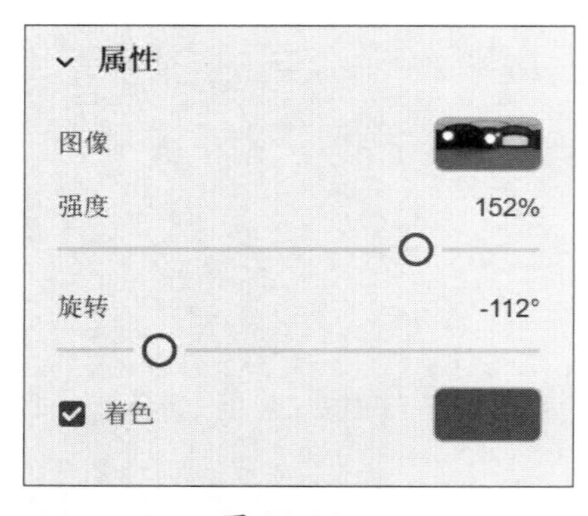

图 13-20

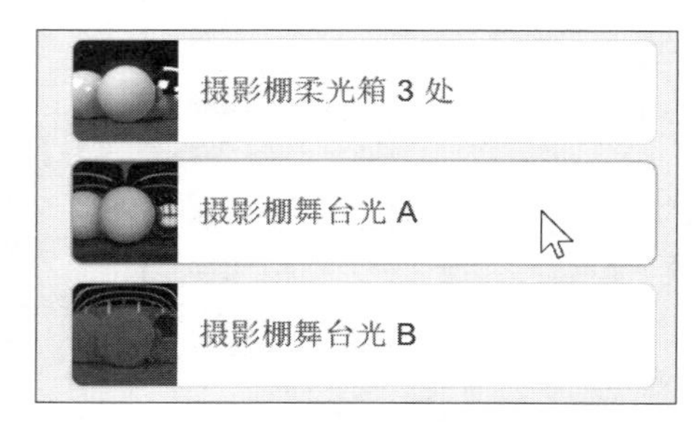

图 13-21

❿ 在属性面板中，可以看到【强度】【旋转】分别被设置为 100% 与 0°，而且【着色】处于未勾选状态。每次向场景中应用新的环境光，这些属性的值都会被重置成默认值。

⑪ 在属性面板中，单击【图像】右侧的方框，弹出的面板显示出用来生成“摄影棚舞台光 A”的球面全景，如图 13-22 所示。

图 13-22

⑫ 在场景面板中，单击【Sphere】，如图 13-23 所示，将其选中。

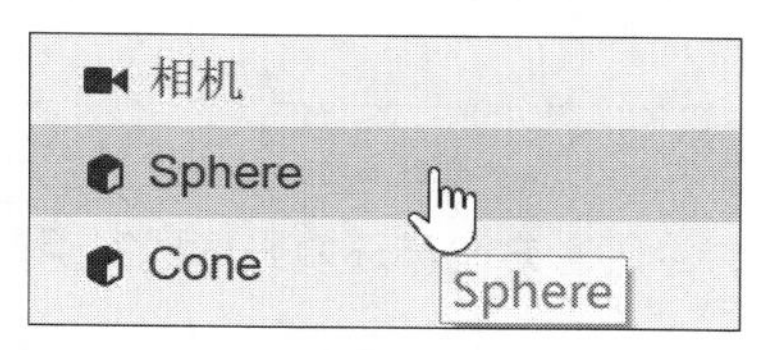

图 13-23

⑬ 在菜单栏中依次选择【相机】>【构建选区】，或者按键盘上的 F 键。

⑭ 可以看到球体金属表面上的反光和图像选择面板中显示的图像是一样的，如图 13-24 所示。

图 13-24

⑮ 在场景面板中，选择【环境】。

⑯ 在属性面板中，调整【旋转】的滑块，可以看到球体模型表面上的反光发生了旋转变化。

⑰ 在菜单栏中，依次选择【相机】>【切换到主视图】，重置相机视角。

13.3 在场景中添加阳光

除了环境光照之外，场景还可以包含另外一个光源——阳光，它是一种特殊的定向光。

❶ 在内容面板的【定向光】下，选择【阳光】，如图 13-25 所示。

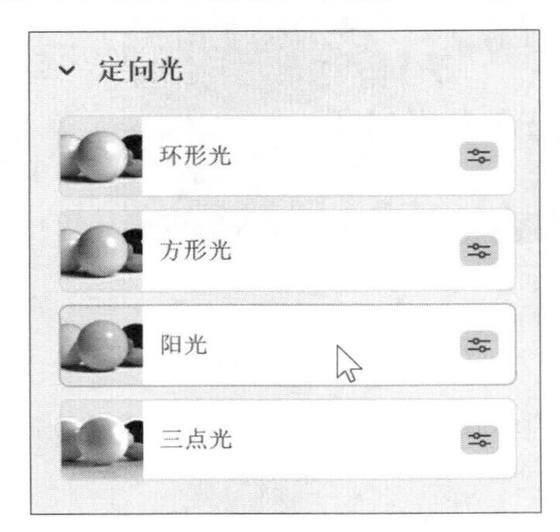

图 13-25

此时，模型产生强烈的阴影效果，阴影方向与环境光形成的阴影方向一样，如图 13-26 所示。

图 13-26

❷ 在场景面板中，选择【环境】（非【环境光照】），如图 13-27 所示。

图 13-27

❸ 尝试调整【全局强度】与【全局旋转】属性，观察它们是如何影响场景中光线（环境光照与阳光）的强度与旋转效果的，如图 13-28 所示。

❹ 在菜单栏中，多次选择【编辑】>【还原编辑场景】，直到【全局强度】恢复成 100%、【全局旋转】变为 0°。

❺ 在场景面板中，选择【阳光】，如图 13-29 所示。

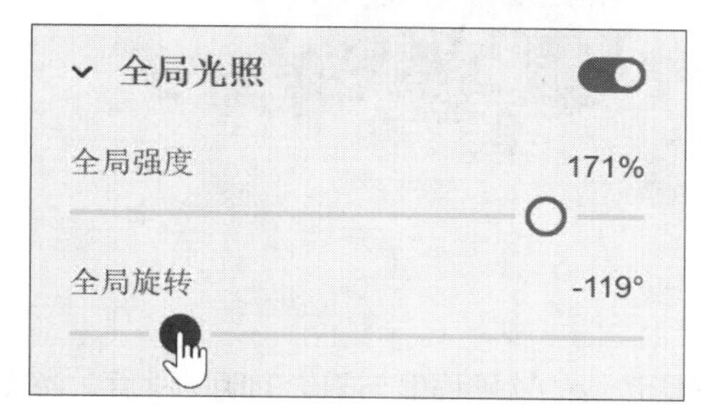

图 13-28

图 13-29

❻ 在属性面板中，把【旋转】设置为 100°，使阳光从右上方照射下来。此时，可以看到阴影方向发生了变化，并且圆锥体前面出现了高光，如图 13-30 所示。

图 13-30

> 注意 【强度】属性控制着阳光的明亮程度。Dimension 会根据太阳的位置自动调整光线的亮度。例如当太阳靠近地平线时，光线会暗一些；当太阳升高时，光线会亮一些。

❼ 把【强度】设置为 80%。

❽ 把【高度】设置为 20°，此时，太阳较低，物体的阴影相对较长。

【高度】属性控制着太阳的垂直旋转角度。调整【高度】属性时，太阳光的照射方向一样，但是在天空中的高度发生了变化。【高度】越接近 0°，太阳光在天空中的高度越低，产生的阴影越长，如图 13-31 所示。【高度】越接近 90°，太阳光在天空中的高度越高，产生的阴影越短。

注意 除了改变阴影长度，【高度】还可以改变阳光颜色。【高度】越接近 0°，光线颜色越偏红色，如黎明或黄昏时的光线；【高度】越接近 90°，光线颜色越接近白色，如中午时分。勾选【着色】后，阳光颜色为用户选择的颜色。

图 13-31

❾ 把【混浊度】设置为 40%。【混浊度】控制着投影边缘的软硬程度与阴影的明暗程度。当【混浊度】是 0% 时，阴影边缘最硬；当【混浊度】是 100% 时，阴影边缘最软。阴影离模型越远，边缘越软，如图 13-32 所示。

图 13-32

13.4 使用定向光

每个场景中只能添加一个环境光照和一个阳光，但是可以添加多个定向光，数量不限。

❶ 在场景面板中，把鼠标指针移动到【环境光照】上，单击其右侧的眼睛图标（ ），将其隐藏起来。

❷ 把鼠标指针移动到【阳光】上，单击其右侧的眼睛图标（ ），将其隐藏起来。

❸ 在内容面板的【定向光】下，选择【环形光】。此时，场景面板中出现一个名为“定向光”的灯光，如图 13-33 所示。

在场景中添加金属球体，以便观察灯光效果。隐藏场景中的所有灯光，只保留刚刚添加的定向光，观察其在金属球上的照射效果，如图 13-34 所示。

图 13-33

图 13-34

❹ 在属性面板中，把【大小】设置为 50%、【边缘柔和度】设置为 80%，如图 13-35 所示，可以看到球体上的反光发生了变化。

❺ 在【形状】下拉列表中，选择【正方形】。

❻ 除了可以在属性面板中修改【旋转】和【高度】之外，还可以使用操作面板中的将光线对准一个点功能来调整这些属性。在操作面板中，单击【将光线对准一个点】。

❼ 单击场景中某个模型的表面并拖动，使光线照射到鼠标指针所在的位置。此时，【旋转】和【高度】同时发生变化。

❽ 往场景中添加一个【环形光】和【方形光】，并根据需要调整它们的位置。请注意，添加到场景中的定向光默认名称是“定向光 2”“定向光 3”等，为了便于区分各个灯光，最好给它们起一个有意义的名称，如根据灯光的用途、方向等对其重命名，如图 13-36 所示。

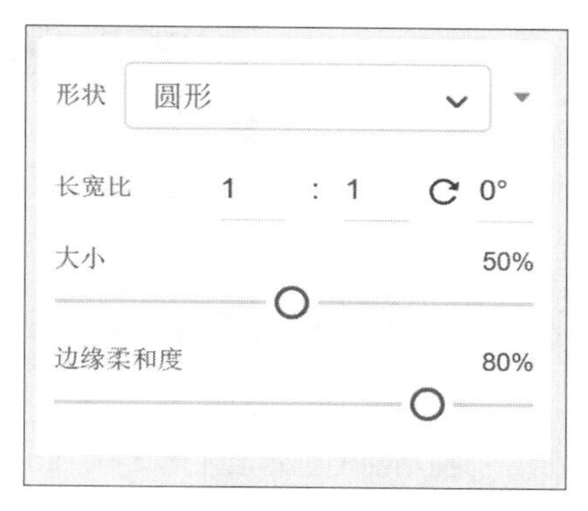

图 13-35

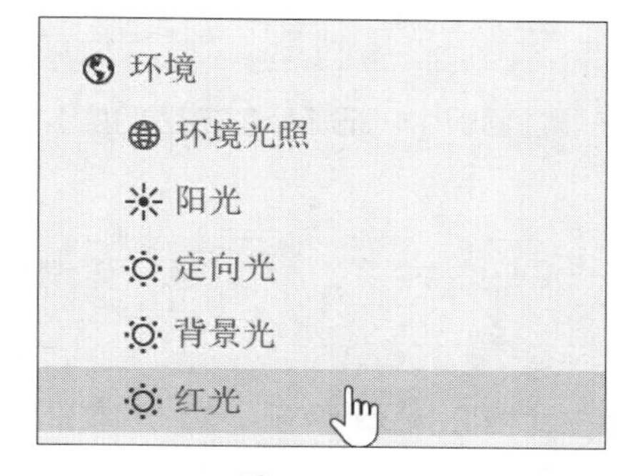

图 13-36

❾ 在场景面板中，依次单击 3 个定向光，然后单击操作面板中的【删除】图标（🗑），把它们从场景中删除。

❿ 在内容面板的【定向光】下，选择【三点光】。此时，场景面板中添加了 3 个灯光——主光、辅光、背景光（见图 13-37）。这 3 个灯光都是【方形光】，用户可以像调整其他定向光一样在属性面板中调整它们的属性。【三点光】是影棚中常用的灯光设置。主光是 3 个灯光中最亮的，从一侧照向主体；辅光亮度要低一些，从另一侧照向主体；背景光从主体背后照向主体。这些灯光的属性都可以在属性面板中进行调整，跟修改其他定向光的属性一样。

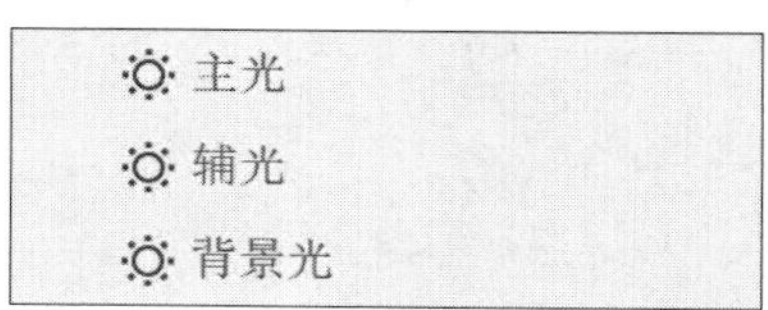

图 13-37

13.5 使用发光材质

有时，场景中还会用到另外一种灯光：发光材质。例如，【初始资源】中的【发光体】就是一种发光材质，这种材质与大部分材质不一样，它本身能发光，而大部分材质在默认设置下只能反射周围的光线。

❶ 在场景面板中，单击各个灯光右侧的眼睛图标（👁），把场景中的所有灯光隐藏起来，包括环境光照、阳光、定向光。此时，场景中模型的颜色变为全黑色。

虽然当前场景中的灯光全部关闭，但是背景颜色仍然呈现为淡黄色。这是因为背景无论是纯色还是图像，都不受场景中的灯光影响。这一点在用户看到有真实的阴影投射到背景上时很容易忘记。请记住，背景亮度永远不会随着场景灯光的变化而变化。如果希望改变背景亮度，必须通过手动改变背景颜色或背景图像来实现。

❷ 使用选择工具单击背景，选择【环境】。

❸ 在属性面板中，单击【背景】右侧的颜色框，如图 13-38 所示，打开拾色器。

❹ 把 R、G、B 值分别设置为 150、150、150，如图 13-39 所示，然后在拾色器之外单击或者按 Esc 键，将其关闭。此时，背景颜色变成深灰色。

图 13-38

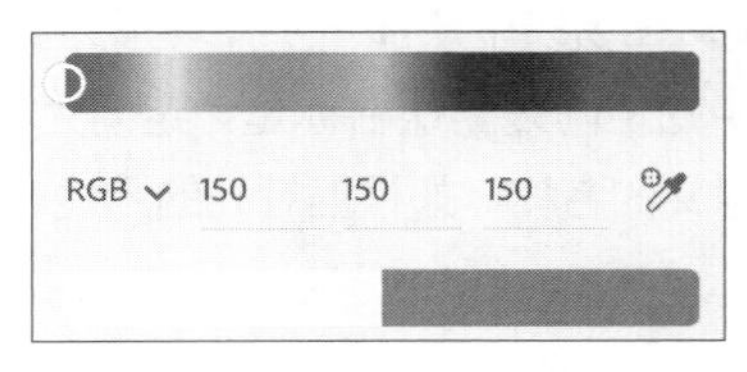

图 13-39

❺ 在属性面板中，把【反射不透明度】设置为 10%，【反射粗糙度】设置为 50%，如图 13-40 所示。

> **注意** 向一个模型应用了一种包含发光属性的材质之后，根据地平面反射不透明度的不同，模型发出的光线对地平面所产生的影响也不同。

❻ 单击【相机书签】图标（📷），单击“Mobius strip”书签，使相机对准【Mobius strip】模型，如图 13-41 所示。

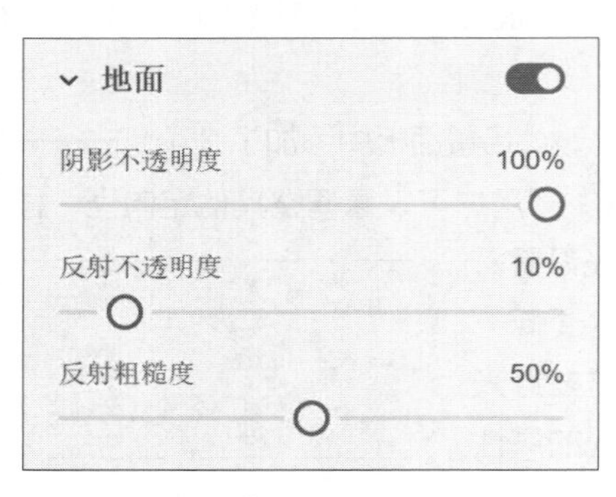

图 13-40

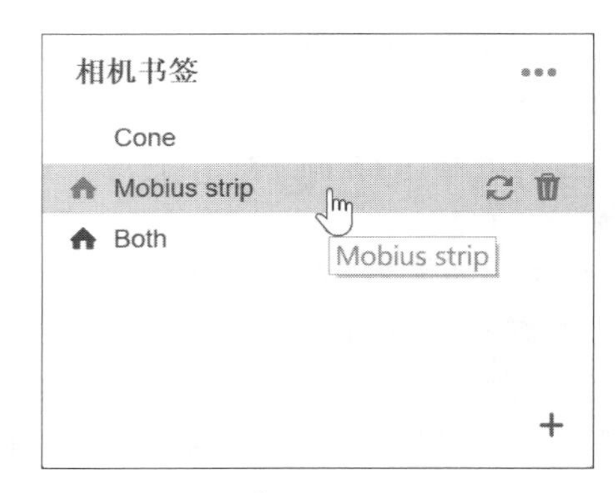

图 13-41

❼ 在场景面板中，选择【Sphere 2】模型。

⑧ 在初始资源面板中，单击【发光体】材质，如图 13-42 所示，将其应用到【Sphere 2】模型上。

💡 提示　在初始资源面板中选择某种 MDL 材质，然后在属性面板中调整材质的【发光度】属性，可以使所选材质成为发光材质。

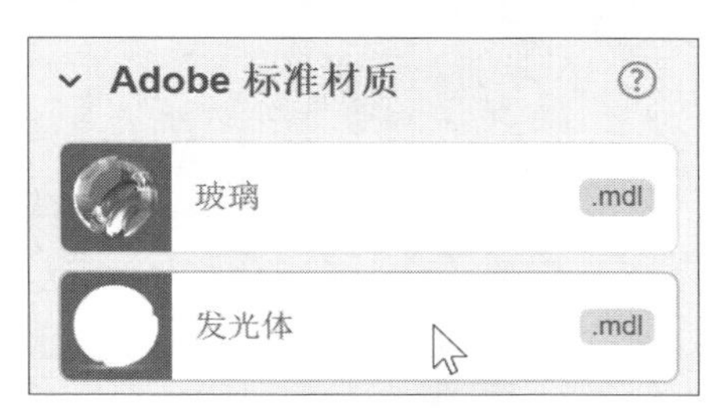

图 13-42

此时，【Mobius strip】模型被应用在【Sphere 2】模型上的发光材质照亮，如图 13-43 所示。

图 13-43

13.6 复习题

❶ Dimension 支持哪 3 种灯光？

❷ 场景中没有灯光会发生什么？

❸【混浊度】属性对场景有什么影响？

❹ 增加太阳光在天空中的高度会对场景产生什么影响？

❺ 自定义环境光时，可以使用什么格式的图像？

❻ 什么是【三点光】？

13.7 答案

❶ Dimension 支持三种灯光，分别是环境光、定向光、发光材质。

❷ 场景中的模型会变黑，但背景光照不会改变。

❸【混浊度】越增大，阴影越淡，边缘越柔和。

❹ 太阳光在天空中的高度越高，阴影越短，光线颜色越接近白色。

❺ 在 Dimension 中自定义环境光时，可使用如下格式的图像：AI、EXR、HDRI、JPEG、PNG、PSD、SVG、TIFF。其中，EXR、HDRI 格式的图像支持高动态范围，效果非常好。

❻【三点光】是定向光中的一种，可以在初始资源面板中找到它。它模拟的是影棚拍摄中常用的灯光设置，包括一个主光、一个辅光、一个背景光。

第 14 课

认识 UV 贴图

课程概览

本课，我们学习如何把一个 UV 贴图（2D）应用到 3D 模型上，涉及如下内容。

- 如何从 3D 模型导出 UV
- 如何判断 UV 的某部分对应 3D 模型的哪个面
- 如何把图像添加到 UV 上，以便精确映射到模型表面
- 模型未包含准确的 UV 信息时的处理方法

学习本课大约需要 45 分钟

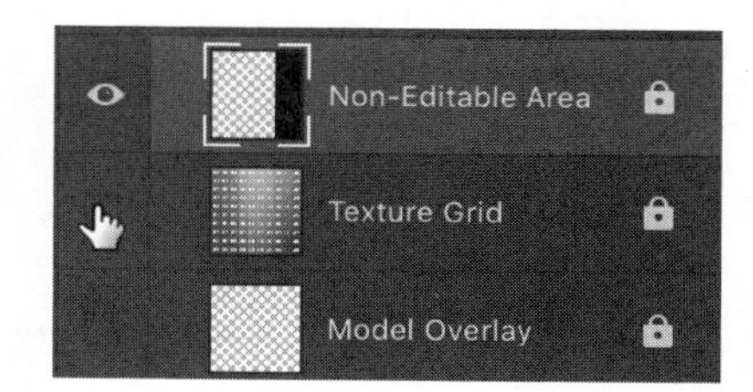

在 Dimension 中，可以轻松地导出 UV，这对创建并在 3D 模型表面上精确放置 2D 图像、图案、颜色非常有用。

14.1 UV 贴图简介

在 3D 建模领域，UV 贴图是 3D 模型表面的平面化表示，也可以说是 3D 模型的展开版本。想象有一个缝好的布制动物玩偶，仔细拆开所有接缝，把各个布片摊平，这些布片就是这个玩偶的 UV。

注意 在这里，UV 并不是一个缩写词，UV 指的是 2D 图像的坐标轴。因为 X、Y、Z 已经被用来表示 3D 模型中的坐标轴，所以人们就选用了 U 和 V 这两个字母来表示 2D 图像的坐标轴。

要想把一个图形、纹理、材料准确地放置到 3D 模型表面，这个模型就必须包含准确的 UV 信息。一个优秀的建模师在建模过程中肯定会精心制作 UV 贴图。

展开图 14-1（a）所示的立方体模型，会得到图 14-1（b）所示的 UV 贴图。

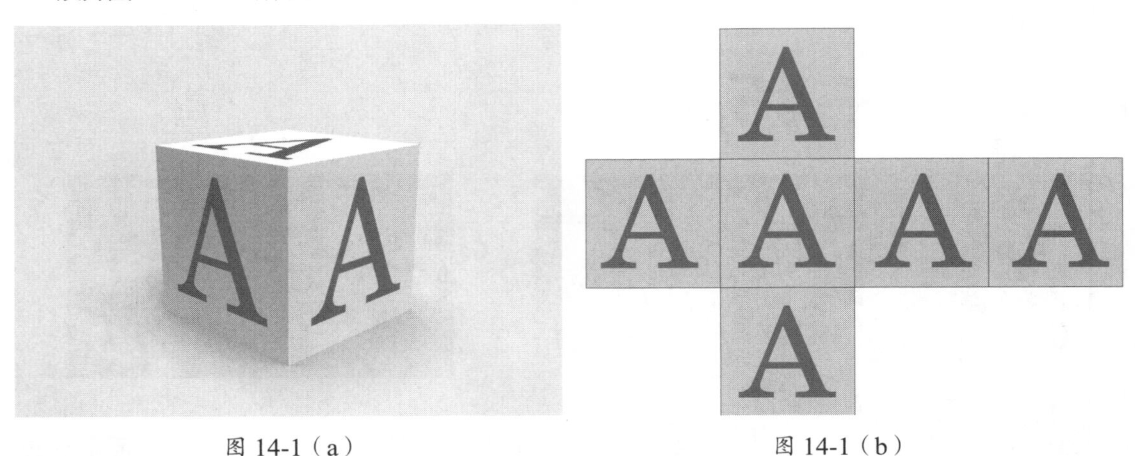

图 14-1（a）　　图 14-1（b）

14.2 查看 UV

在 Dimension 中，可以轻松地把模型中包含的 UV 导出成一个 PSD 文件。

注意 为确保用户看到的软件界面与书中截图一致，请在学习之前重置首选项，重置方法请阅读前言中“恢复默认首选项”部分的内容。

❶ 单击【打开】按钮，在【打开】对话框中，转到 Lessons> Lesson14 文件夹下，选择 Lesson_14_01_begin.dn 文件，单击【打开】按钮，将其打开。

本课在场景中添加了一个“带标志牌的公共汽车站台”模型，用户可以在初始资源面板中找到这个模型。场景背景图片是柏林火车站。添加好模型之后，把模型重命名成“Kiosk”，并更改应用到模型上的一些材质的属性。

❷ 单击画布右上角的【相机书签】图标（）。

❸ 在相机书签面板中，单击“Kiosk”书签。

此时，Dimension 重新调整相机位置，以便显示整个站台模型。

❹ 使用选择工具选择【Kiosk】模型。在场景面板中，可以看到 Kiosk 编组包含 4 个模型，分别是【Glass】【Frame】【Roof】【Sign】，如图 14-2 所示。

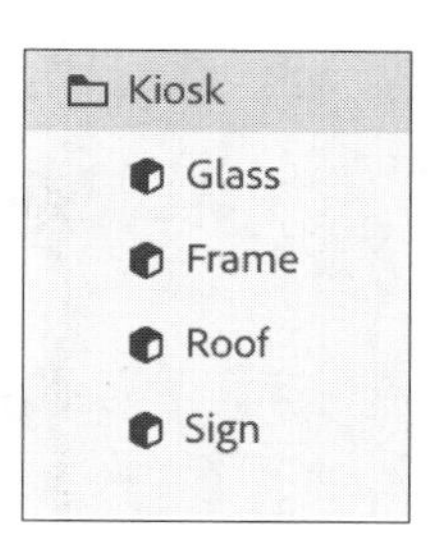

图 14-2

❺ 在菜单栏中，依次选择【对象】>【导出 UV】。

❻ 在【导出 UV】对话框中，【分辨率】保持默认设置。如果打算编辑 UV，将其用在一个尺寸更大、分辨率更高的场景中，则应在【分辨率】中选择一个更大的分辨率。

❼ 单击【存储至】下方的蓝色路径名，如图 14-3 所示。

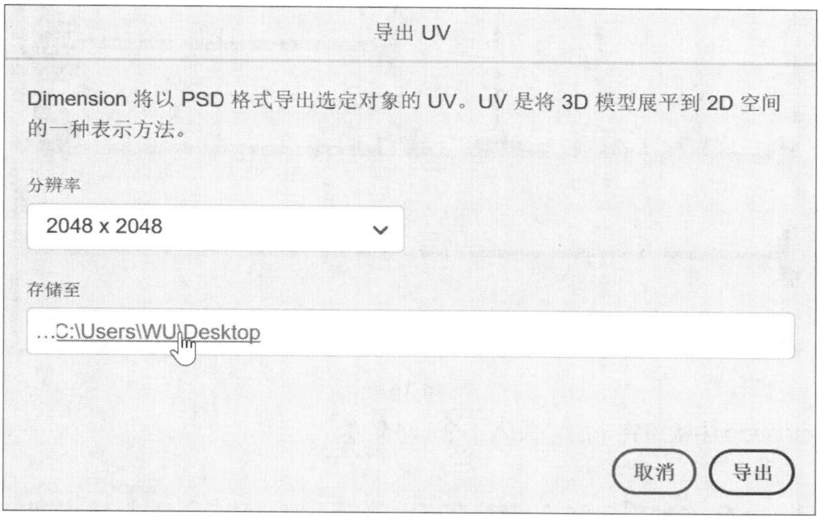

导出 UV

Dimension 将以 PSD 格式导出选定对象的 UV。UV 是将 3D 模型展平到 2D 空间的一种表示方法。

分辨率

2048 x 2048

存储至

...C:\Users\WU\Desktop

取消　导出

图 14-3

❽ 选择一个保存位置，单击【选择文件夹】。

❾ 单击【导出】按钮。

❿ 在 Finder 或文件浏览器中，找到刚刚导出的文件。请注意，导出 UV 时，Dimension 会创建一个名为“Kiosk_UVs”的文件夹，其中包含 4 个 UV 文件（PSD 格式），每个文件名称的前缀是各个模型的名称，如图 14-4 所示。

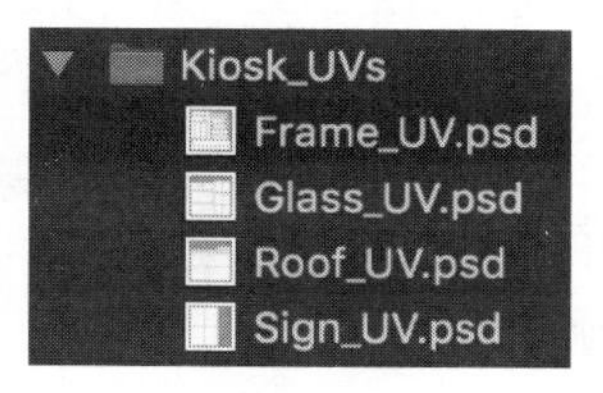

图 14-4

⓫ 在 Phtoshop 中，打开各个 UV 文件，进行检查。

每个文件中的白色区域是 Dimension 中相应模型各部分的展平形式，如图 14-5 所示。有些很简单（如 Sign_UV.psd），有些则很复杂（如 Frame_UV.psd）。

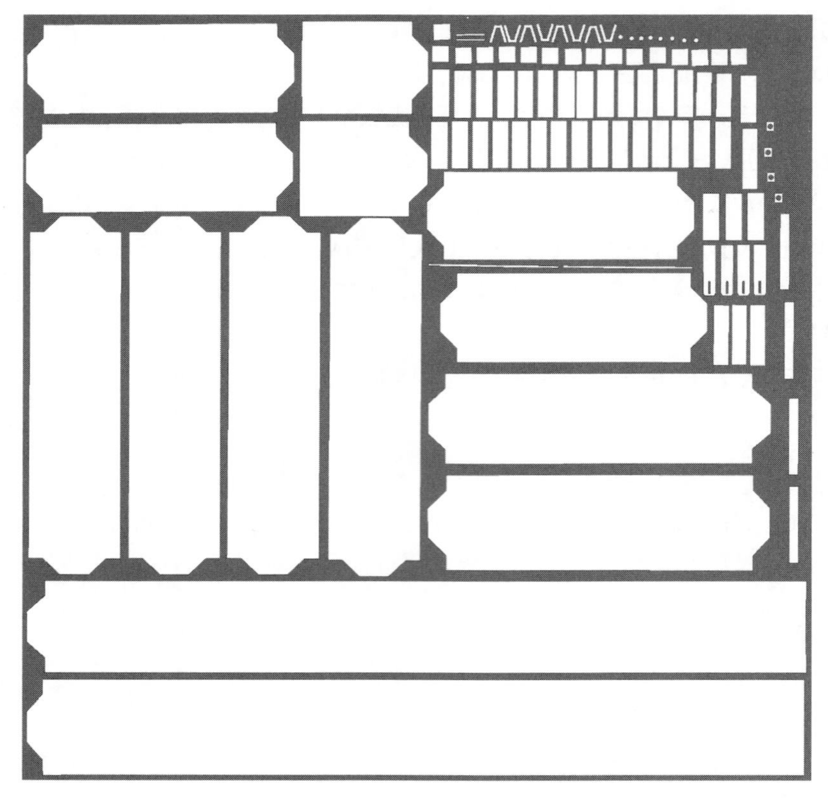

图 14-5

⑫ 在 Photoshop 中检查完毕后，关闭 4 个 UV 文件。

14.3 使用 UV

借助 UV，可以轻松、准确地把颜色、图案、纹理应用到模型特定的部分。

❶ 在 Photoshop 中，打开 Sign_UV_modified.psd 文件（位于 Lessons > Lesson14 文件夹中）。

❷ 在 Photoshop 图层面板中，可以看到 6 个图层。这些图层（不包括 Kiosk poster 图层）是在导出 UV 时由 Dimension 自动创建的，如图 14-6 所示。

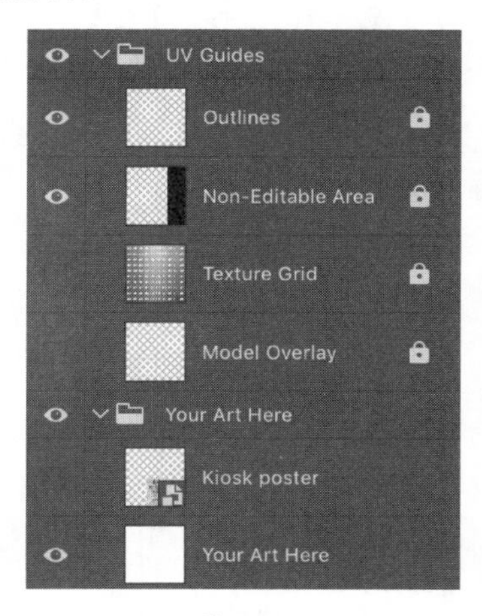

图 14-6

信息亭包括 4 个白色的广告位，用来粘贴海报。可以在 Non-Editable Area 图层上看到每个广告位的 2D 展平形式。问题是，用户不知道它们对应 Dimension 中模型的哪个部分。

❸ 在 Photoshop 图层面板中，单击 Texture Grid 图层左侧的方框，将其显示出来，如图 14-7（a）所示。此时，UV 文件上显示带编号的网格，如图 14-7（b）所示。

❹ 在菜单栏中依次选择【文件】>【存储】，保存 Sign_UV_modified.psd 文件。

❺ 在 Dimension 中，当前 Lesson_14_01_begin.dn 文件应该仍处于打开状态。若非如此，请重新打开它。

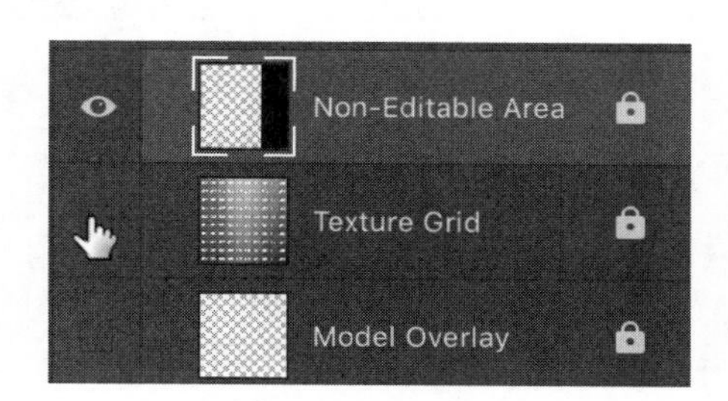

图 14-7（a）

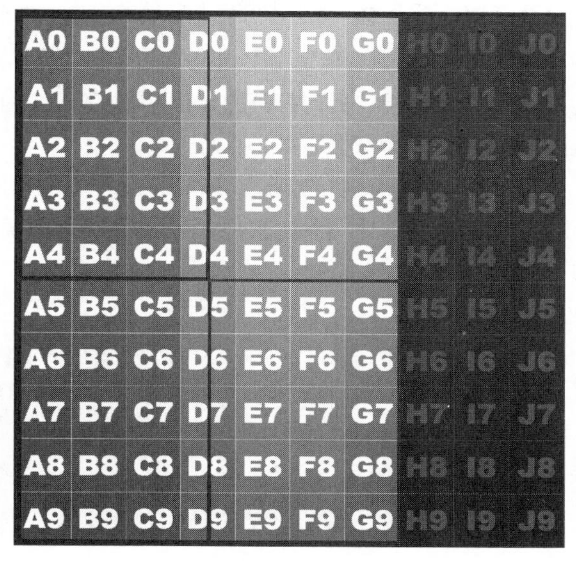

图 14-7（b）

❻ 在场景面板中，把鼠标指针移动到【Sign】模型上，单击其右侧的箭头图标（ > ），显示模型材质。

❼ 在属性面板中，单击【底色】右侧的方框，如图 14-8 所示。

❽ 在图像面板中，单击文件夹图标，如图 14-9 所示。

图 14-8

图 14-9

❾ 选择 Sign_UV_modified.psd 文件，单击【打开】按钮。

❿ 按 Esc 键，关闭图像面板。

⓫ 此时，信息亭的内部右侧广告位上显示出纹理网格，如图 14-10 所示。

⓬ 在菜单栏中，依次选择【相机】>【切换到主视图】，显示原始视图。

纹理网格有助于在 UV 文件中找出要编辑的区域，以便改变模型上特定的区域。

⑬ 若场景面板当前显示的不再是【Sign Material】，请把鼠标指针放到【Sign】模型上，然后单击其右侧的箭头图标（ › ），显示出【Sign Material】。

⑭ 在属性面板中，单击【底色】右侧的方框，如图 14-11 所示。

⑮ 在图像面板中，单击铅笔图标，如图 14-12 所示，在 Photoshop 中打开图像。请注意，此时打开的是 UV 文件的一个内部副本，该副本由 Dimension 保存在 DN 文件中。

请注意，纹理网格中的 E5、F5、G5 在 UV 贴图右下方的矩形中。接下来，我们向这个矩形添加图像，该图像会显示在信息亭的内部右侧广告位上。

图 14-10

图 14-11

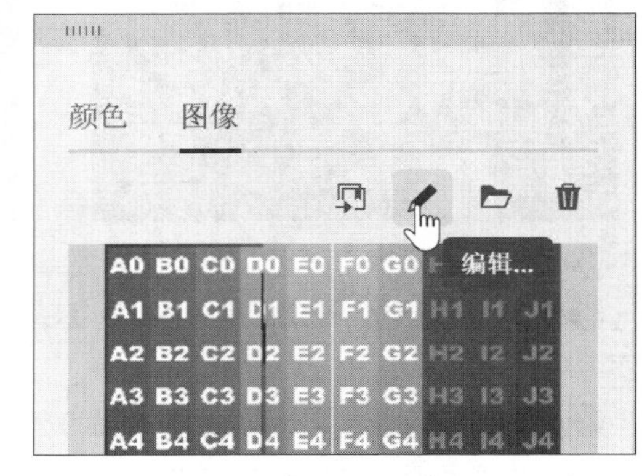

图 14-12

⑯ 在 Photoshop 的图层面板中，单击 Texture Grid 图层左侧的眼睛图标（ 👁 ），将其隐藏起来。

⑰ 在 Photoshop 的图层面板中，单击 Koisk poster 图层（这是一张海报）左侧的方框（单击后方框中出现眼睛图标），如图 14-13（a）所示，将其在 UV 贴图右下方的矩形中显示出来，如图 14-13（b）所示。

⑱ 在 Photoshop 中，在菜单栏中依次选择【文件】>【关闭】，打开询问是否保存更改的对话框，单击【是】。请注意，这里修改的是保存在 DN 文件中的 UA 文件的副本，原始 Sign_UV_modified.psd 文件不会被覆盖。

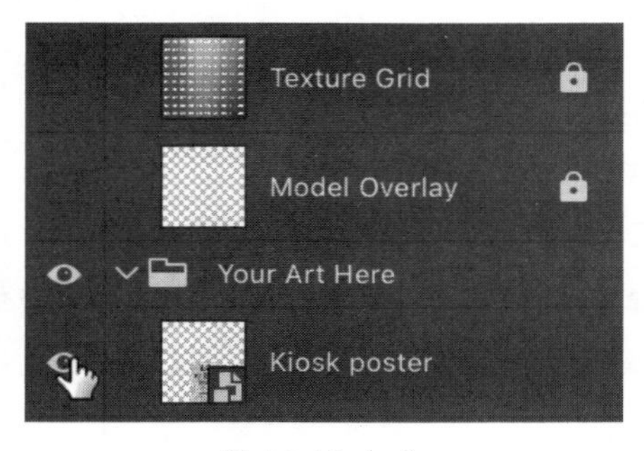

图 14-13（a）

图 14-13（b）

返回到 Dimension 中，此时海报已经出现在内部右侧广告位上，如图 14-14 所示。用户可以在本课文件夹中找到一个名为 Lesson_14_01_render.psd 文件，打开看一下最终渲染效果。

图 14-14

不可以直接把海报以图形形式贴到信息亭模型表面上吗？当然可以这样做。但是使用 UV 贴图，能知道要应用的海报的准确尺寸。另外，借助于复杂、不规则的 UV 贴图，可以把颜色、图案等精确地放置在模型表面的特定位置上。

14.4 生成 UV

有些模型不包含 UV，或者包含的 UV 不准确。针对这些情况，Dimension 提供了生成 UV 的功能。

❶ 打开 Lesson_14_02_begin.dn 文件（位于 Lessons> Lesson14 文件夹中）。

❷ 使用选择工具选择【Can】模型。可以在初始资源中找到这个模型，它包含精心制作的 UV。首先，导出并检查这些 UV，然后自动生成新的 UV，将其与原始 UV 进行比较。

❸ 在菜单栏中，依次选择【对象】>【导出 UV】。

❹ 在【导出 UV】对话框中，【分辨率】保持默认设置。

❺ 单击【存储至】下方的蓝色路径名，如图 14-15 所示。

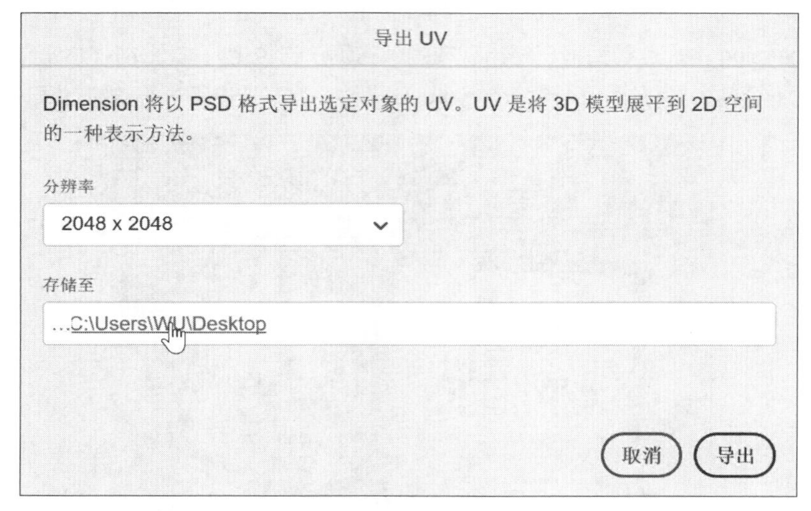

图 14-15

❻ 选择保存位置，单击【选择文件夹】。

❼ 单击【导出】按钮。

❽ 在 Finder 或文件浏览器中，找到刚刚导出的 Can_UV.psd 文件。在 Photoshop 中打开它，并进行检查，如图 14-16 所示。

❾ 关闭 Can_UV.psd 文件。

❿ 在 Dimension 中，在菜单栏中依次选择【对象】>【生成 UV】。

⓫ 在菜单栏中，依次选择【对象】>【导出 UV】。

⓬ 在【导出 UV】对话框中，【分辨率】保持默认设置。

⓭ 单击【存储至】下方的蓝色路径名。

⓮ 选择保存位置，单击【选择文件夹】。如果需要，可以覆盖原始的 Can_UV.psd 文件。

图 14-16

⑮ 单击【导出】按钮。

⑯ 在 Finder 或文件浏览器中，找到刚刚导出的 Can_UV.psd 文件。在 Photoshop 中打开它，并进行检查，如图 14-17 所示。

图 14-17

可以看出，Dimension 自动生成的 UV 不像手工制作的 UV（包含在【Can】模型中）那样容易理解与使用，但对于那些不包含准确 UV 的模型来说，生成 UV 功能还是很有用的。

> 提示 在 Dimension 导出的 UV 中，灰色区域代表不可编辑。灰色区域中的任何内容都不会显示在 3D 模型上。

14.5　复习题

❶ 什么是 UV 贴图？

❷ 在从 Dimension 导出的 UV 中，Texture Grid 图层有什么用？

❸ 如果模型不包含 UV，或者包含的 UV 不准确，我们该怎么办？

14.6　答案

❶ UV 贴图是 3D 模型表面的平面化表示。

❷ Texture Grid 图层是带编号的网格。把这个图层显示出来并把 UV 放置到 3D 模型上，会在模型表面看到纹理网格，指示 UV 上要放置作品的地方对应模型的哪个特定位置。

❸ 如果模型不包含 UV，或者包含的 UV 不准确，最明智的做法是请求模型制作者制作准确的 UV。其次，也可以使用【对象】>【生成 UV】命令，自动生成 UV。这些自动生成的 UV 也许能够满足用户的要求，也许不能，这要看模型的复杂度及模型的创建方式。

第 15 课

导出模型与场景

课程概览

本课，我们将学习如何在 Dimension 中把模型和场景导出，涉及如下内容。

- 如何保存所选模型，以便在其他场景中使用
- 在 Dimension 中如何使用 Creative Cloud 库
- 如何导出一个场景，以供在 Web 中浏览
- 如何导出一个模型，以供增强现实软件使用

学习本课大约需要 45 分钟

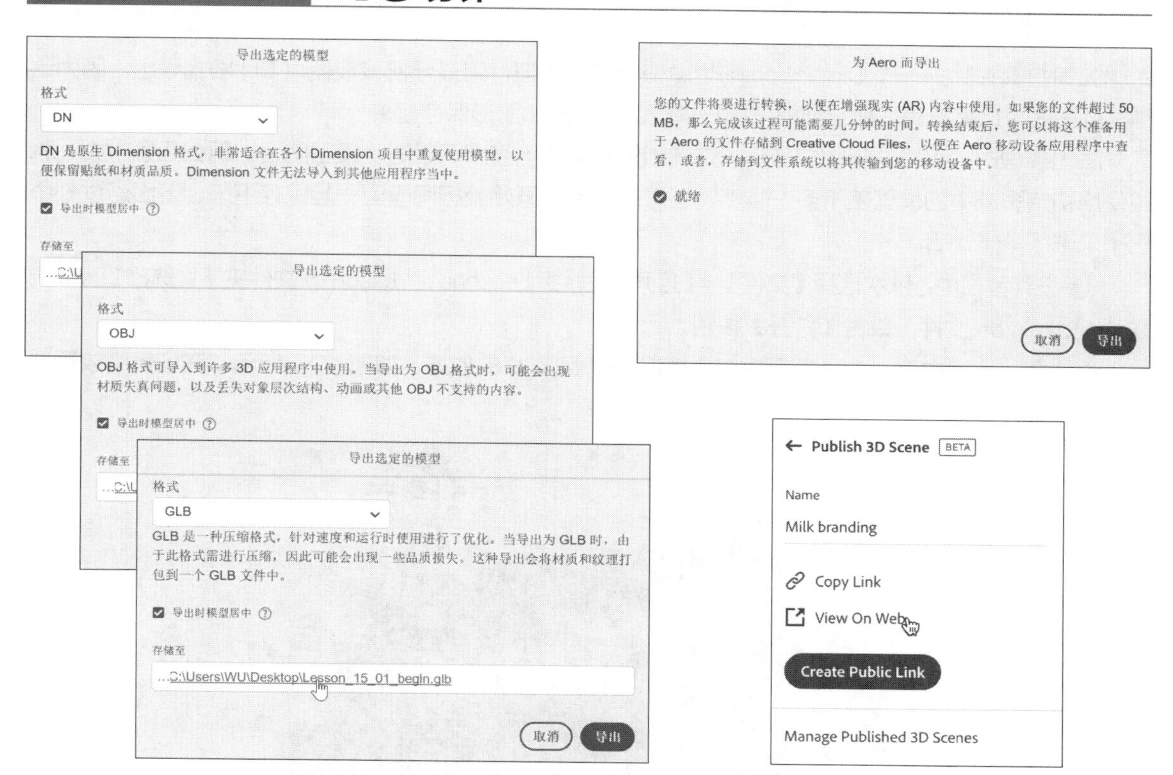

Dimension 提供了强大的导出功能。借助该功能，可以把模型以各种格式导出，以便用在其他 Dimension 场景或 3D 软件中，或者放在网络上供用户浏览，或者用在 Adobe Aero 等增强现实软件中。

15.1 导出模型

Dimension 是一个 3D 场景搭建工具，其主要功能是创建 3D 场景，一般工作流程：导入从各种来源获取的 3D 模型，向模型表面应用材质和图形，在场景中安排模型，向场景中添加灯光与背景图像，导出场景。导出场景时，默认使用的是 Dimension 的专用文件格式——DN 格式，这种格式的文件只有 Dimension 才能打开。

在 Dimension 中，不仅可以以 DN 格式导出所选模型，还可以以其他格式导出所选模型和整个场景。

Dimension 支持以如下格式导出内容。

DN：该格式是 Dimension 的专用文件格式，使用这种格式把模型导出之后，其他 Dimension 用户可以很轻松地共享模型，并将其用到不同的场景中。

glTF：GL 传输格式，任何人都可以免费使用这种格式，借助这种格式，应用程序可以高效传输和加载 3D 场景和模型。

GLB：glTF 格式的二进制版本。

OBJ：这是一种常见的 3D 标准文件格式，许多 3D 建模软件都支持这种格式。

15.1.1 以 DN 格式导出模型

如果打算在另外一个 Dimension 场景中使用某个模型，则最好把该模型以 DN 格式导出。因为这种文件格式可以很准确、稳定地把应用在模型上的材质和图形保存起来。

导出模型时，可以选择重置坐标，这样当把模型导入某个场景时，模型就会出现在场景中央，就跟使用初始资源中的模型差不多。当然，还可以选择把原始坐标同模型一起保存下来。下面通过一个例子来进行具体介绍。

❶ 在菜单栏中，依次选择【文件】>【打开】，转到 Lessons > Lesson15 文件夹下，选择 Lesson_15_01_begin.dn 文件，单击【打开】按钮。

请注意，场景中有一个“指示牌”，标识 X=0 且 Z=0 的位置，如图 15-1 所示。在场景中放置这样一个指示牌有助于理解接下来的操作步骤。

图 15-1

❷ 单击【相机书签】图标（![]），然后单击“Signpsot”书签，观看另一个视图。

❸ 单击【相机书签】图标（![]），然后单击“Final view”书签，返回到原视图。

❹ 单击选择工具，选择前排最左侧的牛奶瓶模型，如图 15-2 所示。

图 15-2

❺ 在属性面板的【位置】下，记住所选牛奶瓶模型的坐标：X=19.6 厘米，Y=1 厘米，Z=36.2 厘米。

❻ 在菜单栏中，依次选择【文件】>【导出】>【选定的模型】。

> **提示** 【选定的模型】命令的键盘快捷键是“Command+E”（macOS）或“Ctrl+E”（Windows）。

❼ 在【导出选定的模型】对话框中，在【格式】下拉列表中选择【DN】。

❽ 取消勾选【导出时模型居中】。

❾ 单击【存储至】下方的蓝色路径名，如图 15-3 所示。

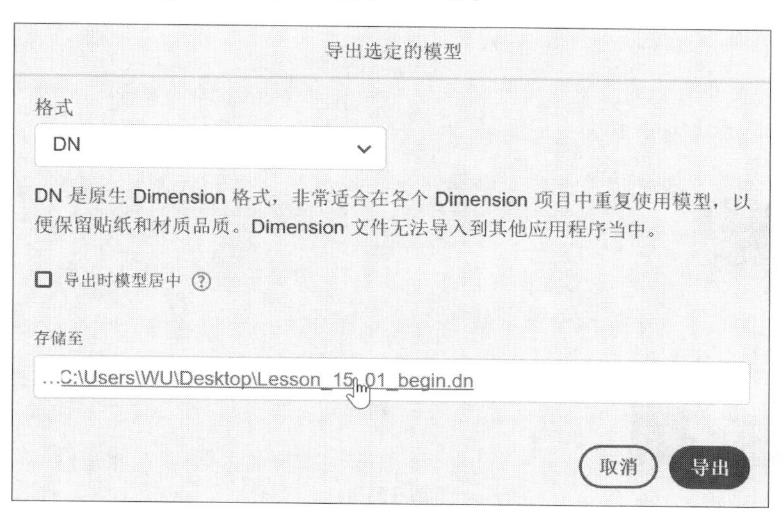

图 15-3

⑩ 在弹出的对话框中，输入文件名“Skim milk not centered.dn”，选择保存位置，单击【保存】按钮。

⑪ 单击【导出】按钮。

⑫ 在菜单栏中，依次选择【文件】>【导出】>【选定的模型】。

⑬ 在【导出选定的模型】对话框中，在【格式】下拉列表中选择【DN】。

⑭ 勾选【导出时模型居中】，如图 15-4 所示。

图 15-4

⑮ 单击【存储至】下方的蓝色路径名。

⑯ 在弹出的对话框中，输入文件名“Skim milk centered.dn”，选择保存位置，单击【保存】按钮。

⑰ 单击【导出】按钮。

⑱ 在菜单栏中，依次选择【文件】>【使用设置新建】。

⑲ 在【新建文档】对话框中，设置【画布大小】为 1024 像素（宽）×768 像素（高），单击【创建】按钮。

⑳ 此时，Dimension 会先关闭 Lesson_15_begin.dn 文件，再新建一个文件。关闭 Lesson_15_begin.dn 文件时，若弹出对话框询问是否保存文件，请单击【不存储】按钮。

㉑ 在菜单栏中，依次选择【文件】>【导入】>【3D 模型】。

㉒ 选择 Skim milk not centered.dn 文件（即第 10 步中保存的文件），单击【打开】按钮。

此时，Dimension 会把牛奶瓶模型导入场景中，但牛奶瓶模型并不位于场景中央，而是在场景的左下角，如图 15-5 所示。

图 15-5

㉓ 选择导入的牛奶瓶模型，在属性面板的【位置】下，可以看到牛奶瓶模型的坐标与原始坐标

是一样的（X=19.6 厘米，Y=1 厘米，Z=36.2 厘米），如图 15-6 所示。

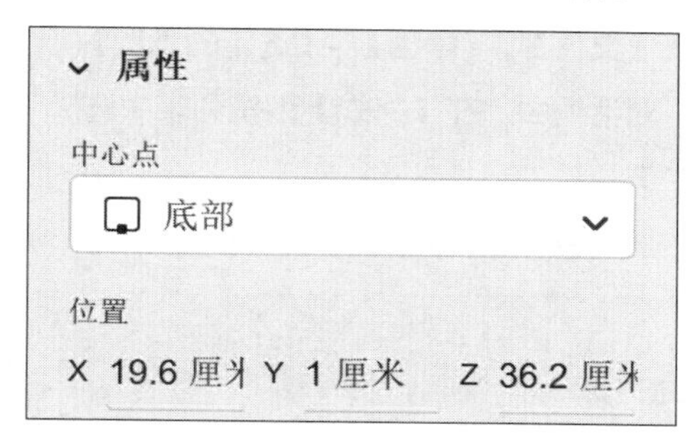

图 15-6

虽然在新文件中牛奶瓶模型的坐标未改变，但是牛奶瓶模型却出现在了场景的左下角，这是因为新文件中相机的朝向与原文件不同。

㉔ 在菜单栏中，依次选择【文件】>【导入】>【3D 模型】。

㉕ 选择 Skim milk centered.dn 文件，单击【打开】按钮。此时，Dimension 会把牛奶瓶模型导入场景中，并使其位于场景正中央（X=0，Y=0，Z=0），如图 15-7 所示。

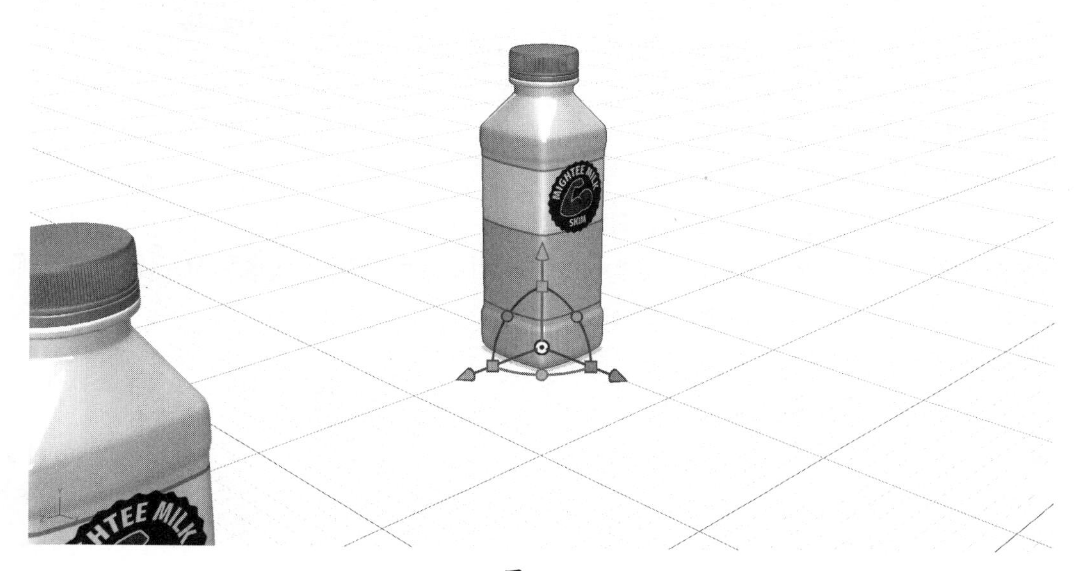

图 15-7

15.1.2 以 GLB 格式导出模型

前面提到过，glTF 格式与 GLB 格式密切相关。GLB 格式是 glTF 格式的二进制版本。大部分软件和 Web 服务都支持这种格式。接下来，将使用 GLB 格式导出模型和整个场景，然后把导出结果放入 PowerPoint 演示文稿中。

❶ 在菜单栏中，依次选择【文件】>【打开】，转到 Lessons > Lesson15 文件夹下，选择 Lesson_15_01_begin.dn 文件，单击【打开】按钮。此时，Dimension 会关闭包含两个牛奶瓶模型的文件，若打开对话框询问是否保存文件，请单击【不存储】按钮。

❷ 单击选择工具，选择最右侧的红色牛奶瓶模型。

❸ 在菜单栏中，依次选择【文件】>【导出】>【选定的模型】。

❹ 在【导出选定的模型】对话框中，在【格式】下拉列表中选择【GLB】。

❺ 勾选【导出时模型居中】。

❻ 单击【存储至】下方的蓝色路径名，如图 15-8 所示。

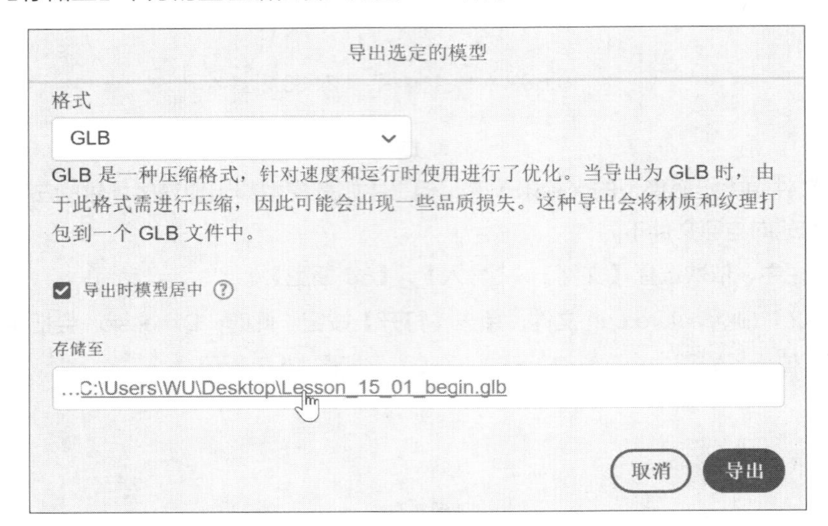

图 15-8

❼ 在弹出的对话框中，输入文件名“Whole milk bottle.glb”，选择保存位置，单击【保存】按钮。

❽ 单击【导出】按钮。

❾ 在菜单栏中，依次选择【选择】>【取消全选】。

❿ 在场景面板中，把鼠标指针置于【Signpost】编组上，单击其右侧的眼睛图标（ ），将其隐藏起来。

⓫ 在菜单栏中，依次选择【文件】>【导出】>【场景】。

⓬ 在【导出场景】对话框中，在【格式】下拉列表中选择【GLB】。

⓭ 单击【存储至】下方的蓝色路径名。

⓮ 在弹出的对话框中，输入文件名“Milk bottle scene.glb”，选择保存位置，单击【保存】按钮。

⓯ 单击【导出】按钮。

15.1.3 在 PowerPoint 中使用 GLB 模型

GLB 是一种业界公认的标准 3D 文件格式，GLB 模型可以应用在各种环境下，如 PowerPoint 中。下面学习如何在 PowerPoint 中为销售报告应用一个旋转的 3D 牛奶瓶模型。

> **注意** PowerPoint、Word、Excel、Outlook 都支持插入 3D 模型。不过，在某些 Office 授权版本和操作系统下，该功能无法使用。

❶ 启动 PowerPoint，打开 Lessons > Lesson15 文件夹中的 Presentation.ppx 文件。

❷ 在菜单栏中，依次选择【插入】>【3D 模型】>【此设备】。

❸ 选择前面导出的 Whole_milk_bottle.glb 文件，单击【插入】按钮。

❹ 根据需要，拖动旋转控件，把牛奶瓶模型放到指定的位置，如图 15-9 所示。

图 15-9

❺ 切换到【动画】选项卡，其中包含许多动画命令。

❻ 选择【转盘】。此时，牛奶瓶模型开始旋转 360°，如图 15-10 所示。

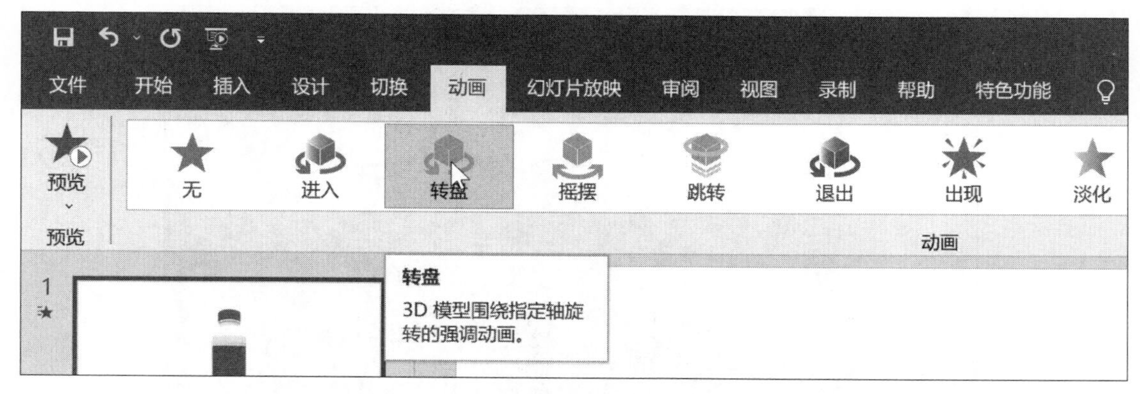

图 15-10

15.1.4 在浏览器中查看 GLB 模型

有时候，我们想把 3D 模型发送给其他人，希望他们能够从多个角度观看模型，但是他们并没有 3D 软件或相关经验。如果我们只是把一个 GLB 模型发送给他们，他们会不知道该怎么办。其实有一些基于网页的浏览器，可以用来查看 GLB 模型，如 Babylon。下面讲解如何使用它查看 GLB 模型。

❶ 打开 Babylon 浏览器页面。

❷ 把之前保存的 Milk_bottle_scene.glb 文件拖到浏览器窗口中，如图 15-11 所示。

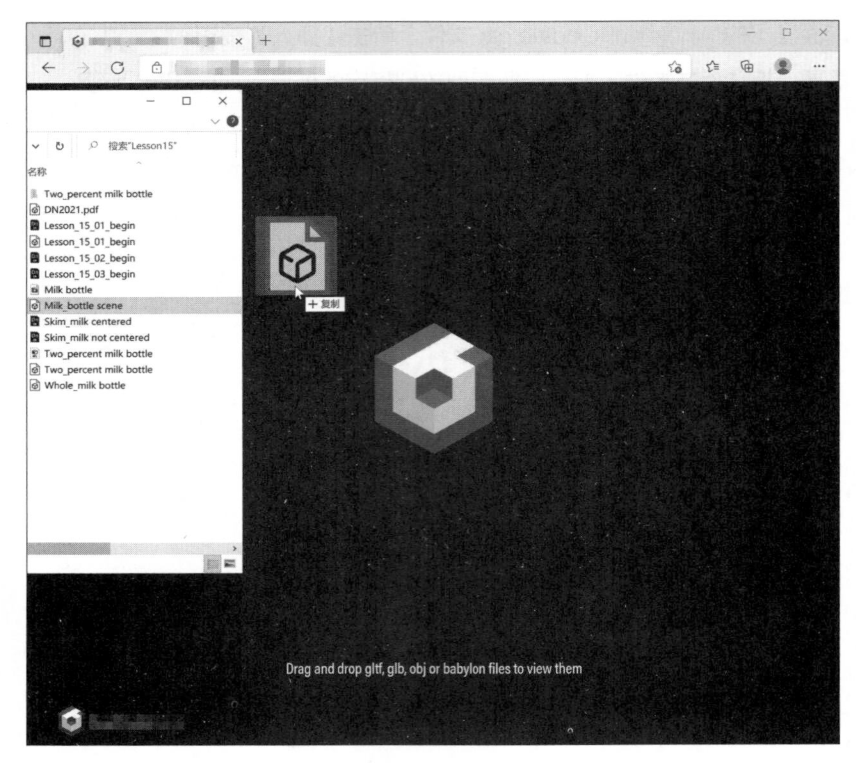

图 15-11

❸ 使用鼠标操控相机，即可在浏览器中从不同角度查看模型，如图 15-12 所示。

图 15-12

GLB 是一种为提高加载速度而优化过的压缩格式，用户可能会观察到模型的显示质量有所下降。在 Dimension 中，以 GLB 格式导出模型时，灯光、反射、地平面、背景图像等环境细节不会被保存到 GLB 文件中。

15.1.5 以 OBJ 格式导出模型

如果导出的模型要用在其他 3D 软件中，但这些 3D 软件不支持 glTF 或 GLB 格式，此时可以尝试以 OBJ 格式导出模型。

❶ 在 Dimension 中，使用选择工具选择一个蓝色牛奶瓶。

❷ 在菜单栏中，依次选择【文件】>【导出】>【选定的模型】。

❸ 在【导出选定的模型】对话框中，在【格式】下拉列表中选择【OBJ】。

❹ 勾选【导出时模型居中】。

❺ 单击【存储至】下方的蓝色路径名，如图 15-13 所示。

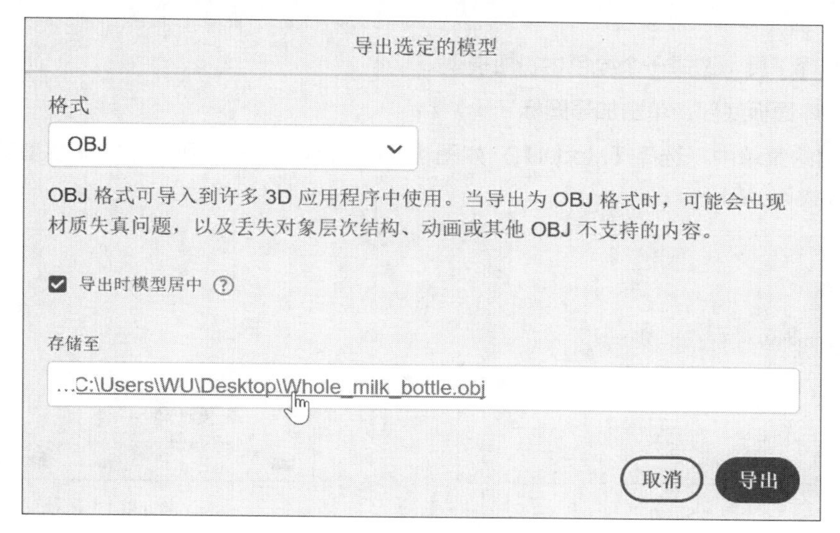

图 15-13

❻ 在弹出的对话框中，输入文件名“Two percent milk bottle.obj”，选择保存位置，单击【保存】按钮。

❼ 单击【导出】按钮。

❽ 在 Finder 或文件浏览器中，转到存放 OBJ 文件的位置，可以看到有两个文件（Two percent milk bottle.obj、Two percent milk bottle.mtl）和一个文件夹（Two percent milk bottle，其中包括一些 PNG 文件）。在把 OBJ 文件导入其他 3D 软件时，这两个文件和一个文件夹都是必需的。

15.2 保存模型到 Creative Cloud 库

Creative Cloud 库（简写为 CC 库）是一个非常好用的资源共享库，用户可以把设计资源保存到 CC 库中，然后在其他项目与 Creative Cloud 程序中使用这些资源。Dimension 支持用户把模型、颜色、图形这 3 类资源保存到 CC 库中，允许用户从 CC 库中获取这些资源并应用到自己的场景中。

❶ 在工具面板顶部，单击【添加和导入内容】图标（⊕），选择【CC Libraries】，如图 15-14 所示。此时，屏幕左侧显示内容面板，面板中显示最后一次使用的 CC 库或者所有 CC 库。

❷ 在面板顶部，单击【更多】图标（•••），选择【新建库】，如图 15-15 所示。

图 15-14

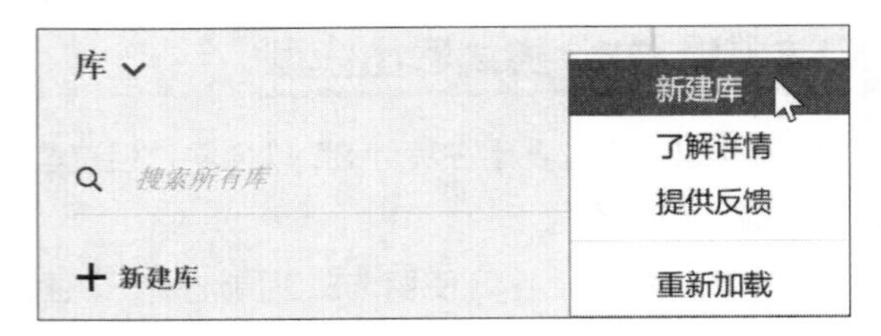

图 15-15

❸ 输入新库名称“Milk branding”，单击【创建】按钮，如图 15-16 所示。

提示 用户可以拥有任意数量的 CC 库，而且可以根据项目、资源类型、客户等条件来组织这些库。

❹ 单击选择工具，选择一个绿色牛奶瓶模型。

❺ 在 CC 库面板底部，单击加号图标（+）。

❻ 在弹出的菜单中，选择【Model】，如图 15-17 所示。此时，所选牛奶瓶模型就会被添加到 Milk branding 库中。

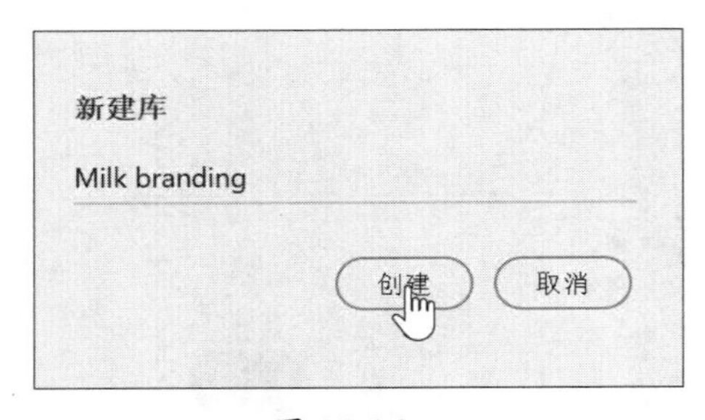

图 15-16

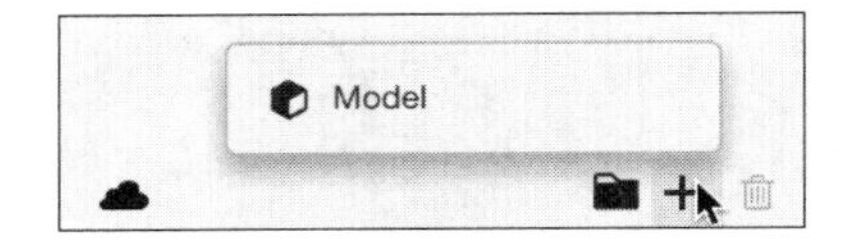

图 15-17

❼ 如果模型只显示一个缩览图，而不显示名称，单击列表视图图标，如图 15-18（a）所示，可以列表而非缩览图的形式显示资源，如图 15-18（b）所示。

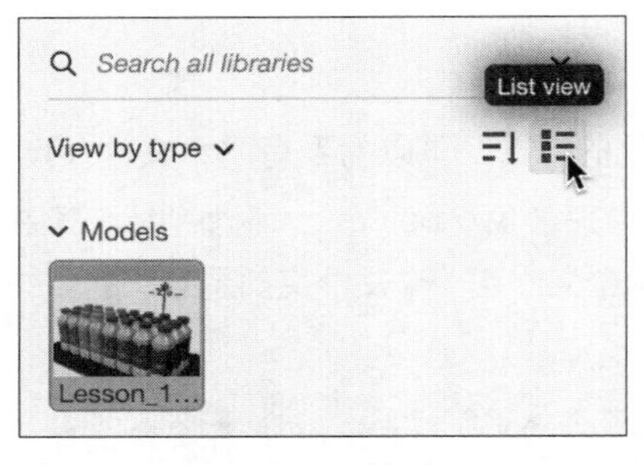

图 15-18（a）

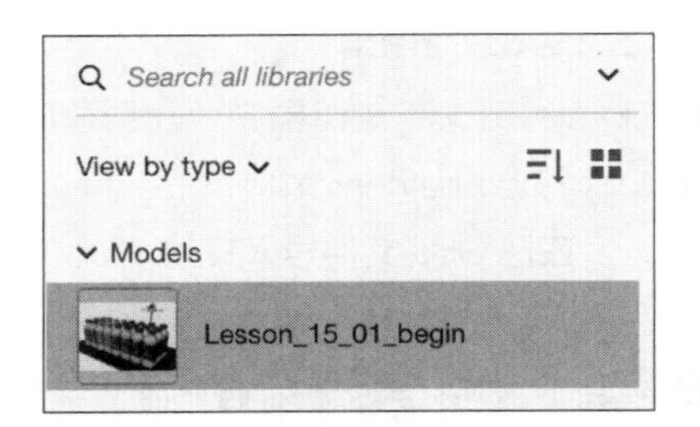

图 15-18（b）

❽ 请注意，默认情况下，模型的名称为“Lesson_15_01_begin”，而且缩览图是整个场景的，并非牛奶瓶模型的。只有选中的模型才会被添加到库中，而且无法通过缩览图分辨它们。不过，有一个变通方法。

使用鼠标右键单击库面板中的【Lesson_15_01_begin】，选择【删除】。

⑨ 在绿色牛奶瓶模型仍处于选中的状态下，在菜单栏中依次选择【对象】>【显示 / 隐藏未选择对象】，把除所选模型之外的所有模型都隐藏起来。

⑩ 在菜单栏中，依次选择【相机】>【构建选区】。

⑪ 在 CC 库面板底部，单击加号图标（+）。

⑫ 在弹出的菜单中，选择【Model】，将所选牛奶瓶添加到 Milk branding 库中。此时，缩览图的内容就是单个牛奶瓶模型。

⑬ 使用鼠标右键单击库中的资源，选择【重命名】。

⑭ 输入“Skim milk bottle”，按 Return 或 Enter 键，使修改生效。

⑮ 在菜单栏中，依次选择【相机】>【相机还原】。

⑯ 在菜单栏中，依次选择【对象】>【显示/隐藏未选择对象】，把其他牛奶瓶模型重新显示出来。

⑰ 重复步骤⑨～步骤⑯，把一个蓝色牛奶瓶模型添加到库中，如图 15-19 所示。

图 15-19

⑱ 双击蓝色瓶盖，显示其材质。

⑲ 在属性面板中，单击【底色】右侧的蓝色框，如图 15-20 所示。

⑳ 在弹出的面板中，单击右上角的【添加到 CC Libraries】图标（），把蓝色添加到 Milk branding 库中，如图 15-21 所示。

图 15-20

图 15-21

㉑ 在菜单栏中，依次选择【选择】>【取消全选】。

㉒ 双击蓝色牛奶瓶上的一个标签，选择标签图形。

㉓ 在属性面板中，单击【图像】右侧的方框，如图 15-22 所示。

图 15-22

㉔ 在弹出的面板中，单击右上角的【添加到 CC Libraries】图标（），把标签图形添加到 Milk branding 库中。

此时，Milk branding 库中包含两个模型、一个图形、一种颜色，如图 15-23 所示。用户可以在其他 Dimension 项目中自由地使用这些资源。其中，图形和颜色也可以用在 Illustrator、Photoshop、InDesign 等程序中。

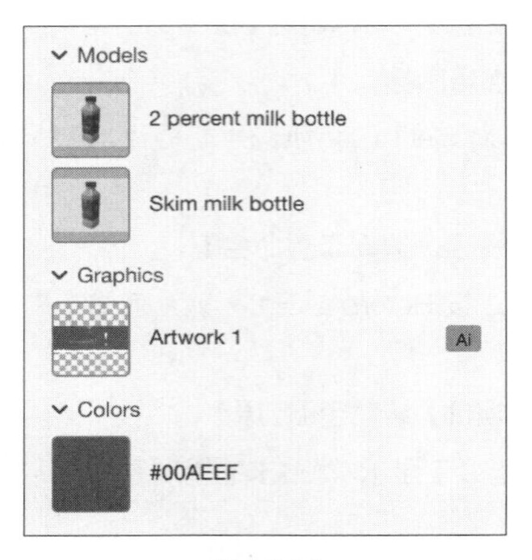

图 15-23

15.3 共享 3D 场景

在 Dimension 中，可以借助软件自动生成的网页链接把场景分享给其他人，并允许他们在 3D 空间与场景进行交互。请注意，这是一个测试功能，Adobe 正在评估它，也就是说，这个功能将来可能发生变化或者被移除。

❶ 在菜单栏中，依次选择【文件】>【打开】，转到 Lessons > Lesson15 文件夹下，选择 Lesson_15_02_begin.dn 文件，单击【打开】按钮。若弹出询问是否存储更改的对话框，单击【不存储】按钮。

❷ 单击画布右上角的【相机书签】图标（），相机书签面板中有 4 个书签，如图 15-24 所示。这些书签是为了在网络上分享这个文件而创建的。

❸ 单击屏幕右上角的【共享 3D 场景】图标（）。

❹ 选择【Publish 3D Scene】（发布 3D 场景），如图 15-25 所示。

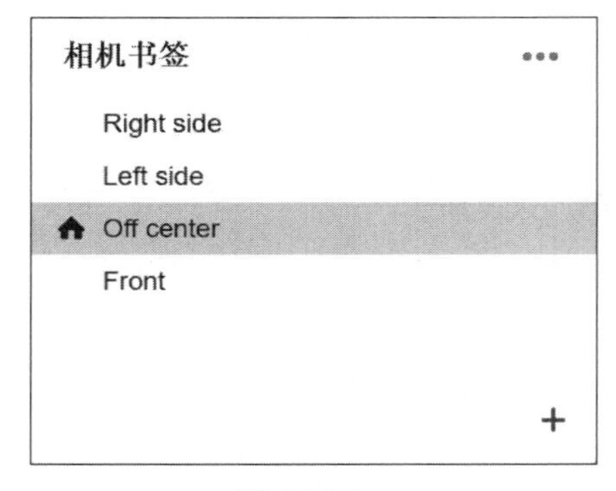

图 15-24

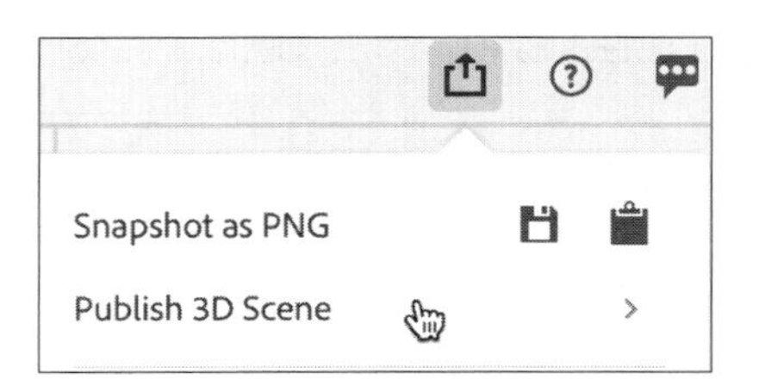

图 15-25

❺ 输入名称，单击【Create Public Link】（创建公共链接），如图 15-26 所示。

❻ 单击【View On Web】（网页浏览），如图 15-27 所示。

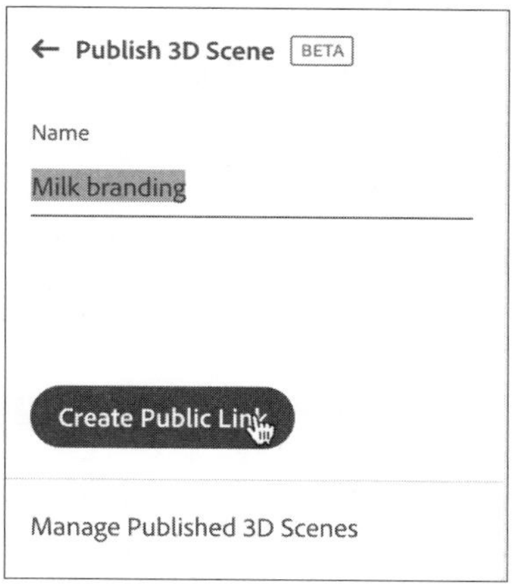

← Publish 3D Scene BETA

Name

Milk branding

Create Public Link

Manage Published 3D Scenes

图 15-26

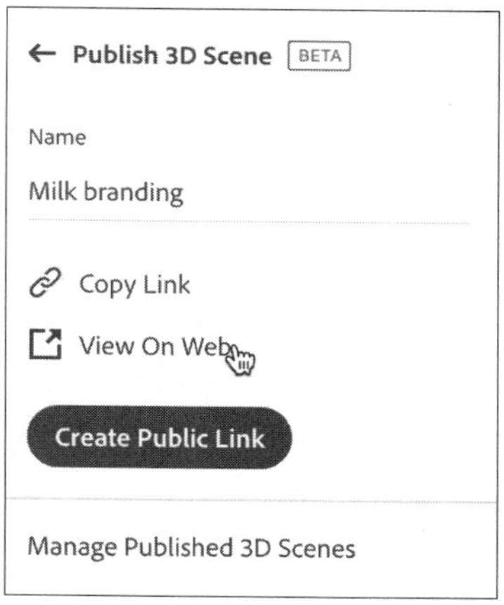

← Publish 3D Scene BETA

Name

Milk branding

Copy Link

View On Web

Create Public Link

Manage Published 3D Scenes

图 15-27

❼ 在 Web 浏览器中，从不同角度观看场景，放大或缩小场景，并尝试其他功能，如图 15-28 所示。单击问号图标（?），学习如何使用鼠标或触控板在 3D 空间中操控场景。

图 15-28

请注意，每个相机书签在浏览器中都有对应的图标，单击相应图标可快速查看相应视图，如图 15-29 所示。

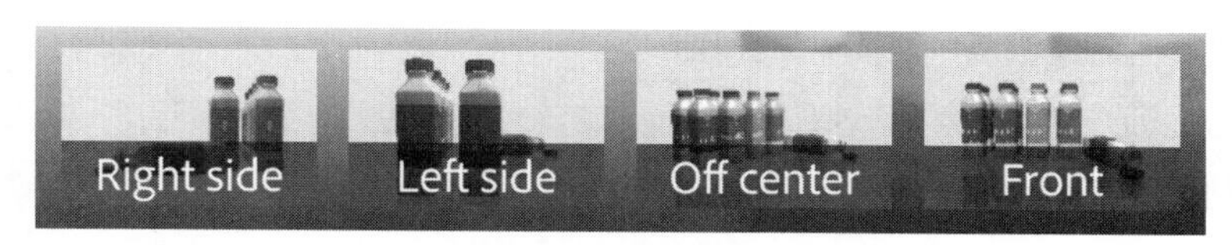

图 15-29

15.4 导出选定内容以用于 Aero

Adobe Aero 是 Adobe 推出的一款增强现实创作软件，旨在帮助设计师创建“沉浸式内容”。Aero 允许设计师把 3D 模型放入真实物理空间中，设计师可以为 3D 模型指定行为，以使它们对用户的操作做出响应。在 Dimension 中，可以把选定的模型导出供 Aero 使用。

❶ 在菜单栏中，依次选择【文件】>【打开】，转到 Lessons > Lesson15 文件夹下，选择 Lesson_15_03_begin.dn 文件，单击【打开】按钮。若弹出询问是否存储更改的对话框，单击【不存储】按钮。

❷ 单击选择工具，选择牛奶瓶模型。

❸ 在菜单栏中，依次选择【文件】>【导出】>【选定内容以用于 Aero】。

❹ 稍等片刻，弹出【为 Aero 而导出】对话框，提示导出准备已就绪，单击【导出】按钮，如图 15-30 所示。

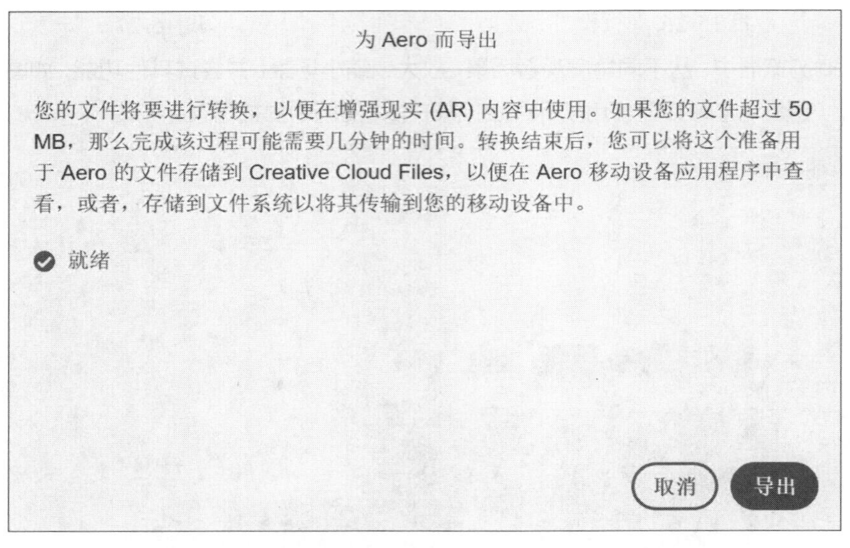

图 15-30

❺ 转到本地 Creative Cloud Files 文件夹，输入文件名“Milk bottle”，单击【保存】按钮。把文件保存到 Creative Cloud Files 文件夹后，可以很方便地把模型导入移动设备的 Aero 软件中使用。

❻ 从 Adobe 官网下载 Adobe Aero，然后安装到移动设备上。

❼ 在移动设备上运行 Aero 软件。

❽ 单击加号图标（+），启动一个新项目。

❾ 慢慢移动移动设备，使摄像头对准要放置牛奶瓶模型的物理平面。

❿ 单击，为模型创建锚点，如图 15-31 所示。

⓫ 单击加号图标（+），然后选择【Creative Cloud】，如图 15-32 所示。

⓬ 选择之前保存在 Creative Cloud Files 文件夹中的 Milk bottle 模型。

⓭ 单击【打开】按钮，Aero 会把模型导入场景中，如图 15-33（a）所示。

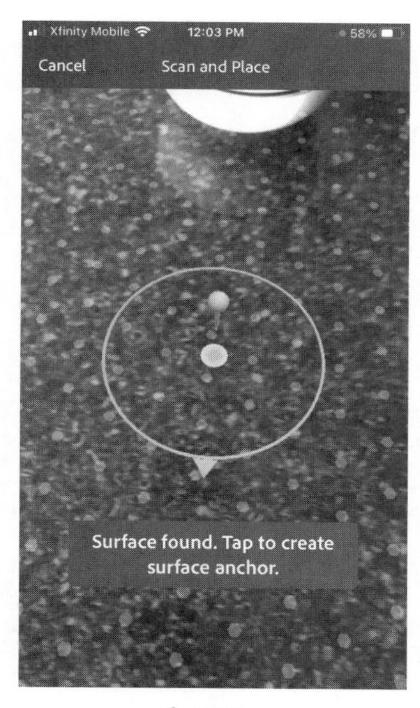

图 15-31

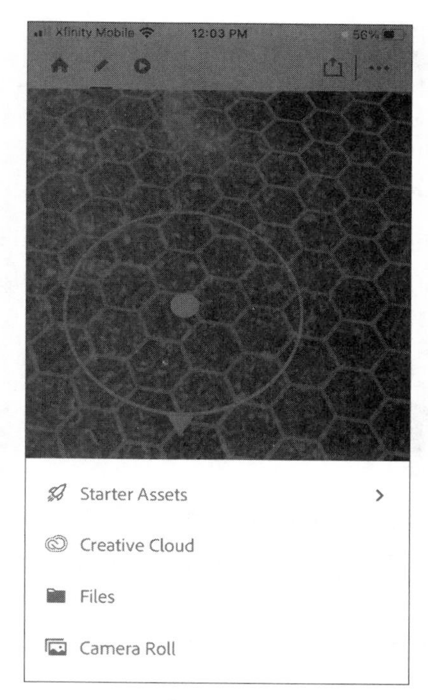

图 15-32

⓮ 在场景中单击，放置模型，如图 15-33（b）所示。

图 15-33（a）

图 15-33（b）

Aero 还有其他许多功能，请自行探索，这里我们简单介绍了如何把模型从 Dimension 导出，然后导入 Aero 中使用。Lessons > Lesson15 文件夹中有一个 Milk bottle.mp4 文件，里面录制的是在 Aero 中把牛奶瓶模型放置到真实桌面上的效果。

15.5 复习题

❶ Dimension 支持哪 4 种模型导出格式？

❷ 为什么最好用 DN 格式导出场景中的单个模型？

❸ 如果打算把模型用在 Microsoft Office 软件中，那么在导出模型时应该选择什么格式？

❹ 在 Dimension 中，可以把哪 3 类资源保存到 CC 库中？

❺ 使用【发布 3D 场景】命令前，为什么要先把一个场景的多个视角保存成相机书签？

15.6 答案

❶ Dimension 支持以下 4 种模型导出格式：DN、glTF、GLB、OBJ。

❷ DN 格式是 Dimension 的专用格式，这种文件格式可以很准确、稳定地把应用在模型上的材质和图形保存起来。

❸ 如果打算把模型用在 Microsoft Office 软件中（如 Word、PowerPoint、Excel），那么导出模型时最好选择 GLB 格式。

❹ 在 Dimension 中，可以把模型、图形、颜色保存到 CC 库中。

❺ 每个相机书签都会被转换成浏览器中相应的视图，用户在浏览器中单击相应视图，即可从特定角度观看场景。

第 16 课

使用 Photoshop 做后期处理

课程概览

本课，我们将学习如何在 Photoshop 打开一个 Dimension 渲染好的场景，以及为什么这样做，涉及如下内容。

- 哪些 Photoshop 图层是 Dimension 渲染器自动创建的，这些图层有什么用
- 如何在 Photoshop 中轻松更改背景图像
- 如何使用自动保存在渲染图像中的蒙版轻松创建选区

学习本课大约需要 45 分钟

以 PSD 格式渲染导出场景时，Dimension 会向文件中添加一些有用的图层，这些图层可以使后期处理工作变得很轻松。

16.1 在 Photoshop 中打开渲染好的场景

在合成场景及更改场景的灯光、颜色、背景时，Dimension 是非常好用的工具。但是，有时场景在 Dimension 中渲染好之后，还需要在 Photoshop 中打开，以便对其做进一步的编辑工作。例如快速调整场景的整体颜色（不必重新渲染整个场景）；在 Photoshop 中先把图像转换成 CMYK 图像（用于打印输出），再做进一步处理等。另外，还有些图像的处理必须在 Photoshop 中才能做。

前面提到过，Dimension 支持 PNG 和 PSD 两种渲染输出格式。PNG 文件不包含图层、蒙版，以及其他有用信息。当选用 PSD 格式保存渲染好的场景时，Dimension 会向文件添加一些有助于后期编辑的信息。

❶ 启动 Photoshop。

❷ 在菜单栏中，依次选择【文件】>【打开】。

❸ 在【打开】对话框中，转到 Lessons > Lesson16 文件夹下，选择 Lesson_16_begin.psd 文件，单击【打开】按钮。

❹ 若软件界面中未显示出图层面板，可在菜单栏中依次选择【窗口】>【图层】。

此时，图层面板中显出 7 个图层，如图 16-1 所示。

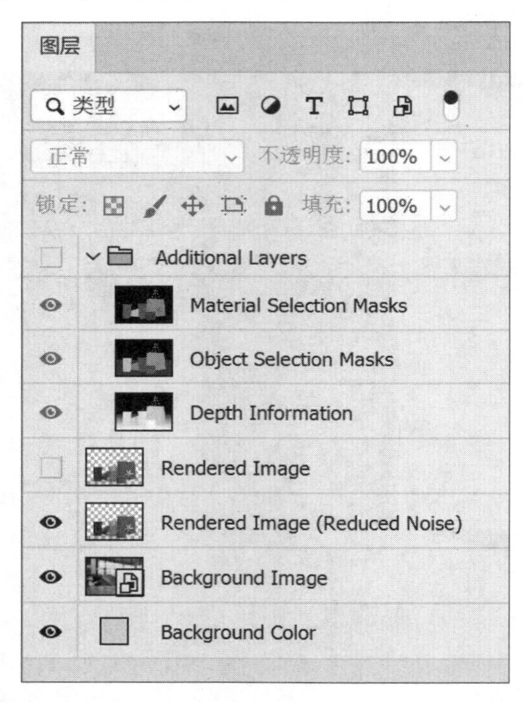

图 16-1

16.2 编辑背景

渲染后，所有模型都位于一个单独的透明图层上，这个图层与背景是分离的。所以，可以很容易地更改模型背景。

16.2.1 更改背景颜色

在 Photoshop 中，我们可以很容易地更改背景颜色，并且方法有很多，下面介绍其中一种方法。

❶ 单击 Background Image 图层左侧的眼睛图标（👁），将其隐藏起来。

❷ 双击 Background Color 图层左侧的缩览图图标，如图 16-2 所示，打开【拾色器】对话框。

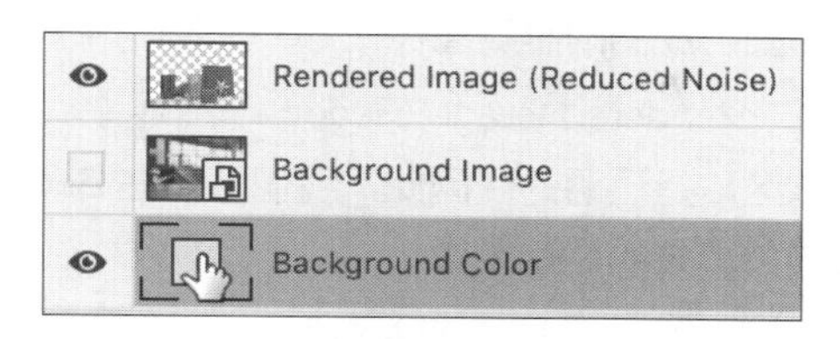

图 16-2

❸ 为背景另选一种颜色，单击【确定】按钮，如图 16-3 所示。

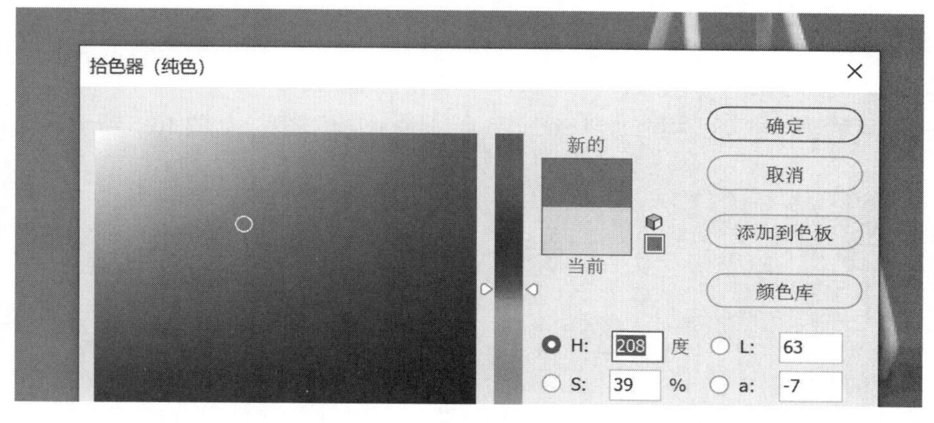

图 16-3

模型在背景上的投影是半透明的，它们能与新背景颜色自然地融合在一起。如果图像在地面上有倒影，这些倒影也会被保留下来，并且能与新背景颜色自然地融合在一起。

不过，玻璃杯模型上仍然有之前的背景图像（见图 16-4），这是因为半透明材质的模型与场景中的背景图像是一起渲染的。若场景中含有带半透明材质的模型，则在 Photoshop 中编辑这样的场景会比较困难。

图 16-4

16.2.2　更改背景图像

渲染时，Dimension 会把背景图像放在单独的图层上，所以在 Photoshop 中可以很容易地把背景图像换掉。但是，在选背景图像时要尽量选择与原背景图像有类似透视和光照的图像，否则合成后的场景看起来就不真实。

❶ 单击 Background Color 图层左侧的眼睛图标（👁），将其隐藏起来。

所有 3D 模型都在一个名为"Rendered Image (Reduced Noise)"的图层上。该图层中模型周围的区域是浅灰色的棋盘格，代表该区域是透明的。因此，我们可以在 Background Color 图层之下插入一个带有背景图像的新图层，替换掉原来的背景图像。

❷ 在菜单栏中，依次选择【文件】>【置入嵌入对象】。

❸ 在【置入嵌入的对象】对话框中，转到 Lessons > Lesson16 文件夹下，选择 Checkerboard.jpg 文件，单击【置入】按钮。

❹ 双击图像，完成置入。

此时，置入的图像位于一个名为"Checkerboard"的新图层上。

❺ 在图层面板中，把新图层拖动到 Background Image 图层之下，如图 16-5 所示。

图 16-5

此时，整个场景看起来非常自然，因为新背景与原背景的透视是类似的。但是，透过玻璃杯模型仍能看到原背景图像，也就是说，玻璃杯模型上的倒影是根据原背景图像创建的。这很难在 Photoshop 中改过来。

16.2.3 调整背景图像

如果场景中包含有透明对象，或者对象表面有背景图像的倒影，那在替换背景图像时就会出现问题。对于这个问题，可以通过简单地编辑背景图像（如调整颜色、锐化、模糊等）来最大限度地减小其对场景真实性的影响。

❶ 在图层面板中，单击 Checkerboard 图层左侧的眼睛图标（👁），将其隐藏起来。

❷ 在图层面板中，单击 Background Image 图层左侧的方框，将其重新显示出来。

❸ 在图层面板中，单击 Background Image 图层，将其选中。

❹ 在菜单栏中，依次选择【图层】>【新建调整图层】>【亮度 / 对比度】。

❺ 在【新建图层】对话框中，单击【确定】按钮。此时，在图层面板中，Background Image 图层之上出现一个“亮度 / 对比度 1”调整图层，如图 16-6 所示。

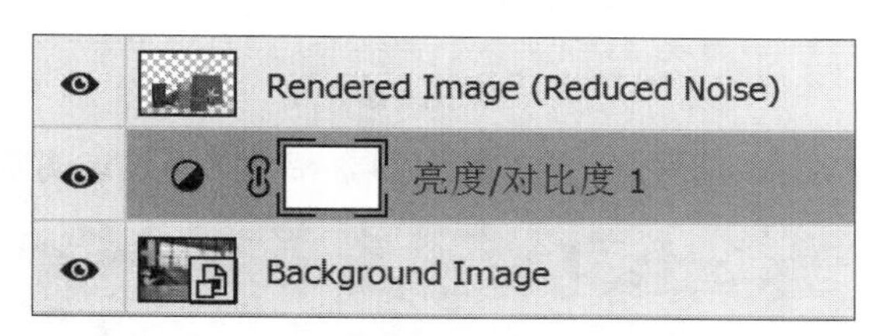

图 16-6

❻ 在属性面板中，向右拖动【对比度】滑块，提高对比度，如图 16-7 所示。这只会提高 Background Image 图层的对比度，其上方的图层不受影响。

图 16-7

16.3 使用蒙版进行选择

在 Dimension 中用 PSD 格式渲染输出的场景时，Dimension 会创建一个名为“Object Selection Masks”的图层。在这个图层中，场景中的每个 3D 模型都单独填充着一种颜色。借助这个图层，可以很轻松地选中场景中的各个模型。

下面使用这个图层选中场景中最左侧的玻璃杯模型，然后改变其颜色。

❶ 在图层面板中，单击 Additional Layers 图层组左侧的方框，将其显示出来。

❷ 单击 Material Selection Masks 图层左侧的眼睛图标（👁），将其隐藏起来。

❸ 选择 Object Selection Masks 图层，如图 16-8 所示。

❹ 在工具面板中，单击魔棒工具，如图 16-9 所示。

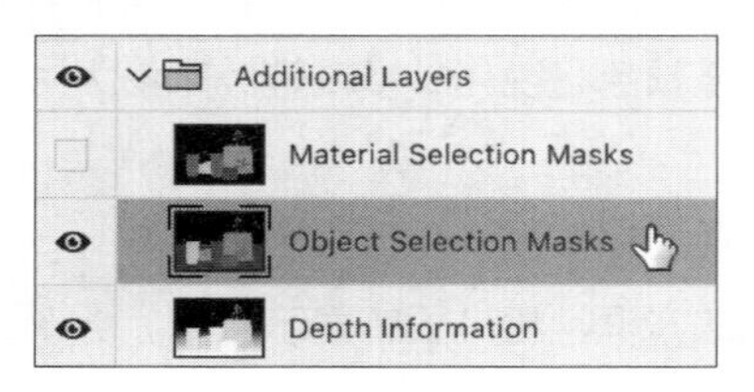

图 16-8

图 16-9

❺ 在选项栏中，把【容差】设置为 0，勾选【消除锯齿】和【连续】，取消勾选【对所有图层取样】，如图 16-10 所示。

图 16-10

❻ 在 Object Selection Masks 图层上，单击黄色区域，即最左侧的玻璃杯模型，如图 16-11 所示。

图 16-11

❼ 在图层面板中，单击 Additional Layers 图层组左侧的眼睛图标，将其隐藏起来。

❽ 在图层面板中，选择 Rendered Image (Reduced Noise) 图层。此时，根据 Object Selection Masks 图层上的选区，该图层上的玻璃杯模型被选中。

❾ 在菜单栏中，依次选择【图层】>【新建】>【通过拷贝的图层】。

❿ 双击图层名称，将新图层的名称更改为“Dotted cup”，如图 16-12 所示。

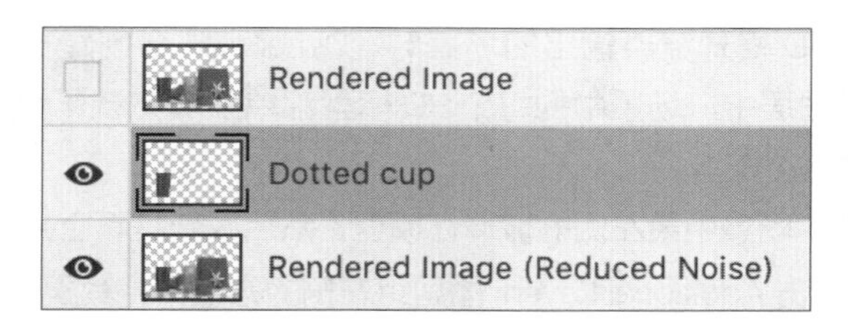

图 16-12

⑪ 在菜单栏中，依次选择【图层】>【图层样式】>【颜色叠加】。

⑫ 在颜色叠加面板中，在【混合模式】下拉列表中选择【颜色】，如图 16-13 所示。

⑬ 单击右侧颜色框，在【拾色器】对话框中选择一种颜色，单击【确定】按钮，关闭【拾色器】对话框。

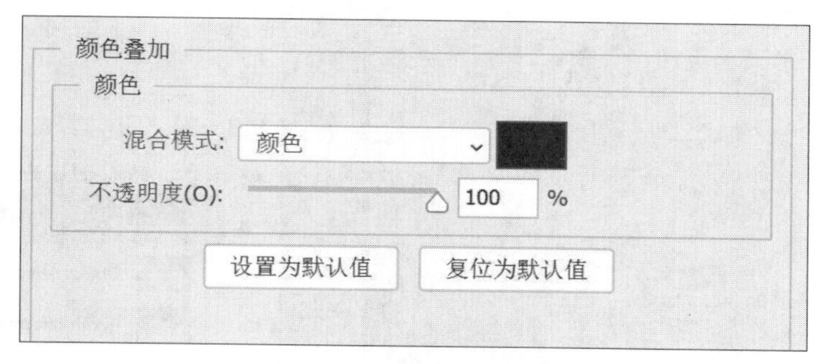

图 16-13

⑭ 在【图层样式】对话框中，单击【确定】按钮，关闭对话框，效果如图 16-14 所示。

图 16-14

16.4 调整材质

在每个渲染好的 PSD 文件中，Dimension 会自动创建一个名为“Material Selection Masks”的图层。这个图层中包含着一些独立的单色形状，每一个单色形状代表应用在模型表面上的一种材质。下面使用这个图层来改变 Start 模型上某一种材质的外观。

❶ 单击 Additional Layers 图层组左侧的方框，将其显示出来。

❷ 反复单击眼睛图标，比较 Object Selection Masks 与 Material Selection Masks 图层中 Star 模型上的色块有什么不同。

经过比较可以发现，在 Object Selection Masks 图层中，整个 Star 模型只有一种颜色；而在 Material Selection Masks 图层中，Star 模型有两种颜色，它们分别代表应用在 Star 模型不同面上的两种材质。

❸ 在图层面板中，使 Material Selection Masks 图层处于可见状态，单击它将其选中。

❹ 使用魔棒工具单击 Star 模型的一个深色面，如图 16-15 所示。

图 16-15

❺ 在菜单栏中，依次选择【选择】>【选取相似】，把 Star 模型上的所有深色面全部选中。

❻ 单击 Additional Layers 图层组左侧的眼睛图标，将其隐藏起来。

❼ 在图层面板中，选择 Rendered Image (Reduced Noise) 图层，如图 16-16 所示。

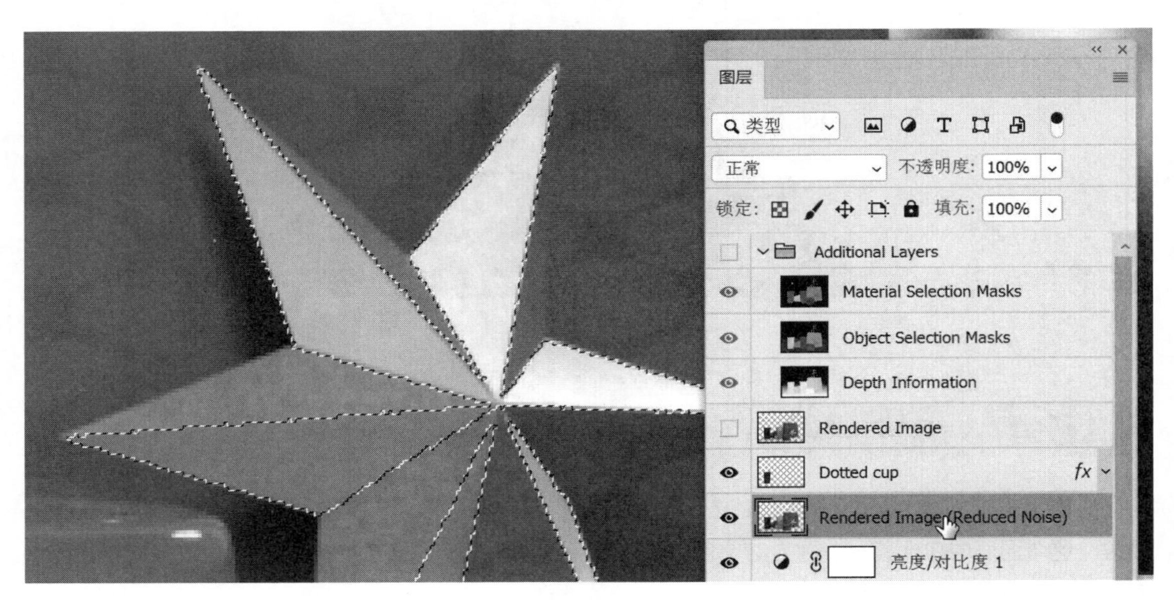

图 16-16

❽ 在菜单栏中，依次选择【滤镜】>【像素化】>【点状化】。

❾ 在【点状化】对话框中，把【单元格大小】设置为 3，单击【确定】按钮。

❿ 在菜单栏中，依次选择【选择】>【取消全选】，效果如图 16-17 所示。

图 16-17

提示 用户可以把 Depth Information 图层作为蒙版，向场景中添加景深效果或强烈的光线。在 Depth Information 图层中，区域的颜色越深，表示其离相机越远；颜色越浅，表示其离相机越近。

上面讲的这些只是 Photoshop 强大功能中极小的一部分，在 Photoshop 中，还可以对 2D 场景做其他各种各样的处理。

16.5 复习题

❶ 在 Dimension 中进行渲染输出时，相较于 PNG 格式，PSD 格式有什么优势？

❷ 在 Photoshop 中编辑背景图像时，什么样的材质会降低编辑后场景的真实性？

❸ 哪个图层中包含着记录模型材质信息的彩色蒙版？

16.6 答案

❶ PNG 格式的文件只包含一个图层。相比于 PNG 格式的文件，PSD 格式的文件包含了许多有用的图层，这些图层可以使后期处理变得很容易。

❷ 如果场景中某个模型应用了透明或半透明材质（如玻璃），渲染后，原背景图像就会被映在模型表面上。此时，在替换原背景图像时，映在模型表面上的原背景图像仍然存在，这会使新背景图像与模型融合得不太自然，从而降低整个场景的真实性。

❸ Material Selection Masks 图层中包含着记录模型材质信息的彩色蒙版，每种蒙版对应模型上的一种材质。